面向21世纪
本科生教材

U0409780

（第二版）

空间解析几何

杨文茂　李全英　编著

WUHAN UNIVERSITY PRESS
武汉大学出版社

图书在版编目(CIP)数据

空间解析几何/杨文茂,李全英编著．—2版．—武汉:武汉大学出版社,2006.9(2022.3重印)
面向21世纪本科生教材
ISBN 978-7-307-05219-2

Ⅰ.空…　Ⅱ.①杨…　②李…　Ⅲ.空间几何:解析几何—高等学校—教材　Ⅳ.O182.2

中国版本图书馆CIP数据核字(2006)第108696号

责任编辑:顾素萍　　责任校对:刘　欣　　版式设计:支　笛

出版发行:**武汉大学出版社**　(430072　武昌　珞珈山)
(电子邮箱:cbs22@whu.edu.cn 网址:www.wdp.com.cn)
印刷:武汉科源印刷设计有限公司
开本:850×1168　1/32　印张:8.5　字数:218千字
版次:1997年1月第1版　　2006年9月第2版
2022年3月第2版第12次印刷
ISBN 978-7-307-05219-2/O·348　　定价:22.00元

第二版前言

本书从出版至今已近 10 年，虽然中间经历过修订，但仍感到还可以进一步完善。此次第二版，考虑到不少专业对“空间解析几何”课程的授课学时有所减少，以及结合近 10 年来自己的教学实践，做了以下几方面删减与修改：

1. 作为本课程预备知识的“空间坐标系”与“向量代数”两章，在删去一些内容后合并为一章。

2. 第 7 章“射影几何”在第一版中，仅用作知识面的扩充和提高，因授课学时所限，此版删除。

3. 新版中语句更为简练，数学名词与符号更加规范（如“矢量”改为“向量”，公式中“投影”改为“Prj”等）。

4. 修改与增加了一些例子和插图。

5. 书中带“*”的章节为选讲内容，不作要求。

借此机会向为本书出版及修订提出宝贵意见和建议的同行和学生，以及武汉大学出版社的编辑表示衷心的感谢！

杨文茂

2006 年 6 月

于泉州仰恩大学

第一版前言

空间解析几何是数学各专业的一门基础课。它是用代数方法研究空间几何图形的学科。它分析解决问题的基本思想方法，如同平面解析几何一样，是正确地处理形与数这对矛盾的对立统一关系。通过对数的计算，再来认识图形的性质及图形间的关系。

空间的图形主要有曲线与曲面。传统的空间解析几何通常主要讨论在笛卡儿坐标系中用动点坐标的一次方程和二次方程或方程组所表示的图形，即空间的平面、直线与二次曲面等。

本书系统地介绍了空间解析几何知识。由于矢量理论为研究几何提供了一个十分有利的工具，在某些科技领域中也经常应用这一工具，借助矢量的概念可使几何更便于应用到某些自然科学与技术领域中去，因此，在第 1 章介绍空间坐标系后，紧接着在第 2 章介绍了矢量的概念及其代数运算。第 3 章讨论空间直角坐标系中用一次方程表示的图形（直线与平面）。第 4、5 章主要讨论空间直角坐标系中用二次方程表示的曲面（二次曲面）。第 6、7 章简单介绍了正交变换与仿射变换，以及射影几何基础。

作为一学期每周 4 学时（3 小时讲授，1 小时习题课）用的教材，本书配置有适量的习题。第 7 章射影几何部分可酌情讲授或删略。

此书原稿曾在武汉大学数学与统计学院使用过多次。鉴于作者水平有限，书中难免出错，欢迎读者提出宝贵意见。

编　者

1997 年 1 月

于武昌珞珈山

目　录

第 1 章　空间坐标系与向量代数

本章讲述学习空间解析几何所必需的两个预备知识——空间坐标系与向量代数.

建立了空间坐标系就可以让空间的点与三个有序的实数组（即坐标）对应，从而使空间的曲面或曲线与它们的方程或方程组对应. 我们将要介绍的坐标系是平面上直角坐标系与极坐标系的自然推广，即空间直角坐标系、柱面坐标系与球面坐标系.

本章还介绍向量的概念、向量的线性运算（加法与数乘）以及向量的两种乘法运算（内积与外积）. 向量代数不仅在数学领域中有用，而且在力学、物理学和工程技术中也有广泛的应用. 下一章我们将应用它解决一些空间解析几何中的问题.

1.1　空间直角坐标系

1.1.1　空间直角坐标系的概念

为了给空间几何图形与数的转化创造条件，现在来引进空间中直角坐标系的概念. 这种坐标系是平面直角坐标系的推广，是常用的一种空间坐标系.

我们知道，在平面直角坐标系中，一点的位置可以用两个数（它的坐标）来确定. 而在空间的一个点却要用 3 个数才能确定它的位置. 例如：气象台放出一个探测气球，要想描述某时刻气球的位置，如果说它位于气象台以北 5 公里、以东 3 公里、离地 20

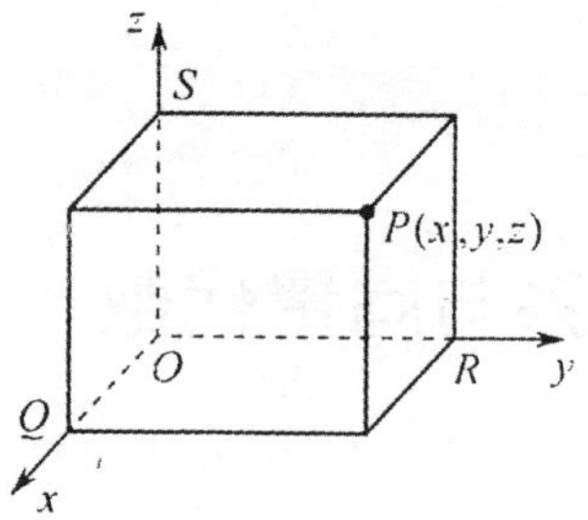

图 1-1

公里，就可以确定气球在空间中的位置了. 人们总结了各种确定空间目标的方法，直角坐标系就是其中的一种.

如图 1-1，在空间中取定一点 O，过点 O 作 3 条两两互相垂直的直线 Ox,Oy,Oz，在各直线上取定正向，并取定长度单位，这样就确定了一个**直角坐标系** $Oxyz$. 点 O 叫做**坐标原点**，3 条直线 Ox,Oy,Oz 统称**坐标轴**，并依次叫做 Ox **轴**（或 x **轴**）、Oy **轴**（或 y **轴**）和 Oz **轴**（或 z **轴**），通过每两个坐标轴的平面叫做**坐标平面**，共有 3 个坐标平面，分别叫做 Oyz **平面**、Ozx **平面**和 Oxy **平面**.

直角坐标系分右手系和左手系两种. 如果把右手的拇指和食指分别指着 x 轴和 y 轴的方向，按图 1-2 (a)，中指可以指着 z 轴的方向，这样的坐标系 $Oxyz$ 叫做**右手坐标系**或**右旋坐标系**. 如果左手的这 3 个手指依序指着 x 轴、y 轴和 z 轴，如图 1-2 (b)，

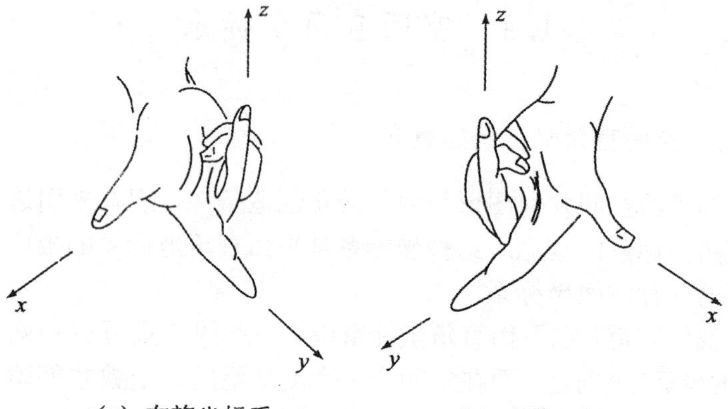

(a) 右旋坐标系　　(b) 左旋坐标系

图 1-2

这样的坐标系叫做**左手坐标系**或**左旋坐标系**. 今后若无特别声明，我们使用的坐标系都是右手坐标系.

设 P 为空间中任意一点. 过点 P 作 3 个轴的垂直平面，分别与 Ox,Oy,Oz 轴相交于点 Q,R,S（如图 1-1），它们在各自轴上的坐标分别为 x,y,z，于是由点 P 就确定了 3 个有顺序的实数 x,y,z，它们叫做点 P 的**坐标**，记为 $P(x,y,z)$或(x,y,z). x,y,z 分别叫做点 P 的**横坐标**、**纵坐标**和**竖坐标**. 反之，任意给定 3 个有顺序的实数 x,y,z，我们在 x 轴、y 轴、z 轴上分别作出以 x,y,z 为坐标的点 Q,R,S，再过 Q,R,S 分别作出与 Ox,Oy,Oz 轴垂直的平面，设它们相交于 P，显然点 P 的坐标就是(x,y,z).

因此，在空间中取定直角坐标系后，便建立了空间中所有点与由 3 个有顺序的实数构成的数组全体之间的一一对应. 也就是说，在给定的直角坐标系中，空间中任意一点惟一地确定一个由 3 个有顺序的实数构成的数组；反之，任意一个这样的数组惟一确定空间中的一个点.

在 Oxy 平面上点的竖坐标是 0，这时点的坐标可以表示为$(x,y,0)$；在 Oyz 平面上，点的坐标是$(0,y,z)$；在 Ozx 平面上，点的坐标是$(x,0,z)$. 在 x 轴、y 轴和 z 轴上，点的坐标分别是$(x,0,0)$，$(0,y,0)$和$(0,0,z)$. 原点的坐标显然为$(0,0,0)$.

3 个坐标平面将空间分为 8 个部分，它们按图 1-3 所示依次叫做**卦限 Ⅰ**、**卦限 Ⅱ**……**卦限 Ⅷ**，并统称为**卦限**. 要注意区别各卦限中点的坐标的正、负号.

例如：点$(3,2,5)$在第 Ⅰ 卦限，点$(-3,2,3)$在第 Ⅱ 卦限，点$(-3,-2,-1)$和点$(-2,5,-7)$分别在第 Ⅶ 卦限和第 Ⅵ 卦限.

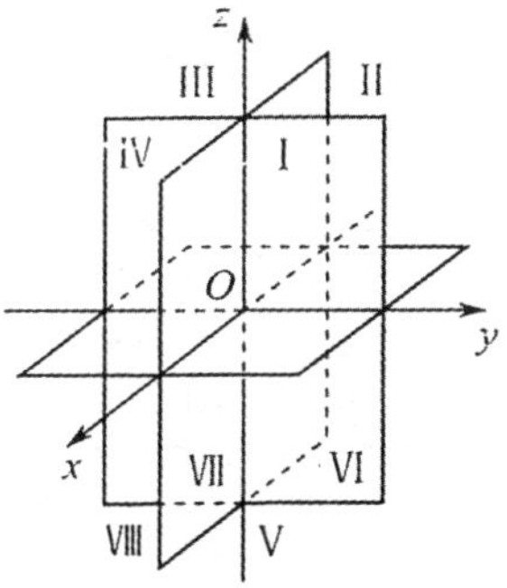

图 1-3

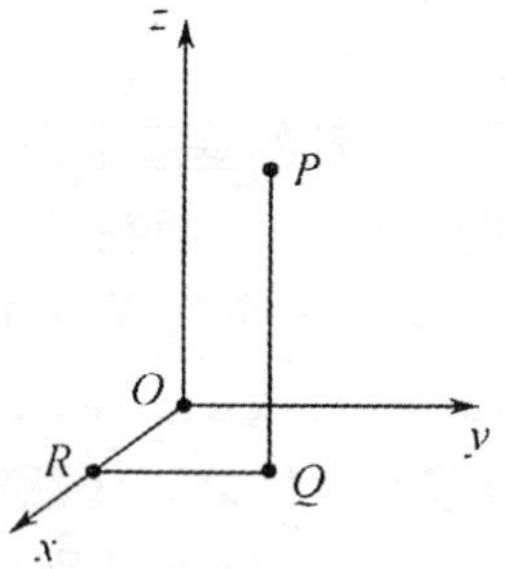

图 1-4

如果从点 P 向 Oxy 平面引垂线得垂足 Q（如图 1-4），那么点 P 的竖坐标 z 的绝对值就是 QP 的长度，而 z 为正或负依有向线段 QP 与 z 轴同向或反向而定，这就是说，点 P 的竖坐标 z 可以用有向线段 QP 的方向和长度来表示. 同样，横坐标 x 和纵坐标 y 可以分别用有向线段 OR 和 RQ 的方向和长度来表示. 由此可见，点 P 的坐标可以用折线 $ORQP$ 来表示. 这条折线叫做点 P 的**坐标折线**，如图 1-4. 要从坐标(x, y, z)作出点 P，就要从原点 O 开始画出坐标折线 $ORQP$；反之，要从点 P 确定坐标就要从点 P 开始画出坐标折线 $PQRO$.

1.1.2 两个简单问题

与平面解析几何一样，可用坐标来计算空间中两点之间的距离，以及求线段的定比分点.

1. 两点间的距离

设点 P_1 和 P_2 的坐标分别是(x_1, y_1, z_1)和(x_2, y_2, z_2)，求点 P_1 和 P_2 之间的距离.

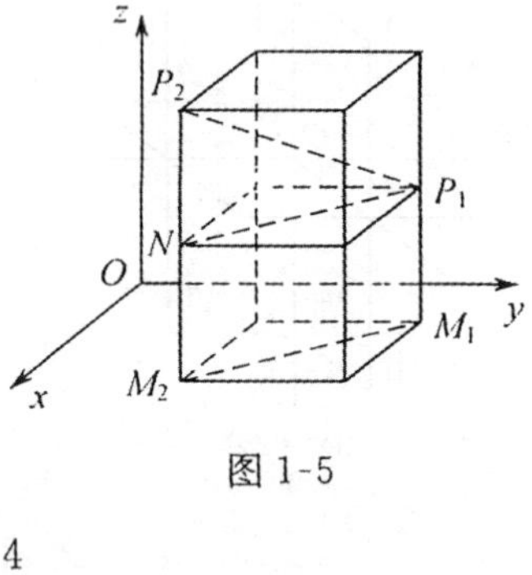

图 1-5

分别自 P_1 和 P_2 向 Oxy 平面引垂线，垂足为 M_1 和 M_2. 过 P_1 作平面平行于 Oxy，设这平面与 M_2P_2 的交点为 N（如图 1-5）. 因 $\angle P_1NP_2$ 为直角，由勾股定理得

$$|P_1P_2|^2 = |P_1N|^2 + |NP_2|^2 = |M_1M_2|^2 + |NP_2|^2.$$

其中

$$|NP_2|=|M_2P_2-M_2N|=|M_2P_2-M_1P_1|$$
$$=|z_2-z_1|.$$

又由于(x_1,y_1)和(x_2,y_2)实际上是点 M_1 和 M_2 在 Oxy 平面上的直角坐标，所以根据平面解析几何两点间的距离公式有

$$|M_1M_2|^2=(x_2-x_1)^2+(y_2-y_1)^2.$$

最后得

$$|P_1P_2|^2=(x_2-x_1)^2+(y_2-y_1)^2+(z_2-z_1)^2,$$

即

$$|P_1P_2|=\sqrt{(x_2-x_1)^2+(y_2-y_1)^2+(z_2-z_1)^2}, \qquad (1.1)$$

这就是空间中两点间的**距离公式**. 由此可得任意一点 $P(x,y,z)$ 到原点的距离为

$$|OP|=\sqrt{x^2+y^2+z^2}.$$

例 1 求点 $P_1(2,0,-1)$与点 $P_2(4,3,1)$之间的距离.

解 $|P_1P_2|=\sqrt{(4-2)^2+(3-0)^2+[1-(-1)]^2}$

$$=\sqrt{4+9+4}=\sqrt{17}.$$

2. 线段的定比分点

设有两点 $P_1(x_1,y_1,z_1)$和 $P_2(x_2,y_2,z_2)$. 点 $P(x,y,z)$为在 P_1 与 P_2 两点的连接线上按比值 λ（正数或负数，但 $\lambda\neq-1$）分割（内分或外分）线段 P_1P_2 的点，即

$$\frac{P_1P}{PP_2}=\lambda\begin{cases}>0 & (\text{点 } P \text{ 在线段 } P_1P_2 \text{ 之内}),\\ <0 & (\text{点 } P \text{ 在线段 } P_1P_2 \text{ 之外}),\end{cases} \qquad (1.2)$$

那么与平面解析几何相仿，有**定比分点公式**：

$$x=\frac{x_1+\lambda x_2}{1+\lambda}, \quad y=\frac{y_1+\lambda y_2}{1+\lambda}, \quad z=\frac{z_1+\lambda z_2}{1+\lambda}. \qquad (1.3)$$

若 $\lambda=1$，则得线段 P_1P_2 的中点坐标计算公式：

$$x=\frac{1}{2}(x_1+x_2), \quad y=\frac{1}{2}(y_1+y_2), \quad z=\frac{1}{2}(z_1+z_2).$$

公式(1.3)的证明如下：分别自 P_1,P_2,P 向 Oxy 平面引垂线，垂足依次为 M_1,M_2,M（如图 1-6）. 由图易知

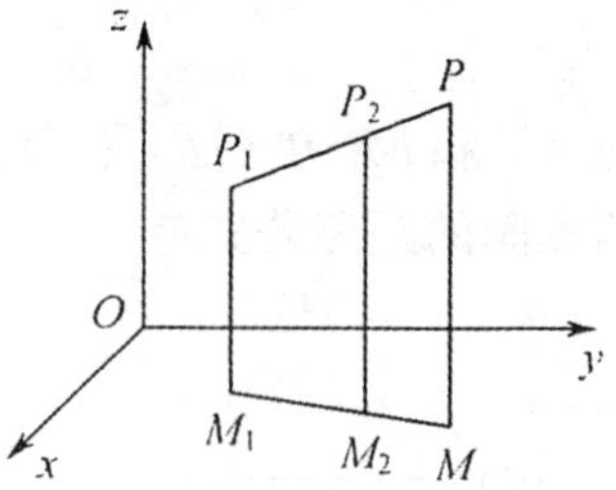

图 1-6

$$\frac{P_1P}{PP_2}=\frac{M_1M}{MM_2}.$$

这就是说，点 M 也是按比值 λ 分割线段 M_1M_2 的. 显然点 M_1，M_2 和 M 在 Oxy 平面上的直角坐标是 (x_1, y_1)，(x_2, y_2) 和 (x,y)，于是根据平面解析几何的定比分点公式可得出(1.3)式中前两个式子. 若分别自点 P_1，P_2，P 向 Oyz 平面引垂线，同样，可以得出(1.3)中后两个式子. 这就导出了(1.3)式中所有 3 个式子.

当 $\lambda=-1$ 时，(1.3)式没有意义，但我们容易知道，当 λ 趋于 -1 时，点 P 趋向无穷远，这由(1.3)或定义 λ 的(1.2)式都可推得.

例 2 已知两点 $P_1(2,-3,1)$，$P_2(3,4,-5)$，在 P_1 和 P_2 的连线上求一点 P，使 $\frac{P_1P}{PP_2}=\frac{3}{2}$.

解 这里，定比 $\lambda=\frac{3}{2}$，由公式(1.3)，得 P 点的坐标为

$$x=\left(2+\frac{3}{2}\times3\right)\Big/\left(1+\frac{3}{2}\right)=\frac{13}{5},$$

$$y=\left(-3+\frac{3}{2}\times4\right)\Big/\left(1+\frac{3}{2}\right)=\frac{6}{5},$$

$$z=\left[1+\frac{3}{2}\times(-5)\right]\Big/\left(1+\frac{3}{2}\right)=-\frac{13}{5}.$$

故所求的点 P 为 $\left(\frac{13}{5},\frac{6}{5},-\frac{13}{5}\right)$.

例 3 已知线段 PQ 的中点为 $(6,1,-1)$，且 P 点的坐标为 $(2,-3,1)$，求 Q 点的坐标.

解 设 Q 点的坐标为 (x,y,z)，则

$$\frac{2+x}{2}=6,\quad \frac{-3+y}{2}=1,\quad \frac{1+z}{2}=-1.$$

所以 $x=10$，$y=5$，$z=-3$，即 Q 为 $(10,5,-3)$.

1.1.3 柱面坐标系与球面坐标系

除了直角坐标系外，还有很多种空间坐标系，它们都是由于实际问题的需要而引入的. 比如地面观测站在测量空中目标的行踪时，为了确定它在某一时刻的位置，就需要测出在那一时刻的高低角和方向角. 如果采用适合于这类情况的坐标系，对问题的研究就比较方便. 下面介绍两种较常用的坐标系——柱面坐标系和球面坐标系.

1. 柱面坐标系

设有空间直角坐标系 $Oxyz$，$P(x,y,z)$ 为空间中一点. 过 P 作 Oxy 平面的垂线，垂足为 P'. 在 Oxy 平面上取 O 点为极点，Ox 轴为极轴，那么 P' 点的平面极坐标可表示为 (r,θ)（如图 1-7），这时点 P 的位置可用数组 (r,θ,z) 定出. 数组 (r,θ,z) 叫做点 P 的**柱面坐标**，记为 $P(r,\theta,z)$，这里坐标 r 是点 P 与 z 轴之间的距离，坐标 θ 是过 z 轴及点 P 的半平面与 Oxz 平面的夹角，坐标 z 是点 P 在直角坐标系中的竖坐标. 空间中这三个坐标的取值范围是

$$0\leqslant r<+\infty,\quad 0\leqslant\theta<2\pi,\quad -\infty<z<+\infty.$$

如果取消以上限制，允许取值范围扩大为

$$-\infty<r,\theta,z<+\infty,$$

可定义广义柱面坐标.

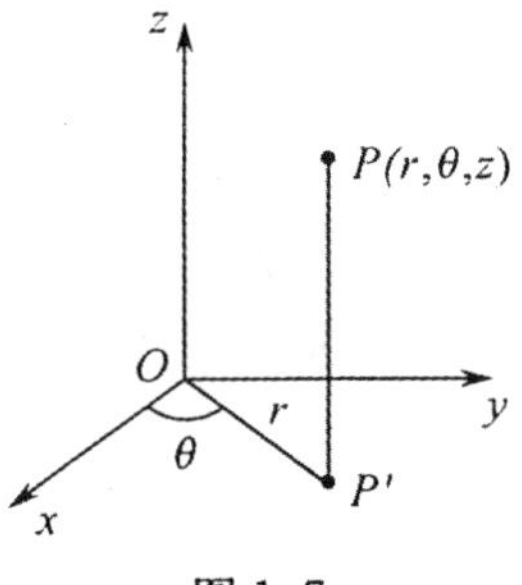

图 1-7

从图 1-7 中可以看出，空间中一点 P 的直角坐标 (x,y,z) 与柱面坐标 (r,θ,z) 之间的变换公式为

$$x=r\cos\theta,\ y=r\sin\theta,\ z=z;$$

$$r^2=x^2+y^2,\ \tan\theta=\frac{y}{x}.$$

根据定义我们容易得到下面3个简单方程表示的图形（如图1-8）：

$r=$常数，是以z轴为轴、r为半径的圆柱面；

$\theta=$常数，是过z轴的半平面，它与Ozx平面的夹角是θ；

$z=$常数，是与Oxy平面平行的平面.

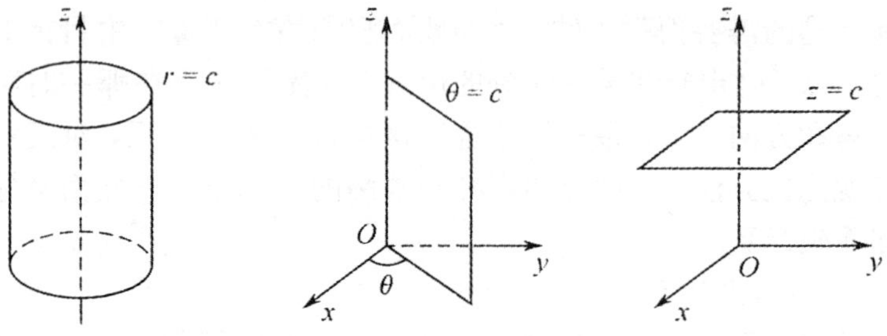

图 1-8

在柱面坐标系中两点$P_1(r_1,\theta_1,z_1)$和$P_2(r_2,\theta_2,z_2)$之间的距离为

$$|P_1P_2|=\sqrt{{r_2}^2+{r_1}^2+(z_2-z_1)^2-2r_1r_2\cos(\theta_2-\theta_1)}. \quad (1.4)$$

2. 球面坐标系

设有空间直角坐标系$Oxyz$，而$P(x,y,z)$为空间中一点. 过P作Oxy平面的垂线，垂足为P'，连OP. 记O和P两点之间的距离为r，OP与z轴正向的夹角为φ，x轴到OP'的夹角为θ. 这时点P在空间的位置可用数组(r,φ,θ)来确定（如图1-9）. 数组(r,φ,θ)叫做P点的**球面坐标**. 这三个坐标的变化范围是

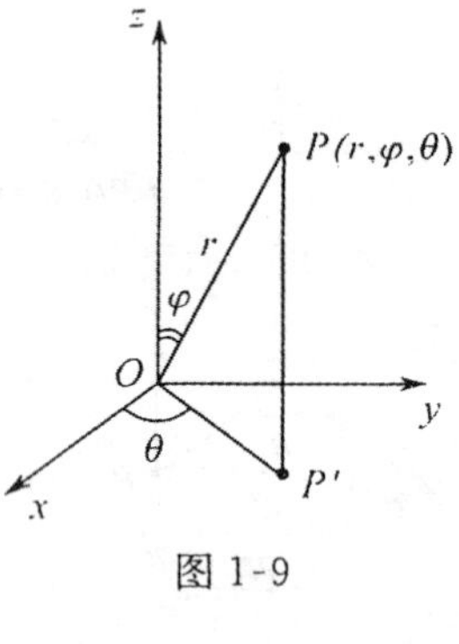

图 1-9

$$0\leqslant r<+\infty,$$

$$0\leqslant\varphi\leqslant\pi,\quad 0\leqslant\theta<2\pi.$$

如果取消以上限制，类似地可以

定义广义球面坐标.

由图 1-9 可以看出，点 P 的直角坐标(x,y,z)与球面坐标(r,φ,θ)之间的变换公式为

$$x=r\sin\varphi\cos\theta,\quad y=r\sin\varphi\sin\theta,\quad z=r\cos\varphi;$$

$$r=\sqrt{x^2+y^2+z^2},\ \varphi=\arccos\frac{z}{\sqrt{x^2+y^2+z^2}},\ \tan\theta=\frac{y}{x}.$$

由定义我们可得下面简单方程的图形(如图 1-10)：

$r=$常数，是以 O 点为心、r 为半径的球面；

$\varphi=$常数，是以 O 为顶点、z 轴为轴的圆锥面的一腔，圆锥面的半顶角为 φ；

$\theta=$常数，是过 z 轴的半平面，它与 Ozx 平面的夹角为 θ.

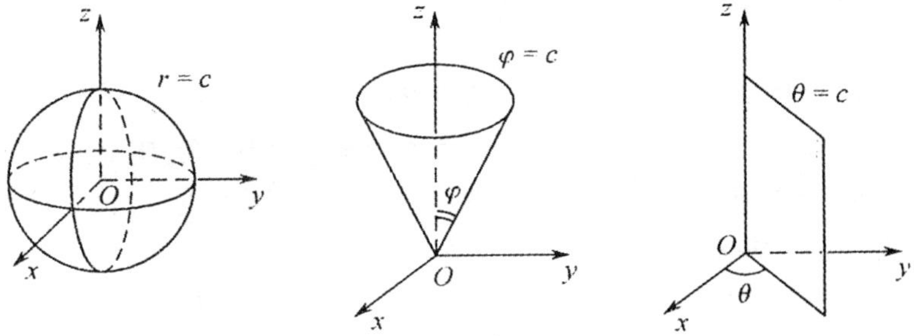

图 1-10

在球面坐标系中两点 $P_1(r_1,\varphi_1,\theta_1)$和 $P_2(r_2,\varphi_2,\theta_2)$之间的距离为

$$|P_1P_2|=\sqrt{r_1^2+r_2^2-2r_1r_2[\sin\varphi_1\sin\varphi_2\cos(\theta_2-\theta_1)+\cos\varphi_1\cos\varphi_2]}.\tag{1.5}$$

习　题　1.1

1. 在空间直角坐标系中，描出下列各点：$A(3,2,5)$，$B(-5,3,1)$，$C(1,-2,-3)$，$D(-1,-5,-3)$，$E(0,2,-3)$，$F(-2,-5,0)$.

2. 下列各点相对于空间直角坐标系中的位置有何特殊性：

$A(3,0,0)$，$B(0,4,0)$，$C(0,-7,3)$，$D(3,0,2)$.

3. 从点 $A(1,-2,3)$ 和 $B(a,b,c)$ 分别向各坐标平面和各坐标轴引垂线，求各垂足的坐标.

4. 已知点 $A(2,-3,-1)$ 和 $B(a,b,c)$，求它们分别关于下列平面、直线或点为对称的点的坐标：

(1) Oxy 平面； (2) Oyz 平面；

(3) z 轴； (4) 原点.

5. 选取边长为 $2a$ 的立方体的中心作为坐标原点，且它的棱与坐标轴平行，试写出立方体各顶点的坐标.

6. 指出适合下列条件的点的位置：

(1) 横坐标为零的点；

(2) 竖坐标为零的点；

(3) 横坐标和纵坐标同时为零的点.

7. 求点 $A(4,-3,2)$ 到坐标原点和到各坐标轴的距离.

8. 试证明：以 $A(4,3,1)$，$B(7,1,2)$ 和 $C(5,2,3)$ 为顶点的三角形是一个等腰三角形.

9. 在 y 轴上找一点，使它与点 $A(3,1,0)$ 和 $B(-2,4,1)$ 等距.

10. 证明：顶点在 $A(1,-2,1)$，$B(3,-3,-1)$，$C(4,0,3)$ 的三角形是直角三角形.

11. 把点 $A(1,1,1)$ 和 $B(1,2,0)$ 间的线段分成 $2:1$，求分点的坐标.

12. 已知三角形的顶点为 $A_1(x_1,y_1,z_1)$，$A_2(x_2,y_2,z_2)$，$A_3(x_3,y_3,z_3)$，求它的重心的坐标.

13. 已知三角形的顶点为 $A(3,2,-5)$，$B(1,-4,3)$，$C(-3,0,1)$，求它的各边上的中点和从点 A 所引中线的长.

14. 已知平行四边形的两个顶点 $A(2,-3,-5)$，$B(-1,3,2)$ 以及对角线的交点 $E(4,-1,7)$，求它的另外两个顶点.

15. 已知平行四边形的 3 个顶点 $A(3,-4,7)$,$B(-5,3,-2)$ 和 $C(1,2,-3)$，求与顶点 B 相对的第 4 个顶点 D.

16. 点 $A(x_1,y_1,z_1)$ 和 $B(x_2,y_2,z_2)$ 处分别放有质量为 m_1 和 m_2 的物体，求这组物体的重心 C. 按重心的定义，C 在 AB 之间，且 $m_1|AC|=m_2|BC|$.

17. 设在点 $A_1(x_1,y_1,z_1)$,$A_2(x_2,y_2,z_2)$,$A_3(x_3,y_3,z_3)$ 和 $A_4(x_4,y_4,z_4)$ 处分别置有重量为 m_1,m_2,m_3 和 m_4 的物体，求这组物体的重心.

18. 设点 A 的直角坐标是 $\left(-\frac{\sqrt{3}}{4},-\frac{3}{4},\frac{1}{2}\right)$，求它的柱面坐标和球面坐标.

19. 证明：在柱面坐标系中两点 $A_1(r_1,\theta_1,z_1)$ 和 $A_2(r_2,\theta_2,z_2)$ 之间的距离为

$$\sqrt{{r_1}^2+{r_2}^2-2r_1r_2\cos(\theta_2-\theta_1)+(z_2-z_1)^2}.$$

20. 证明：在球面坐标系中两点 $A_1(r_1,\varphi_1,\theta_1)$ 和 $A_2(r_2,\varphi_2,\theta_2)$ 之间的距离为

$$\sqrt{{r_1}^2+{r_2}^2-2r_1r_2[\sin\varphi_1\sin\varphi_2\cos(\theta_2-\theta_1)+\cos\varphi_1\cos\varphi_2]}.$$

21. 在测量学中，球面坐标系里的角 θ 称为被测点 $P(r,\varphi,\theta)$ 的**方位角**，而 $90°-\varphi$ 称为**高低角**，这时观测站设在坐标原点. 利用各种观测仪器(包括雷达)可以测出被测点的 3 个坐标.

某观测站测出距离观测点 3 000 米的飞机的方位角是 $40°12'$，高低角为 $45°$. 过 5 秒钟后，飞机距观测点 4 000 米，其方位角是 $10°12'$，高低角是 $60°$. 如果飞机在这段时间做匀速直线飞行，求飞机的飞行速度.

1.2 曲面和曲线的方程

与平面解析几何一样，在建立了坐标系以后，我们就可以讨论空间的曲面和曲线与方程之间的对应关系. 空间的曲面和曲线

可以用它上面的点的坐标(x,y,z)所满足的方程或方程组来表示；反之，以x,y,z为变量的方程或方程组，其每一组解确定空间中一个点，这个方程或方程组就确定了由这些点所组成的几何图形. 通过下面几个简单例子，我们可以看到，空间中一个曲面一般说来是与含x,y,z三个变量的一个方程对应的；而一条曲线是与两个这样的方程所构成的方程组对应的.

解析几何的任务主要有两个方面：

1） 给定了曲面或曲线的轨迹条件（几何条件），求它的方程或方程组；

2） 给定了坐标(x,y,z)满足的方程或方程组，研究它所代表的曲面或曲线的图形及其性质.

1.2.1 曲面的方程

如球面是空间中与一定点等距离的动点的轨迹；又如过线段的中点且与这条线段垂直的平面可以看做是与线段两端点等距离的动点的轨迹. 各种曲面都具有某种规律性，在引进坐标系之后，这些规律性往往反映为曲面上点的坐标x,y和z之间的一定的函数关系式

$$F(x,y,z)=0 \quad \text{或} \quad z=f(x,y). \tag{1.6}$$

定义 1 若曲面S上每一点的坐标都满足方程(1.6)，而且凡坐标满足方程(1.6)的点都在曲面S上，那么(1.6)就叫做**曲面S的方程**. 也可以说，曲面S是方程(1.6)的图形.

例 1 以坐标原点O为中心、r为半径的球面方程为

$$x^2+y^2+z^2=r^2. \tag{1.7}$$

证 设$P(x,y,z)$为球面上任意一点，按球面的定义有$|OP|=r$. 因$|OP|=\sqrt{x^2+y^2+z^2}$，所以$\sqrt{x^2+y^2+z^2}=r$，即

$$x^2+y^2+z^2=r^2.$$

可见点P的坐标满足(1.7). 反之，若点Q的坐标x,y,z满足(1.7)，将(1.7)式两边开平方，可得$|OQ|=r$，因此点Q在以O

为中心、r 为半径的球面上.

同理，中心在点(x_0, y_0, z_0)、半径为 r 的球面方程是

$$(x-x_0)^2+(y-y_0)^2+(z-z_0)^2=r^2.$$

如果把这个方程中括号去掉，便成为

$$x^2+y^2+z^2+2fx+2gy+2hz+d=0,$$

其中 $f=-x_0$，$g=-y_0$，$h=-z_0$，$d={x_0}^2+{y_0}^2+{z_0}^2-r^2$. 这是一个特殊的三元二次方程：它没有混乘项 xy, yz 和 zx；而且平方项的系数都等于 1（实际上，只要这三项的系数相同且不为 0，平方项的系数便可化为 1）. 反过来，如果有上面的二次方程，可以用配成完全平方的方法，改写为

$$(x+f)^2+(y+g)^2+(z+h)^2=d',$$

其中 $d'=f^2+g^2+h^2-d$. 当 $d'>0$ 时，方程表示以$(-f, -g, -h)$为中心、$r=\sqrt{d'}$ 为半径的球面；当 $d'=0$ 时，表示一点$(-f, -g, -h)$；当 $d'<0$ 时，无轨迹，也说它表示虚球面.

例 2 平行于 Oxy 平面，而与 z 轴交于点 $A(0,0,c)$ 的平面（如图 1-11）的方程是

$$z=c. \qquad (1.8)$$

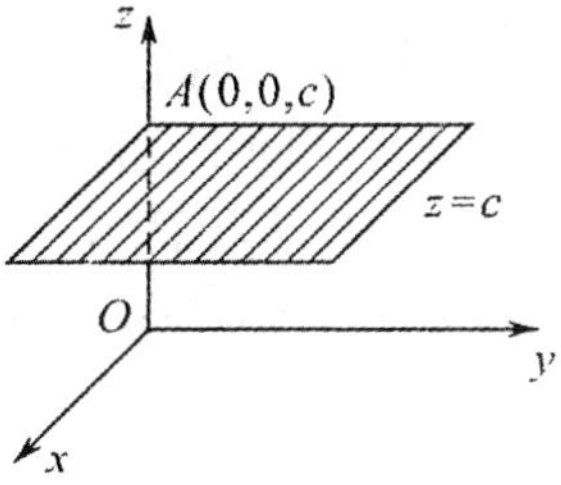

图 1-11

证 容易看到，对于给定的平面上一点(x,y,z)，一定有 $z=c$，即坐标满足(1.8)；反之，任意一点 $Q(x,y,z)$，只要它的坐标满足(1.8)，就一定在给定的平面上.

同理，$x=a$ 和 $y=b$ 分别表示平行于 Oyz 平面和 Ozx 平面的平面. 特别地，$x=0$，$y=0$ 和 $z=0$ 分别表示坐标平面 Oyz，Ozx 和 Oxy.

例 3 讨论方程 $x^2-1=0$ 所表示的图形.

解 方程的左边可分解为$(x-1)(x+1)$，因此凡坐标满足

$$x-1=0 \quad 或 \quad x+1=0$$

的点都能满足给定的方程，所以方程 $x^2-1=0$ 代表的曲面实际上是平行于 Oyz 平面的平面 $x-1=0$ 和 $x+1=0$ 的全体.

1.2.2 曲线的方程

两曲面相交一般是一条曲线，这条曲线既然同在两个曲面上，它上面每一点的坐标就应该同时满足这两个曲面的方程，因此可以将两曲面的方程联立起来表示它们相交的曲线.

定义 2 如果两个不相同的曲面 S_1：$F(x,y,z)=0$ 和 S_2：$G(x,y,z)=0$ 的交线是曲线 C，那么联立的方程组

$$\begin{cases} F(x,y,z)=0, \\ G(x,y,z)=0 \end{cases} \tag{1.9}$$

就叫做**曲线 C 的方程**，而曲线 C 叫做方程组(1.9)的**图形**.

由此可见，在曲线 C 上每一点的坐标都满足方程(1.9)；反过来，凡坐标满足方程(1.9)的点又都在曲线 C 上.

因为通过空间一曲线有许多曲面，所以同一条曲线可以看做许多对不同曲面的交线. 因此一曲线可由许多不同形状的方程组表示. 实际上，曲面是空间中只受一个条件约束的动点的轨迹，而曲线则是空间中受两个条件约束的动点的轨迹.

例 4 若动点 $P(x,y,z)$ 与原点之间的距离为 r，且到 Oxy 平面的距离为 a ($0<a<r$) (如图 1-12)，则动点 P 的轨迹是

$$\begin{cases} x^2+y^2+z^2=r^2, \\ |z|=a. \end{cases}$$

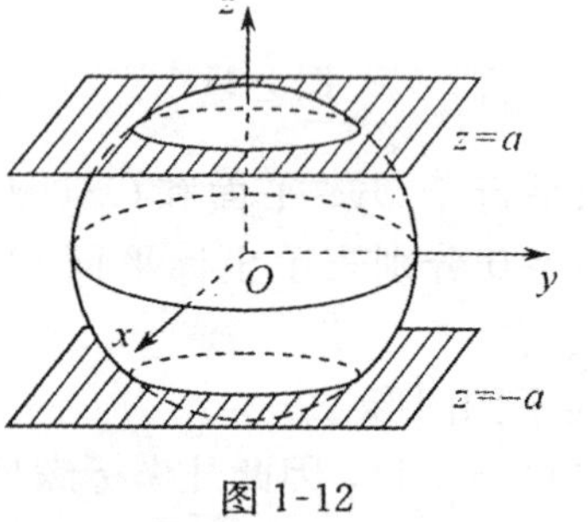

图 1-12

前一个方程表示球面，后一个方程表示两个平面，这条曲线是它们相交的两个圆.

若由上述两方程消去 z，可得

$$x^2+y^2=r^2-a^2.$$

这是一个圆柱面的方程，它也是

通过以上两圆的曲面. 因此这两圆又可用方程组

$$\begin{cases}x^2+y^2=r^2-a^2,\\|z|=a\end{cases}$$

表示.

例 5 讨论方程$(y+1)^2+(z-2)^2=0$所表示的图形.

解 给定的方程等价于方程组

$$y+1=0 \quad 和 \quad z-2=0.$$

可见曲面上的点一方面满足$y+1=0$，即在一个与Ozx平面平行的平面上；另一方面曲面的点又满足$z-2=0$，即在一个与Oxy平面平行的平面上. 如果我们说一个方程表示曲面，那么这个例子中的曲面就认为是退化为两平面的交线.

例 6 方程$(x-a)^2+(y-b)^2+(z-c)^2=0$只表示一点$A(a,b,c)$.

例 7 方程$3x^2+y^2+z^2+1=0$是无轨迹的，因为没有任何实数组x,y,z满足它.

习 题 1.2

1. 一个平面平分两点$A(1,2,3)$和$B(2,-1,4)$间的线段且垂直于它，求这个平面的方程.

2. 求与Oxz和Oyz两平面的距离相等的点的轨迹.

3. 写出各坐标平面、各坐标轴的方程.

4. 写出中心在$(-1,2,3)$、半径为4的球面方程.

5. 求球面$x^2+y^2+z^2-2x=0$的中心和半径，并作图.

6. 球面的中心为$(1,3,-2)$，且球面通过原点，写出球面方程.

7. 已知两个球面

$$x^2+y^2+z^2-6x+8y-10z+41=0,$$
$$x^2+y^2+z^2+6x+2y-6z-10=0,$$

求以连接它们两中心的线段为直径的球面方程.

8. 已知 4 点(0,0,0),(2,0,0),(0,3,0),(0,0,6),求通过这些点的球面的方程.

9. 已知两点 $A(0,0,a)$和 $B(0,0,-a)$,求到它们的距离平方和为 $4a^2$ 的点的轨迹.

10. 已知两点 $A(0,0,c)$和 $B(0,0,-c)$,求到它们的距离之和为 $2b$ 的点的轨迹($b>c$),这轨迹为旋转椭球面(见 4.3 节).

11. 研究下列方程代表的图形:

(1) $y=a$; (2) $x+y=0$;

(3) $x^2-y^2=0$; (4) $x^2+y^2-1=0$;

(5) $xy=0$; (6) $xyz=0$.

12. 指出下列方程组代表什么曲线,并绘出图形:

(1) $\begin{cases} y=0, \\ z=0; \end{cases}$ (2) $\begin{cases} x-2=0, \\ y=0; \end{cases}$

(3) $\begin{cases} x-5=0, \\ z+2=0; \end{cases}$ (4) $\begin{cases} x^2+y^2+z^2=9, \\ z=0; \end{cases}$

(5) $\begin{cases} x^2+y^2+z^2=20, \\ z-2=0. \end{cases}$

13. 求以下 3 个曲面的交点:

$$x^2+y^2+z^2=49,\quad y-3=0,\quad z+6=0.$$

14. 求球面 $x^2+y^2+z^2=9$ 与圆 $\begin{cases} x^2+y^2+(z-2)^2=5, \\ y-2=0 \end{cases}$ 的交点.

1.3 向量的概念与向量的线性运算

1.3.1 向量与它的几何表示

只用一个实数值就可以明确表示出来的量叫**数量**,或**纯量**,如距离、时间、质量、温度、功和电荷等. 这类量的运算规则我们已很熟悉. 另外我们还会遇到一类量，也需要我们分析和研究，如力、速度、加速度、电场强度等，它们既有大小又有方向，我们把这类既有大小又有方向的量叫做**向量**(或**矢量**).

向量是既有大小又有方向的量，在几何上，我们可以用有向线段来表示向量.

已给空间一线段，如取它的一端点为起点，另一端点为终点，并规定由起点指向终点为线段的方向，这样确定了方向的线段叫做**有向线段**. 一般在线段的终点处画上一箭头表示方向，如图 1-13. 有向线段具有大小(长度)和方向，足以刻画向量的两个特征，是向量最直观的表现. 起点为 A、终点为 B 的有向线段表示方向和它相同而大小等于它的长度的向量，并记这个向量为 $\overrightarrow{AB}$. 于是向量的大小也就叫做**向量的长度**（或叫做**向量的模**）. 也可以用一个黑体字母表示向量，如 $\boldsymbol{a},\boldsymbol{b},\cdots$（图 1-13）. 向量的长度记作 $|\overrightarrow{AB}|$ 或 $|\boldsymbol{a}|$，它表示向量的大小，是一个非负的数值. 在下面的讨论中暂不考虑向量所代表的力学、物理学或其他实际意义，我们把向量就看做是有向线段.

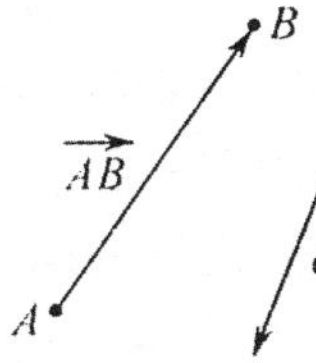

图 1-13

向量的方向包含两层意思：一是**方位**；二是**指向**. 两个互相平行的向量叫做**方位相同的向量**，但它们的指向可以是相同的，也可以是相反的. 图 1-14 中 3 个向量 $\boldsymbol{a},\boldsymbol{b},\boldsymbol{c}$ 互相平行，因此它们方位都相同. $\boldsymbol{a}$ 和 $\boldsymbol{b}$ 方位相同，指向也相同，因此是**方向相同（或一致）的向量**，而 $\boldsymbol{a}$ 和 $\boldsymbol{c}$ 方位相同，指向相反，则称之为**方向相反的向量**.

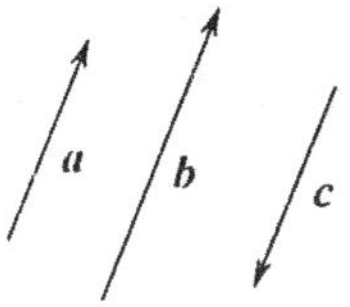

图 1-14

在下面讨论向量运算时，起主要作用的是向量的长度和方向，至于起点摆在什么位置无关紧要，这样的向量也叫做**自由向**

量. 一个向量在空间中平行移动到任何一个位置后，因为长度和方向都没有改变，我们把它看做与原来的向量是相同或相等的. 因此我们规定，两个向量 $\boldsymbol{a}$ 和 $\boldsymbol{b}$，假若

1）它们长度相等，

2）方向相同，

就叫做**相等的向量**，记作 $\boldsymbol{a}=\boldsymbol{b}$.

作用力和反作用力是一对大小相等、方向相反的矢量，用向量表示，可称反作用力是作用力的反向量. 一般地，与向量 $\boldsymbol{a}$ 长度相同、方向相反的向量叫做 $\boldsymbol{a}$ 的**反向量**，记作 $-\boldsymbol{a}$. 显然，$\boldsymbol{a}$ 也是 $-\boldsymbol{a}$ 的反向量，即有 $-(-\boldsymbol{a})=\boldsymbol{a}$.

作用在一点的一组力若达到平衡，则这组力的合力大小是零. 长度是零的向量也就是起点和终点重合的向量，叫做**零向量**，记作 $\mathbf{0}$. 零向量没有确定的方向或者说零向量的方向不定.

长度为 1 的向量叫做**单位向量**. 一个向量的方向通常用与它同方向的单位向量表示.

1.3.2 向量的加法

向量的线性运算是指向量的加、减运算以及数乘向量的运算. 本段介绍向量的加、减法运算，下段再介绍数乘向量的运算.

正确地描述从某点出发到达另一点的位移，必须说出两点间的距离以及从起点到终点的方向，因此位移是一个向量. 两次连续位移的结果，合起来可以看做是一个新位移. 例如：先从点 O 到点 A，再从 A 移到点 B，合起来就是从点 O 移到点 B 的一个新的位移(图 1-15 (a)). 还有力、速度、加速度等也可以这样合成. 一般地，有

定义 1 从一点 O 起，连续作出向量 $\overrightarrow{OA}=\boldsymbol{a}$ 和 $\overrightarrow{AB}=\boldsymbol{b}$，则以 O 为起点、B 为终点的向量 $\boldsymbol{s}=\overrightarrow{OB}$ 定义为 $\boldsymbol{a}$ 与 $\boldsymbol{b}$ **两个向量的和**，记作

$$\boldsymbol{s}=\boldsymbol{a}+\boldsymbol{b},$$

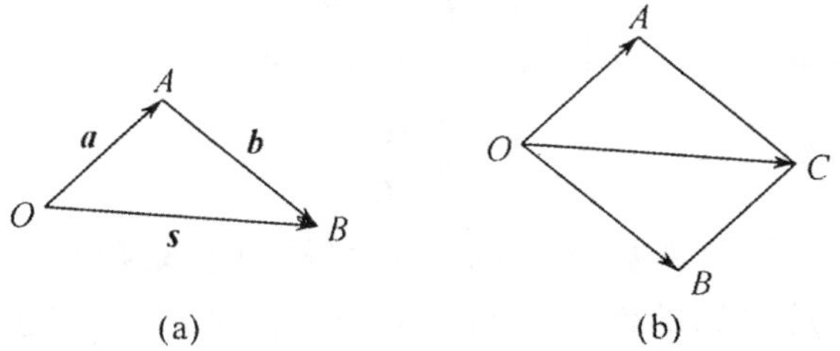

图 1-15

或$\overrightarrow{OB}=\overrightarrow{OA}+\overrightarrow{AB}$.

以上定义中以$\overrightarrow{OA}$,$\overrightarrow{AB}$作为三角形两边求向量和的法则称为向量加法的**三角形法则**. 在力学中求向量$\overrightarrow{OA}$,$\overrightarrow{OB}$的和是以 OA，OB 为两邻边作出平行四边形 $OACB$（图 1-15（b）)，得向量的和

$$\overrightarrow{OC}=\overrightarrow{OA}+\overrightarrow{OB}.$$

这种求向量和的法则叫做**平行四边形法则**. 因为我们考虑的是自由向量，从图中可看到这两种作法不同，但结果是一样的. 不过三角形法则还适用于求两个方向相同或相反的向量的和.

有限多个向量 $\boldsymbol{a}_1,\boldsymbol{a}_2,\cdots,\boldsymbol{a}_n$ 相加，可以从某点 O 出发逐一引向量$\overrightarrow{OA_1}=\boldsymbol{a}_1$，$\overrightarrow{A_1A_2}=\boldsymbol{a}_2$，$\cdots$，$\overrightarrow{A_{n-1}A_n}=\boldsymbol{a}_n$（图 1-16，$n=4$）. 于是以所得折线 $OA_1A_2\cdots A_n$ 的起点 O 为起点，终点 A_n 为终点的向量$\overrightarrow{OA_n}$就是 $\boldsymbol{a}_1,\boldsymbol{a}_2,\cdots,\boldsymbol{a}_n$ 的和：

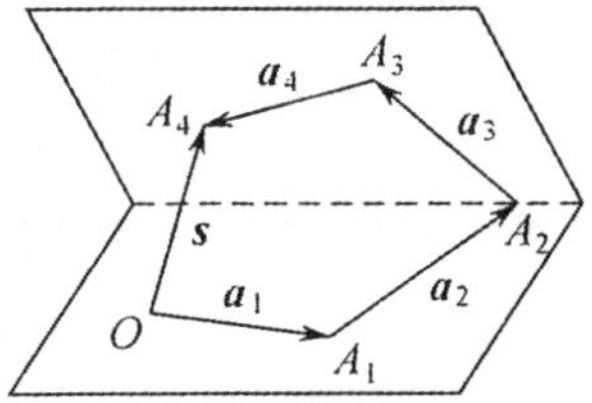

图 1-16

$$\overrightarrow{OA_n}=\overrightarrow{OA_1}+\overrightarrow{A_1A_2}+\cdots+\overrightarrow{A_{n-1}A_n}=\boldsymbol{a}_1+\boldsymbol{a}_2+\cdots+\boldsymbol{a}_n.$$

用折线作向量的和时，有可能折线的终点恰恰重合到起点上，即折线成为封闭多边形，这时和向量就是零向量.

向量的加法满足如下的运算规律：

交换律 $$\boldsymbol{a}+\boldsymbol{b}=\boldsymbol{b}+\boldsymbol{a};\tag{1.10}$$

结合律 $$(\boldsymbol{a}+\boldsymbol{b})+\boldsymbol{c}=\boldsymbol{a}+(\boldsymbol{b}+\boldsymbol{c});\tag{1.11}$$

$$\boldsymbol{a}+\boldsymbol{0}=\boldsymbol{a};\tag{1.12}$$

$$\boldsymbol{a}+(-\boldsymbol{a})=\boldsymbol{0}.\tag{1.13}$$

可见，向量加法与实数加法有相同的运算规律. 这些规律都可以由向量求和的作图法直接看出来. 例如：由图 1-17 和图 1-18，可分别得出向量加法的交换律和结合律. 由结合律可知，多个向量相加时可以不加括号.

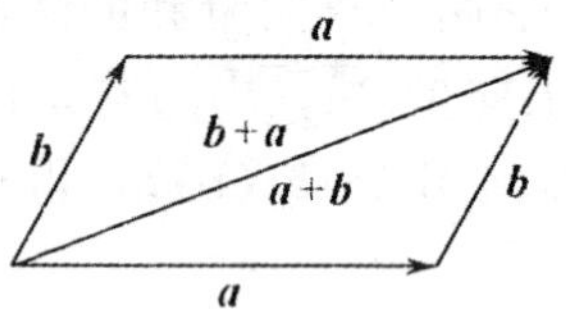

图 1-17

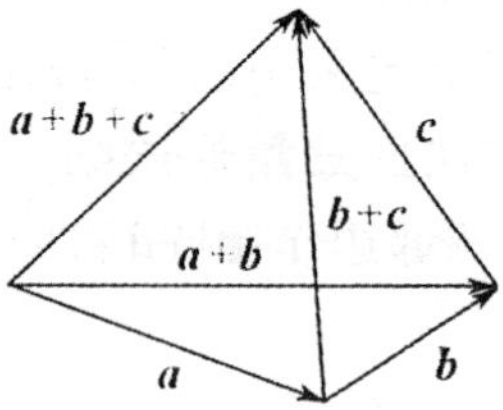

图 1-18

若已知合力 $\boldsymbol{b}$ 和一个分力 $\boldsymbol{a}$，要求另一个分力，这类问题需要利用加法的逆运算. 也就是需要求解满足方程

$$\boldsymbol{a}+\boldsymbol{x}=\boldsymbol{b}$$

的向量 $\boldsymbol{x}$. 在上式两边同加 $-\boldsymbol{a}$，容易得到

$$\boldsymbol{x}=\boldsymbol{b}+(-\boldsymbol{a}).$$

这向量 $\boldsymbol{x}$ 我们定义为向量 $\boldsymbol{b}$ 与向量 $\boldsymbol{a}$ 的差，记为 $\boldsymbol{b}-\boldsymbol{a}$，于是有

$$\boldsymbol{b}-\boldsymbol{a}=\boldsymbol{b}+(-\boldsymbol{a}).\tag{1.14}$$

这就是说，向量 $\boldsymbol{b}$ 减去向量 $\boldsymbol{a}$ 等于向量 $\boldsymbol{b}$ 加上向量 $\boldsymbol{a}$ 的反向量 $-\boldsymbol{a}$.

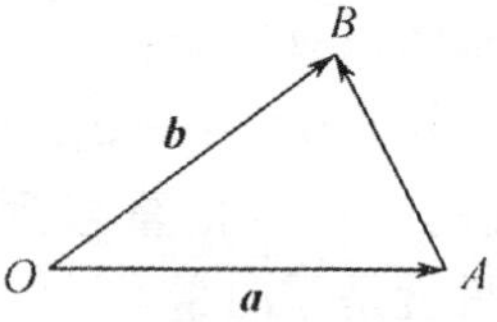

图 1-19

由(1.14)，我们可以得出求向量 $\boldsymbol{b}$ 与向量 $\boldsymbol{a}$ 的差的作图法：在同一个起点 O 作 $\overrightarrow{OA}=\boldsymbol{a}$，$\overrightarrow{OB}=\boldsymbol{b}$（图 1-19），那么以 A 为起点、B 为终点的向量就是所求的差，即

$$\overrightarrow{AB}=\boldsymbol{b}-\boldsymbol{a}.$$

由向量求和的作图法，可得有关向量长度的如下不等式：

$$|\boldsymbol{a}+\boldsymbol{b}|\leqslant|\boldsymbol{a}|+|\boldsymbol{b}|,$$

这就是用向量表示：三角形的一边长不大于另两边长的和. 当 $\boldsymbol{a}$ 和 $\boldsymbol{b}$ 平行且同向时等号成立.

1.3.3 数乘向量

在应用中我们常常碰到数与向量相乘的情况. 例如：两个同样的力 $\boldsymbol{a}$ 作用在一个物体上，其合力 $\boldsymbol{b}=\boldsymbol{a}+\boldsymbol{a}$ 的大小显然是力 $\boldsymbol{a}$ 大小的两倍且方向与 $\boldsymbol{a}$ 的一致，简称力 $\boldsymbol{b}$ 是力 $\boldsymbol{a}$ 的两倍，并记为 $\boldsymbol{b}=2\boldsymbol{a}$.

又如，连续做 n 个位移 $\boldsymbol{a}$，所得的结果就是做了一个距离是 $|\boldsymbol{a}|$ 的 n 倍且方向与 $\boldsymbol{a}$ 一致的位移 $\boldsymbol{b}$，我们也说，位移 $\boldsymbol{b}$ 是位移 $\boldsymbol{a}$ 的 n 倍，并记为 $\boldsymbol{b}=n\boldsymbol{a}$.

再如，在逆水行舟时，若知道舟行驶速度的大小为水流速度大小的 10 倍，而水流速度 $\boldsymbol{u}$ 和舟行驶的速度 $\boldsymbol{v}$ 是两个方向相反的向量，则其相互的关系明显地可表示为 $\boldsymbol{v}=-10\boldsymbol{u}$.

为此，我们引进数与向量相乘的概念如下：

定义 2 向量 $\boldsymbol{a}$ 与数 λ 的乘积 $\lambda\boldsymbol{a}$ 是一个向量，它的长度

$$|\lambda\boldsymbol{a}|=|\lambda||\boldsymbol{a}|;$$

在 $\boldsymbol{a}$ 不为零向量时，它的方向按照 $\lambda>0$ 或 $\lambda<0$ 和 $\boldsymbol{a}$ 的方向相同或相反. 这种运算叫做**数乘向量**.

向量 $\boldsymbol{a}$ 和 λ 的数乘 $\lambda\boldsymbol{a}$，简单地说，就是把向量 $\boldsymbol{a}$ 伸缩 λ 倍；当 λ 取正时，$\lambda\boldsymbol{a}$ 与向量 $\boldsymbol{a}$ 同向；当 λ 取负时，$\lambda\boldsymbol{a}$ 与 $\boldsymbol{a}$ 反向.

由定义可见，当 $\lambda=0$ 或 $\boldsymbol{a}=\boldsymbol{0}$ 时，$\lambda\boldsymbol{a}$ 为零向量. $\lambda=1$ 时，$1\boldsymbol{a}=\boldsymbol{a}$. $\boldsymbol{a}$ 的反向量 $-\boldsymbol{a}$ 可以看做是 -1 和 $\boldsymbol{a}$ 相乘，即

$$-\boldsymbol{a}=(-1)\boldsymbol{a}.$$

对于非零向量 $\boldsymbol{a}$ 总可以作出一个和它同方向的单位向量

$$\boldsymbol{a}_0=\frac{1}{|\boldsymbol{a}|}\boldsymbol{a},$$

因为$|\boldsymbol{a}_0|=\frac{1}{|\boldsymbol{a}|}|\boldsymbol{a}|=1$. 于是有 $\boldsymbol{a}=|\boldsymbol{a}|\boldsymbol{a}_0$.

数乘向量有如下的运算规律:

$$\lambda(\mu\boldsymbol{a})=(\lambda\mu)\boldsymbol{a}; \tag{1.15}$$

$$(\lambda+\mu)\boldsymbol{a}=\lambda\boldsymbol{a}+\mu\boldsymbol{a}; \tag{1.16}$$

$$\lambda(\boldsymbol{a}+\boldsymbol{b})=\lambda\boldsymbol{a}+\lambda\boldsymbol{b}. \tag{1.17}$$

这些运算规律容易通过几何直观地来验证.

首先验证(1.15)式. 当 λ,μ 中有一个为零或 $\boldsymbol{a}$ 为零向量时,(1.15)式两边都是零向量,显然相等. 现设 $\lambda\mu\neq 0$, $\boldsymbol{a}\neq\boldsymbol{0}$. 容易看到,当 λ 和 μ 两个数同号时,等式两边的向量都与 $\boldsymbol{a}$ 同向,异号时都与 $\boldsymbol{a}$ 的方向相反. 由此可知等式两边的向量是同向的. 至于它们的长度有

$$\begin{aligned}|\lambda(\mu\boldsymbol{a})|&=|\lambda|\cdot|\mu\boldsymbol{a}|=|\lambda|\cdot|\mu||\boldsymbol{a}|=|\lambda\mu|\cdot|\boldsymbol{a}|\\&=|(\lambda\mu)\boldsymbol{a}|,\end{aligned}$$

即(1.15)式两边向量等长.

现在我们来证明(1.16)式. 当 $\lambda,\mu,\lambda+\mu$ 中有一个为零或 $\boldsymbol{a}$ 为零向量时,(1.16)式显然成立. 现在假定 $\boldsymbol{a}\neq\boldsymbol{0}$, $\lambda,\mu,\lambda+\mu$ 都不为零. 按照它们的符号不同有如下几种情况:

情况	λ	μ	$\lambda+\mu$	情况	λ	μ	$\lambda+\mu$
1	+	+	+	3	+	−	−
2	−	−	−	4	+	−	+

对于情况 1,把 $\boldsymbol{a}$ 看做位移,那么当 λ 和 μ 同为正数时,$\lambda\boldsymbol{a}+\mu\boldsymbol{a}$ 就是先作了 λ 个 $\boldsymbol{a}$ 位移,再作了 μ 个 $\boldsymbol{a}$ 位移,合起来的位移就是 $\lambda+\mu$ 个 $\boldsymbol{a}$. 可见(1.16)式两边相等. 对情况 2 类似可得. 其余两种情况也都可以由情况 1 推出. 例如对于情况 3,由于 $\lambda>0$, $\mu<0$ 且 $\lambda+\mu<0$,可知 $-(\lambda+\mu)$ 和 λ 同为正数,因此

$$[-(\lambda+\mu)+\lambda]\boldsymbol{a}=-(\lambda+\mu)\boldsymbol{a}+\lambda\boldsymbol{a},$$

即 $-\mu\boldsymbol{a}=-(\lambda+\mu)\boldsymbol{a}+\lambda\boldsymbol{a}$. 再移项,即得(1.16)式.

最后证明(1.17)式. 当 $\lambda=0$ 或 $\boldsymbol{a},\boldsymbol{b}$ 中有一个为零向量时，(1.17)式显然成立. 除这些情况外，现分别按下面两种情况证明.

1) $\boldsymbol{a}$ 和 $\boldsymbol{b}$ 不平行. 如图 1-20，$\triangle OAB$ 是以 $\boldsymbol{a},\boldsymbol{b}$ 向量为边的三角形，按相似比为 λ 可得出相似$\triangle OA_1B_1$，且

$$\overrightarrow{OA}=\boldsymbol{a},\quad \overrightarrow{OA_1}=\lambda\boldsymbol{a},\quad \overrightarrow{AB}=\boldsymbol{b},\quad \overrightarrow{A_1B_1}=\lambda\boldsymbol{b},$$

对于 λ 取正或负值时对应的$\triangle OA_1B_1$ 如图 1-20 所示.

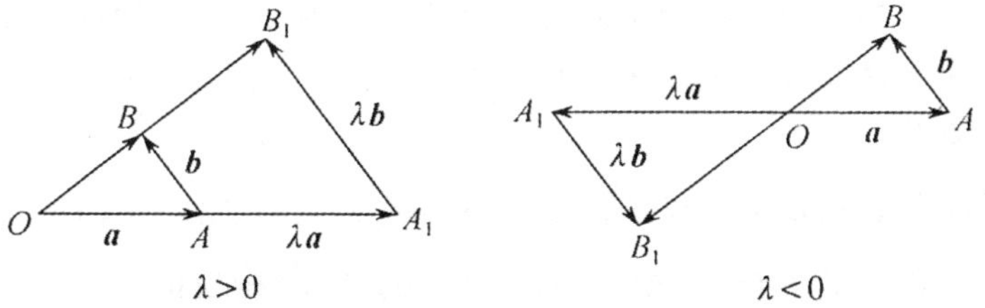

图 1-20

由相似三角形对应边成比例的关系，可以得出

$$\overrightarrow{OB_1}=\lambda\,\overrightarrow{OB}.$$

而$\overrightarrow{OB}=\boldsymbol{a}+\boldsymbol{b}$，$\overrightarrow{OB_1}=\lambda\boldsymbol{a}+\lambda\boldsymbol{b}$，故

$$\lambda(\boldsymbol{a}+\boldsymbol{b})=\lambda\boldsymbol{a}+\lambda\boldsymbol{b}.$$

2) $\boldsymbol{a}$ 和 $\boldsymbol{b}$ 平行. 可以找到数 μ 使得 $\boldsymbol{b}=\mu\boldsymbol{a}$，这只需按 $\boldsymbol{b}$ 与 $\boldsymbol{a}$ 同向或相反，取

$$\mu=\frac{|\boldsymbol{b}|}{|\boldsymbol{a}|}\quad 或\quad \mu=-\frac{|\boldsymbol{b}|}{|\boldsymbol{a}|}\tag{1.18}$$

即可. 利用(1.15)和(1.16)有

$$\begin{aligned}\lambda(\boldsymbol{a}+\boldsymbol{b})&=\lambda(\boldsymbol{a}+\mu\boldsymbol{a})=\lambda(1+\mu)\boldsymbol{a}=\lambda\boldsymbol{a}+\lambda\mu\boldsymbol{a}\\&=\lambda\boldsymbol{a}+\lambda(\mu\boldsymbol{a})=\lambda\boldsymbol{a}+\lambda\boldsymbol{b}.\end{aligned}$$

1.3.4 共线或共面的向量

在讨论若干个向量的相互关系时，需要引入如下定义：

定义 3 把一组向量平行移到同一个起点后，如果它们在同

一条直线或同一平面上，这组向量就叫做**共线的向量**或**共面的向量**.

显然，共线向量方位相同；共面向量都平行于同一个平面，或都垂直于同一个非零向量. 另外，任意两个平行向量是共线的；任意两个向量总是共面的；共线向量当然也是共面的. 零向量可以看做与任意向量都共线.

定义 4 把两个非零向量 $\boldsymbol{a}$ 和 $\boldsymbol{b}$ 移到同一个起点时，所夹的不超过 π 的角叫做这两个向量的**夹角**，记为 $\langle\widehat{\boldsymbol{a},\boldsymbol{b}}\rangle$ 或 $\langle\boldsymbol{a},\boldsymbol{b}\rangle$. 这个角实际上是 $\boldsymbol{a}$ 和 $\boldsymbol{b}$ 两个方向的夹角，与这两个向量的次序和长度没有关系.

如果 $\boldsymbol{a}$ 和 $\boldsymbol{b}$ 不共线，那么有 $0<\langle\widehat{\boldsymbol{a},\boldsymbol{b}}\rangle<\pi$；如果 $\boldsymbol{a}$ 和 $\boldsymbol{b}$ 共线，那么当它们的方向相同时，$\langle\widehat{\boldsymbol{a},\boldsymbol{b}}\rangle=0$；方向相反时，$\langle\widehat{\boldsymbol{a},\boldsymbol{b}}\rangle=\pi$（图 1-21）. 若 $\langle\widehat{\boldsymbol{a},\boldsymbol{b}}\rangle=\frac{\pi}{2}$，我们就说 $\boldsymbol{a}$ 和 $\boldsymbol{b}$ **垂直**，并记为 $\boldsymbol{a}\perp\boldsymbol{b}$. 同样我们用 $\boldsymbol{a}\parallel\boldsymbol{b}$ 表示 $\boldsymbol{a}$ 和 $\boldsymbol{b}$ 共线.

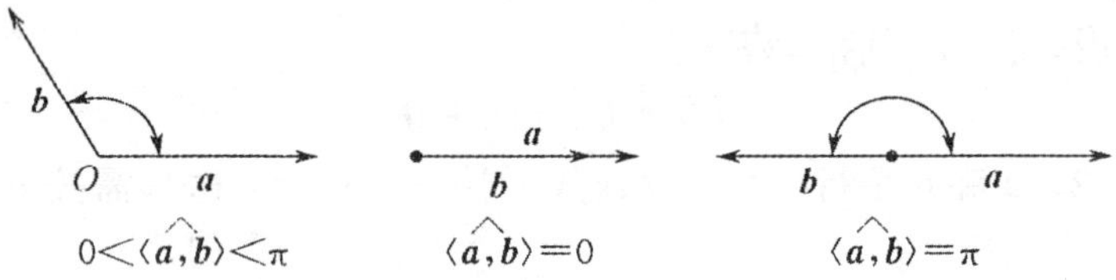

图 1-21

零向量可以看做与任何向量都共线，也可以看做与任何向量都垂直.

按照数乘向量的定义，向量 $\beta\boldsymbol{a}$ 与向量 $\boldsymbol{a}$ 要么同方向，要么反方向. 因此它们总是共线的. 反过来，如果向量 $\boldsymbol{b}$ 和非零向量 $\boldsymbol{a}$ 共线，按(1.18)式选取 μ，那么有 $\boldsymbol{b}=\mu\boldsymbol{a}$，即可以把向量 $\boldsymbol{b}$ 表示成向量 $\boldsymbol{a}$ 与某个数的乘积. 这样一来，我们有

定理 1.1 如果已知两个向量共线，且其中一个，不妨设为 $\boldsymbol{a}$，不是零向量，那么存在一个数 μ，使得另一个向量 $\boldsymbol{b}$ 可表示为数 μ 与向量 $\boldsymbol{a}$ 的乘积，即 $\boldsymbol{b}=\mu\boldsymbol{a}$.

定理 1.1 用数乘向量的运算给出了两个向量共线的条件，其中设一个向量不为零向量. 可以去掉这一假设而换另一种方式来叙述，这便是如下的

推论 1.1 两个向量 $\boldsymbol{a}$ 与 $\boldsymbol{b}$ 共线的充要条件是存在不同时为零的数 λ,μ，使得它们的线性组合

$$\lambda\boldsymbol{a}+\mu\boldsymbol{b}=\boldsymbol{0}. \tag{1.19}$$

证 必要性 设 $\boldsymbol{a}$ 和 $\boldsymbol{b}$ 共线，如果它们都是零向量，对于任意不同时为零的数 λ,μ，(1.19)式显然成立. 如果其中至少有一个，不妨设 $\boldsymbol{a}\neq\boldsymbol{0}$，据定理 1.1，存在一个数 k，使得 $\boldsymbol{b}=k\boldsymbol{a}$ 成立，令 $\lambda=k$，$\mu=-1$，这就是(1.19)式，此处 $\mu=-1\neq 0$.

充分性 设对于不同时为零的数 λ,μ，不妨设 $\mu\neq 0$，成立(1.19)式，移项，两边除以 μ，得 $\boldsymbol{b}=-\dfrac{\lambda}{\mu}\boldsymbol{a}$，知 $\boldsymbol{a}$ 与 $\boldsymbol{b}$ 共线. 证毕.

对于 3 个共面向量，也有类似情况.

定理 1.2 如果向量 $\boldsymbol{a},\boldsymbol{b},\boldsymbol{c}$ 共面，且其中至少有两个向量，不妨设为 $\boldsymbol{a}$ 和 $\boldsymbol{b}$，不共线，那么存在两个数 λ 和 μ 使得第 3 个向量 $\boldsymbol{c}$ 可表示为 $\boldsymbol{c}=\lambda\boldsymbol{a}+\mu\boldsymbol{b}$.

证 如图 1-22，过一点 O 引向量 $\overrightarrow{OA_1}=\boldsymbol{a}$，$\overrightarrow{OB_1}=\boldsymbol{b}$，$\overrightarrow{OC}=\boldsymbol{c}$. 由于假设 $\boldsymbol{a},\boldsymbol{b},\boldsymbol{c}$ 共面，因此 O,A_1,B_1,C 四点在同一个平面上. 作两邻边在 OA_1,OB_1 线上

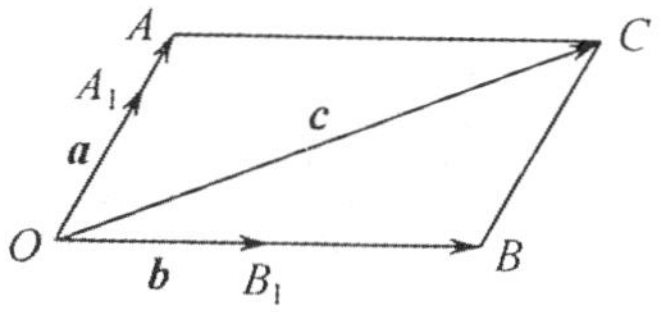

图 1-22

且以 OC 为对角线的平行四边形 $OACB$. 由于向量$\overrightarrow{OA}$和$\overrightarrow{OB}$分别与向量$\overrightarrow{OA_1}$和$\overrightarrow{OB_1}$共线，引用定理 1.1，有数 λ 和 μ，分别使

$$\overrightarrow{OA}=\lambda \boldsymbol{a},\quad \overrightarrow{OB}=\mu \boldsymbol{b},$$

因此 $\boldsymbol{c}=\overrightarrow{OC}=\overrightarrow{OA}+\overrightarrow{OB}=\lambda\boldsymbol{a}+\mu\boldsymbol{b}$. 证毕.

推论 1.2 3 个向量 $\boldsymbol{a},\boldsymbol{b}$ 与 $\boldsymbol{c}$ 共面的充要条件是存在不同时为零的 3 个数 λ,μ,ν，使得它们的线性组合

$$\lambda\boldsymbol{a}+\mu\boldsymbol{b}+\nu\boldsymbol{c}=\boldsymbol{0}. \tag{1.20}$$

证 必要性 设 $\boldsymbol{a},\boldsymbol{b},\boldsymbol{c}$ 共面，如果它们之中任意两个互相共线，(1.20)式显然成立. 如果有两个向量，不妨设为 $\boldsymbol{a}$ 与 $\boldsymbol{b}$，不互相共线，则根据定理 1.2，存在 k,l 使得 $\boldsymbol{c}=k\boldsymbol{a}+l\boldsymbol{b}$，令 $\lambda=k$，$\mu=l$，$\nu=-1$，则(1.20)式成立.

充分性 设 λ,μ,ν 不同时为零，不妨设 $\nu\neq0$，成立(1.20)式，移项，两边除以 ν，得

$$\boldsymbol{c}=-\frac{\lambda}{\nu}\boldsymbol{a}-\frac{\mu}{\nu}\boldsymbol{b},$$

知 $\boldsymbol{a},\boldsymbol{b},\boldsymbol{c}$ 共面. 证毕.

例 1 证明：三角形的 3 条中线构成的向量首尾连接正好构成一个三角形.

证 设 $\triangle ABC$ 的三边的向量为 $\boldsymbol{a}=\overrightarrow{BC}$，$\boldsymbol{b}=\overrightarrow{CA}$，$\boldsymbol{c}=\overrightarrow{AB}$（如图 1-23），那么

$$\boldsymbol{a}+\boldsymbol{b}+\boldsymbol{c}=\boldsymbol{0}.$$

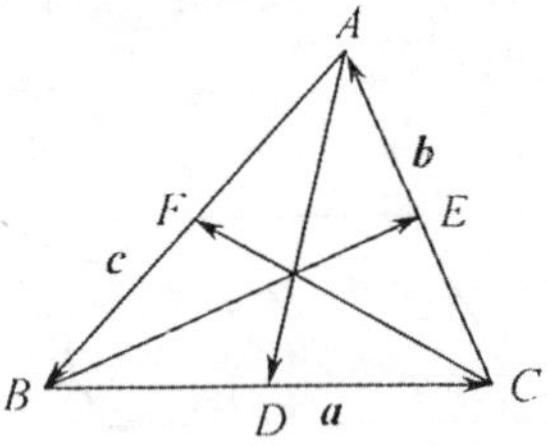

图 1-23

设 D,E,F 分别为三边 BC,CA,AB 的中点，于是中线的向量为

$$\overrightarrow{AD}=\overrightarrow{AB}+\overrightarrow{BD}=\boldsymbol{c}+\frac{1}{2}\boldsymbol{a},$$

$$\overrightarrow{BE}=\overrightarrow{BC}+\overrightarrow{CE}=\boldsymbol{a}+\frac{1}{2}\boldsymbol{b},$$

$$\overrightarrow{CF}=\overrightarrow{CA}+\overrightarrow{AF}=\boldsymbol{b}+\frac{1}{2}\boldsymbol{c}.$$

它们的和向量

$$\overrightarrow{AD}+\overrightarrow{BE}+\overrightarrow{CF}=\boldsymbol{a}+\boldsymbol{b}+\boldsymbol{c}+\frac{1}{2}(\boldsymbol{a}+\boldsymbol{b}+\boldsymbol{c})$$

$$=\frac{3}{2}(\boldsymbol{a}+\boldsymbol{b}+\boldsymbol{c})=\boldsymbol{0},$$

所以 3 条中线向量首尾连接正好构成一个三角形.

例 2 如果向量 $\boldsymbol{a}$ 与 $\boldsymbol{b}$ 等长，即$|\boldsymbol{a}|=|\boldsymbol{b}|$，那么向量 $\boldsymbol{a}+\boldsymbol{b}$ 与 $\boldsymbol{a}-\boldsymbol{b}$ 分别是角$\langle \widehat{\boldsymbol{a},\boldsymbol{b}}\rangle$与其补角的平分线上的一个向量. 绘出图形可见,此时所作平行四边形为一菱形，而菱形的对角线平分顶角，因此结论是显然的.

习 题 1.3

1. 已知向量 $\boldsymbol{a},\boldsymbol{b}$, 分别作向量：

(1) $\boldsymbol{a}+\boldsymbol{b}$; (2) $\boldsymbol{a}-\boldsymbol{b}$; (3) $\boldsymbol{b}-\boldsymbol{a}$; (4) $-\boldsymbol{a}-\boldsymbol{b}$.

2. 在菱形 $ABCD$ 中，向量 (1) $\overrightarrow{AB}$与$\overrightarrow{BC}$，(2) $\overrightarrow{AB}$与$\overrightarrow{DC}$，(3) $\overrightarrow{BC}$与$\overrightarrow{DA}$有哪对是相等向量，有哪对是相反向量?

3. 向量$\overrightarrow{AC}=\boldsymbol{a}$，$\overrightarrow{BD}=\boldsymbol{b}$ 为平行四边形 $ABCD$ 的对角线，试用向量 $\boldsymbol{a},\boldsymbol{b}$ 来表示向量$\overrightarrow{AB}$，$\overrightarrow{BC}$，$\overrightarrow{CD}$，$\overrightarrow{DA}$.

4. 设 $ABCD$-$EFGH$ 是平行六面体(先作图)，在向量$\overrightarrow{AB}$，$\overrightarrow{BC}$,$\overrightarrow{CD}$,$\overrightarrow{DA}$,$\overrightarrow{BF}$,$\overrightarrow{FE}$,$\overrightarrow{EA}$中，

(1) 找出共线的向量； (2) 找出共面的向量.

5. 在上题所述的平行六面体中，记向量$\overrightarrow{AB}=\boldsymbol{p}$，$\overrightarrow{AD}=\boldsymbol{q}$，$\overrightarrow{AE}=\boldsymbol{r}$，试用向量 $\boldsymbol{p},\boldsymbol{q},\boldsymbol{r}$ 来表示向量$\overrightarrow{AG}$,$\overrightarrow{BH}$,$\overrightarrow{EC}$.

6. 在上题所述的平行六面体中，求证：

$$\overrightarrow{AC}+\overrightarrow{AF}+\overrightarrow{AH}=2\overrightarrow{AG}.$$

7. 设向量 $\boldsymbol{a}$ 和 $\boldsymbol{b}$ 的长度分别为 4 和 3，它们之间的夹角为 60°. 用图作出向量 $\boldsymbol{u}=\boldsymbol{a}+\boldsymbol{b}$，$\boldsymbol{v}=\boldsymbol{a}-\boldsymbol{b}$，并计算 $\boldsymbol{u},\boldsymbol{v}$ 的长度.

8. 在已给有平行四边形 $ABCD$ 的图上，作向量

$$\overrightarrow{AD}+2\overrightarrow{DC},\ 2\overrightarrow{AD}+\overrightarrow{DC},\ \frac{1}{2}\overrightarrow{AC}+\frac{1}{2}\overrightarrow{BD}.$$

9. 已知平行四边形 $ABCD$ 的边 BC 和 CD 的中点为 K 和 L，设$\overrightarrow{AK}=\boldsymbol{a}$，$\overrightarrow{AL}=\boldsymbol{b}$. 试用 $\boldsymbol{a}$ 和 $\boldsymbol{b}$ 表示$\overrightarrow{BC}$和$\overrightarrow{DC}$.

10. 对于向量 $\boldsymbol{a},\boldsymbol{b}$，在什么情况下分别成立下列关系式：

(1) $|\boldsymbol{a}+\boldsymbol{b}|=|\boldsymbol{a}-\boldsymbol{b}|$； (2) $|\boldsymbol{a}+\boldsymbol{b}|>|\boldsymbol{a}-\boldsymbol{b}|$；

(3) $|\boldsymbol{a}+\boldsymbol{b}|<|\boldsymbol{a}-\boldsymbol{b}|$； (4) $|\boldsymbol{a}+\boldsymbol{b}|=|\boldsymbol{a}|\pm|\boldsymbol{b}|$.

11. 在$\triangle ABC$ 的 AB 边上引中线 CD，证明：

$$\overrightarrow{CD}=\frac{1}{2}(\overrightarrow{CA}+\overrightarrow{CB}).$$

12. 已知$\overrightarrow{AM}=\overrightarrow{MB}$，对于任意一点 O，证明：

$$\overrightarrow{OM}=\frac{1}{2}(\overrightarrow{OA}+\overrightarrow{OB}).$$

13. 已知$\overrightarrow{OA}=\boldsymbol{p}$，$\overrightarrow{OB}=\boldsymbol{q}$，$\overrightarrow{OC}=\boldsymbol{r}$，$M$ 为$\triangle ABC$ 的重心，求向量$\overrightarrow{OM}$.

14. 设 M 是平行四边形 $ABCD$ 的对角线的交点，试证明：对于任意一点 O，成立向量等式

$$\overrightarrow{OM}=\frac{1}{4}(\overrightarrow{OA}+\overrightarrow{OB}+\overrightarrow{OC}+\overrightarrow{OD}).$$

15. 在$\triangle ABC$ 中，边 BC 被点 D 分为 $m:n$. 试用向量$\overrightarrow{AB}$和$\overrightarrow{AC}$来表示向量$\overrightarrow{AD}$.

16. 设点 O 是点 A 和 B 的连线外的一点，证明：点 C 和 A，B 三点共线的条件是$\overrightarrow{OC}=\lambda\overrightarrow{OA}+\mu\overrightarrow{OB}$，其中 $\lambda+\mu=1$.

17. 设点 O 是 A,B 和 C 三点所定平面外的一点，证明：A，B,C,D 四点共面的条件是$\overrightarrow{OD}=\lambda\overrightarrow{OA}+\mu\overrightarrow{OB}+\nu\overrightarrow{OC}$，其中 $\lambda+\mu+\nu=1$.

18. 求与两个向量 $\boldsymbol{a}$ 与 $\boldsymbol{b}$ 夹角平分线平行的一个向量.

19. 已知$\overrightarrow{OA}=\boldsymbol{p}$，$\overrightarrow{OB}=\boldsymbol{q}$，$\overrightarrow{OC}=\boldsymbol{r}$，$I$ 是$\triangle ABC$ 的内心，求证：它的定位向量为

$$\overrightarrow{OI}=\frac{a\boldsymbol{p}+b\boldsymbol{q}+c\boldsymbol{r}}{a+b+c},$$

其中 a,b,c 分别为$\triangle ABC$中角$\angle A,\angle B,\angle C$所对的边长.

20. 已知$\triangle ABC$中，点 D 与 E 分别在边 BC 与 CA 边上，且 $BD=\frac{1}{3}BC$，$CE=\frac{1}{3}CA$，AD 与 BE 交于点 G，求证：

$$\overrightarrow{GD}=\frac{1}{7}\overrightarrow{AD},\quad \overrightarrow{GE}=\frac{4}{7}\overrightarrow{BE}.$$

1.4 向量在轴上的投影与向量的坐标

向量的几何表示法具有简明、直观的特点，但不便于运算. 这一节，我们要引进向量的坐标表示，把向量与数量联系起来，这样向量运算就转化为代数运算了.

1.4.1 向量在轴上的投影

定义 1 在空间中自点 P 向平面 π 作垂线所得垂足 P' 叫做点 P 在平面 π 上的**投影**. 一直线 L 的每一点在平面 π 上都有一投影，若 L 不与 π 垂直，这些投影形成一直线 L'，叫做直线 L 在平面 π 上的**投影**(图 1-24 (a)).

定义 2 从空间一点 P 作平面 π 垂直于直线(或轴)L，相交于点 P'. 我们称点 P' 为点 P 在直线 L 上的**投影**(图 1-24 (b)).

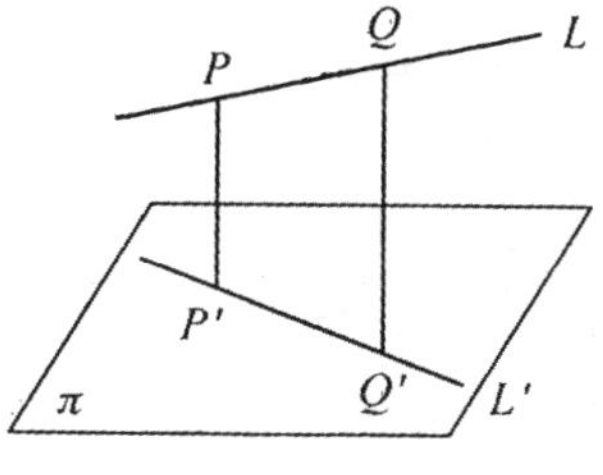

(a)

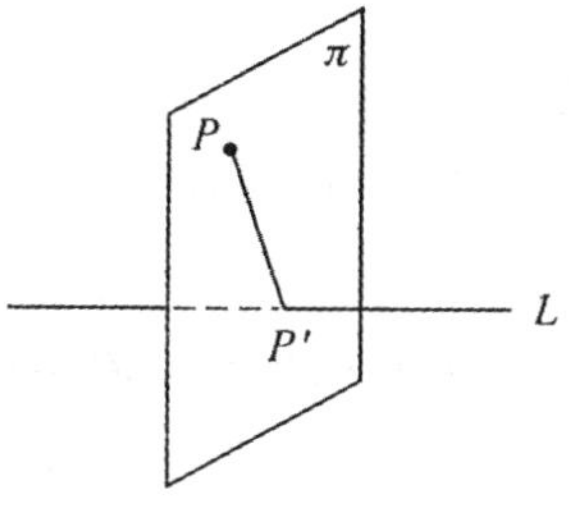

(b)

图 1-24

定义 3　设向量$\overrightarrow{AB}$的起点 A 和终点 B 在轴 u 上的投影分别为点 A' 和 B'，向量$\overrightarrow{A'B'}$就叫做向量$\overrightarrow{AB}$在轴 u 上的**投影向量**. 若规定：当$\overrightarrow{A'B'}$和轴 u 同向时，以 $A'B'$ 表示 A' 和 B' 两点间的线段的长度，即 $A'B'=|\overrightarrow{A'B'}|$；当$\overrightarrow{A'B'}$和轴 u 反向时，以 $A'B'$ 表示这长度的负值，即 $A'B'=-|\overrightarrow{A'B'}|$，那么 $A'B'$ 就叫做向量$\overrightarrow{AB}$在轴 u 上的**投影数量**，简称**投影**，记为 $A'B'=\text{Prj}_u\overrightarrow{AB}$.

在图 1-25 中，过点 A 引轴 u' 和轴 u 同向，那么 AB'' 为向量$\overrightarrow{AB}$在轴 u' 上的投影，从图中容易看出，$A'B'=AB''$，若记 u 轴和向量$\overrightarrow{AB}$的夹角为 θ（这正是$\overrightarrow{AB}$和 u' 轴的夹角），由直角三角形 $AB''B$ 的边角关系，得

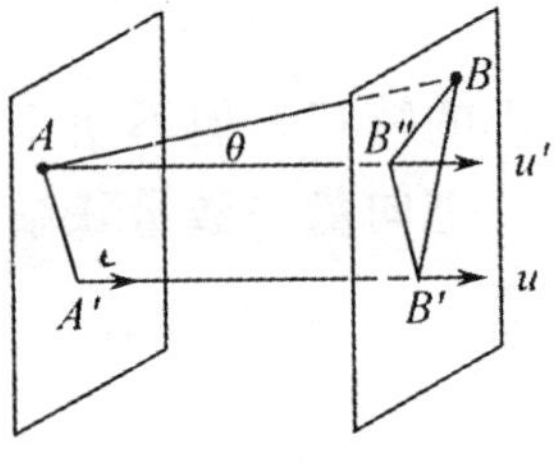

图 1-25

$$AB''=|\overrightarrow{AB}|\cos\theta,$$

即 $\text{Prj}_u\overrightarrow{AB}=|\overrightarrow{AB}|\cos\theta.$

在$\overrightarrow{A'B'}$和轴方向相反时，投影 $A'B'$ 为负. 在 A' 和 B' 重合时投影为零. 对于这些情况，同样由作图可以看出，上一等式仍然成立. 显然，给定的向量在一轴上的投影是由轴的方向所确定而与轴在空间的位置无关. 我们经常也说成是向量在一方向上的投影；并且这投影与给定的向量在空间的位置（起点的位置）无关，因此有如下定理.

定理 1.3　*向量 $\boldsymbol{a}$ 在轴 u（或方向 $\boldsymbol{e}$）上的投影等于这向量的长乘以轴 u（或方向 $\boldsymbol{e}$）和向量 $\boldsymbol{a}$ 间的夹角的余弦：*

$$\text{Prj}_u\boldsymbol{a}=|\boldsymbol{a}|\cos\langle\widehat{\boldsymbol{a},\boldsymbol{e}}\rangle, \tag{1.21}$$

这里 $\boldsymbol{e}$ 是与轴 u 同向的单位向量，或写为

$$\text{Prj}_e\boldsymbol{a}=|\boldsymbol{a}|\cos\langle\widehat{\boldsymbol{a},\boldsymbol{e}}\rangle. \tag{1.22}$$

这个式子也表明，向量与轴成锐角时，它在轴上的投影为正，成钝角时为负，成直角时为零.

现在我们来考虑两个向量和的投影与各个向量的投影的关系. 作$\overrightarrow{AB}=\boldsymbol{a}_1$，$\overrightarrow{BC}=\boldsymbol{a}_2$，设$A,B,C$在轴$u$上的投影分别为$A'$, B',C'（图1-26）. 于是有

$$A'B'=\mathrm{Prj}_u\boldsymbol{a}_1,\quad B'C'=\mathrm{Prj}_u\boldsymbol{a}_2,$$
$$A'C'=\mathrm{Prj}_u\overrightarrow{AC}=\mathrm{Prj}_u(\boldsymbol{a}_1+\boldsymbol{a}_2).$$

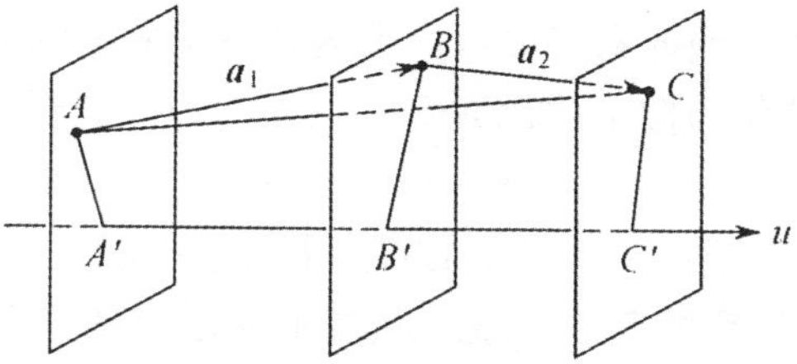

图1-26

实际上，不论A',B',C'在轴u上的位置如何，均有

$$A'C'=A'B'+B'C'.$$

所以

$$\mathrm{Prj}_u(\boldsymbol{a}_1+\boldsymbol{a}_2)=\mathrm{Prj}_u\boldsymbol{a}_1+\mathrm{Prj}_u\boldsymbol{a}_2. \tag{1.23}$$

这个结果显然可以推广到关于多个向量和在轴上的投影情况，因此有

定理1.4 有限个向量和在一轴上的投影等于各向量在这同一轴上的投影的和，即

$$\mathrm{Prj}_u(\boldsymbol{a}_1+\boldsymbol{a}_2+\cdots+\boldsymbol{a}_n)=\mathrm{Prj}_u\boldsymbol{a}_1+\mathrm{Prj}_u\boldsymbol{a}_2+\cdots+\mathrm{Prj}_u\boldsymbol{a}_n.$$

另外还容易得到如下的

定理1.5 数λ与向量$\boldsymbol{a}$的数乘积$\lambda\boldsymbol{a}$在轴u（或方向$\boldsymbol{e}$）上的投影等于这向量在同一轴（或方向）上投影与此数的乘积，即

$$\mathrm{Prj}_u(\lambda\boldsymbol{a})=\lambda\mathrm{Prj}_u\boldsymbol{a}. \tag{1.24}$$

1.4.2 向量的坐标

我们用有向线段表示向量，又用几何作图定义了向量的线性运算，具有直观形象的特点．但是，情况总是一分为二的．在实际问题中往往遇到较多个数目的向量．例如：可以同时有许多个力作用在一物体上．这时用几何作图进行运算就由于图形复杂，显得不方便了．因此有必要考虑用数量表示向量的方法，从而使向量的运算转化为数量的代数运算．为此，首先要引进向量坐标的概念．

在直角坐标系 $Oxyz$ 中，以坐标原点为起点，点 P 为终点的向量$\overrightarrow{OP}$叫做点 P 的**定位向量**．起点不在原点的向量不是定位向量．因此定位向量的起点是固定的，从而它不是自由向量，但对于任意一个向量 $\boldsymbol{a}$，将它平行移动使起点重合于原点，可作一定位向量$\overrightarrow{OP}=\boldsymbol{a}$．这样一来，空间的点 P 是和定位向量一一对应的．我们就可用点 P 的坐标来确定定位向量$\overrightarrow{OP}$以及和它相等的向量$\boldsymbol{a}$．点 P 在直角坐标系中的坐标 x,y,z 按照定义实际上就是向量$\overrightarrow{OP}$分别在坐标轴 x 轴、y 轴、z 轴上的投影．注意到$\overrightarrow{OP}$在 3 个坐标轴的投影与和它相等的向量 $\boldsymbol{a}$ 在 3 个坐标轴上的投影是相同的，我们可以给出下面的定义．

定义 4 向量 $\boldsymbol{a}$ 在坐标轴的投影 x,y,z 叫做**向量 $\boldsymbol{a}$ 的坐标**，记为 $\boldsymbol{a}=(x,y,z)$．

两个向量相等就是它们的对应坐标相等．

与 x 轴、y 轴、z 轴同向的单位向量分别记为 $\boldsymbol{e}_1,\boldsymbol{e}_2,\boldsymbol{e}_3$，叫做坐标系的**基本向量**．原点 O 和基本向量 $\boldsymbol{e}_1,\boldsymbol{e}_2,\boldsymbol{e}_3$ 统称为坐标系的**标架**，记作$[O;\boldsymbol{e}_1,\boldsymbol{e}_2,\boldsymbol{e}_3]$．标架完全确定了坐标系．显然有

$$\boldsymbol{e}_1=(1,0,0),\quad \boldsymbol{e}_2=(0,1,0),\quad \boldsymbol{e}_3=(0,0,1). \qquad (1.25)$$

设点 P 在 x 轴、y 轴、z 轴上的投影为 Q,R,S，又在 Oxy 平面上的投影为 T（图 1-27），那么有

$$\overrightarrow{OQ}=x\boldsymbol{e}_1,\quad \overrightarrow{OR}=y\boldsymbol{e}_2,\quad \overrightarrow{OS}=z\boldsymbol{e}_3.$$

由图 1-27 可见

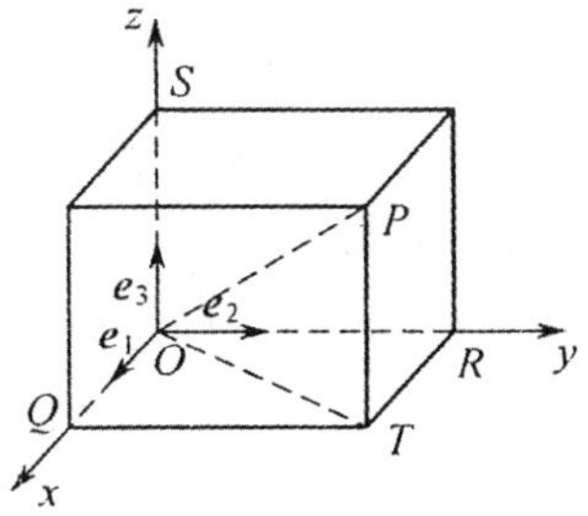

图 1-27

$$\begin{aligned}\overrightarrow{OP}&=\overrightarrow{OT}+\overrightarrow{TP}\\&=\overrightarrow{OQ}+\overrightarrow{OR}+\overrightarrow{TP}\\&=\overrightarrow{OQ}+\overrightarrow{OR}+\overrightarrow{OS}\\&=x\boldsymbol{e}_1+y\boldsymbol{e}_2+z\boldsymbol{e}_3.\end{aligned}$$

因此，若 $\boldsymbol{a}=(x,y,z)$，那么有

$$\boldsymbol{a}=x\boldsymbol{e}_1+y\boldsymbol{e}_2+z\boldsymbol{e}_3. \tag{1.26}$$

(1.26)式就是任一向量按基本向量的分解式. 它表示将向量分解为 3 个分别与坐标轴平行的向量的和，通常也叫做向量在坐标轴上的**分解**.

注意，具有顺序的 3 个实数所成的一个数组，可以用来表示点，也可以用来表示向量，看起来似乎容易混淆，其实不然，因为在取定坐标系以后，点和向量是相互确定的.

由图 1-27 还可以看出

$$OP^2=OT^2+TP^2=OQ^2+OR^2+OS^2=x^2+y^2+z^2.$$

所以

$$|\overrightarrow{OP}|=\sqrt{x^2+y^2+z^2}. \tag{1.27}$$

可见，向量的长度等于它的坐标的平方和的平方根.

零向量的坐标为(0,0,0)，即 $\mathbf{0}=(0,0,0)$.

1.4.3 用坐标作向量的线性运算

定义了向量的坐标后，一个向量便可看做 3 个有顺序的实数组，因此可以把向量的运算转化为数组的运算. 先看向量的加法，若有向量

$$\boldsymbol{a}=(x_1,y_1,z_1)=x_1\boldsymbol{e}_1+y_1\boldsymbol{e}_2+z_1\boldsymbol{e}_3,$$

$$\boldsymbol{b}=(x_2,y_2,z_2)=x_2\boldsymbol{e}_1+y_2\boldsymbol{e}_2+z_2\boldsymbol{e}_3,$$

那么

$$
\begin{aligned}
\boldsymbol{a}\pm\boldsymbol{b}&=(x_1,y_1,z_1)\pm(x_2,y_2,z_2)\\
&=(x_1\pm x_2)\boldsymbol{e}_1+(y_1\pm y_2)\boldsymbol{e}_2+(z_1\pm z_2)\boldsymbol{e}_3\\
&=(x_1\pm x_2,y_1\pm y_2,z_1\pm z_2).
\end{aligned}
$$

再看数乘向量，

$$
\begin{aligned}
\lambda\boldsymbol{a}&=\lambda(x_1,y_1,z_1)=\lambda(x_1\boldsymbol{e}_1+y_1\boldsymbol{e}_2+z_1\boldsymbol{e}_3)\\
&=\lambda x_1\boldsymbol{e}_1+\lambda y_1\boldsymbol{e}_2+\lambda z_1\boldsymbol{e}_3\\
&=(\lambda x_1,\lambda y_1,\lambda z_1).
\end{aligned}
$$

由此得到，向量和(或差)的坐标等于各向量对应坐标的和(或差)；用数乘一个向量，所得向量的坐标，等于原向量对应坐标乘以此数，即

$$(x_1,y_1,z_1)\pm(x_2,y_2,z_2)=(x_1\pm x_2,y_1\pm y_2,z_1\pm z_2),\tag{1.28}$$

$$\lambda(x,y,z)=(\lambda x,\lambda y,\lambda z).\tag{1.29}$$

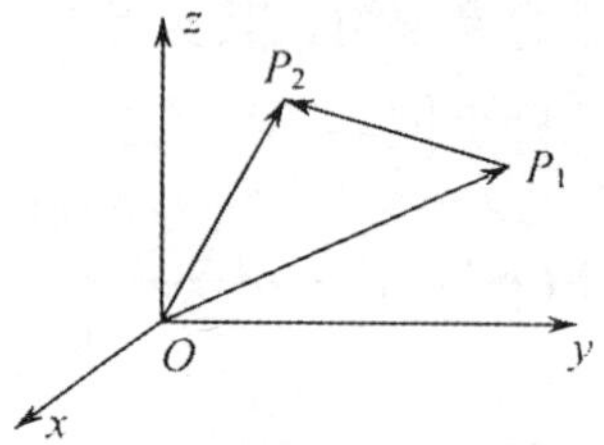

图 1-28

一个向量可以由它的起点和终点确定，因此由起点和终点的坐标就可以算出向量的坐标．若向量$\overrightarrow{P_1P_2}$的起点 P_1 和终点 P_2 的坐标分别为(x_1,y_1,z_1)和(x_2,y_2,z_2)，那么由图 1-28，显然有

$$
\begin{aligned}
\overrightarrow{P_1P_2}&=\overrightarrow{OP_2}-\overrightarrow{OP_1}\\
&=x_2\boldsymbol{e}_1+y_2\boldsymbol{e}_2+z_2\boldsymbol{e}_3-(x_1\boldsymbol{e}_1+y_1\boldsymbol{e}_2+z_1\boldsymbol{e}_3)\\
&=(x_2-x_1)\boldsymbol{e}_1+(y_2-y_1)\boldsymbol{e}_2+(z_2-z_1)\boldsymbol{e}_3,
\end{aligned}
$$

即

$$\overrightarrow{P_1P_2}=(x_2-x_1,y_2-y_1,z_2-z_1).$$

由此可得，向量的坐标等于终点的坐标减去起点的对应坐标.

例 1 向量$\overrightarrow{P_1P_2}$的长度就是点 P_1 和 P_2 之间的距离，利用公式(1.28)和(1.27)，我们立即可以得出 1.1 节中两点间的距离公式(1.1).

例 2 点 P 分割线段 P_1P_2 为定比 λ ($\neq-1$)，用向量关系来

表达就是

$$\overrightarrow{P_1P}=\lambda\overrightarrow{PP_2}.$$

若以(x_1,y_1,z_1),(x_2,y_2,z_2)和(x,y,z)分别表示点 P_1,P_2 和 P 的坐标，那么上一等式以坐标表示是

$$(x-x_1,y-y_1,z-z_1)=\lambda(x_2-x,y_2-y,z_2-z),$$

亦即

$$(x-x_1,y-y_1,z-z_1)=(\lambda x_2-\lambda x,\lambda y_2-\lambda y,\lambda z_2-\lambda z).$$

令两边对应坐标相等，即得出 1.1 节中定比分点公式(1.2).

习　题　1.4

1. 已知起点 $A(3,3,2)$、终点 $B(-1,-5,2)$，求向量$\overrightarrow{AB}$及$|\overrightarrow{AB}|$.

2. 已知向量 $\boldsymbol{a}=(3,-1,2)$和 $\boldsymbol{b}=(-1,2,1)$，求向量 $3\boldsymbol{a}-2\boldsymbol{b}$.

3. 向量 $\boldsymbol{a}=(x,y,z)$的起点为 $A(x_0,y_0,z_0)$，求向量的终点.

4. 证明：两个向量共线，则它们的对应坐标成比例. 反过来，如果两个向量的对应坐标成比例，则它们共线.

5. 证明：向量 $\boldsymbol{a}=(2,-1,3)$和向量 $\boldsymbol{b}=(-6,3.-9)$共线. 问其中一个的长度是另一个的多少倍，它们的方向是相同还是相反?

6. 证明：共线向量长度的比值，等于它们对应坐标比值的绝对值.

7. 设向量 $\boldsymbol{a}=(3,5,-4)$，$\boldsymbol{b}=(2,1,8)$，计算 $2\boldsymbol{a}+3\boldsymbol{b}$，又试选择 λ,μ 使$\lambda\boldsymbol{a}+\mu\boldsymbol{b}$ 与 z 轴垂直.

8. 已知两力 $\boldsymbol{f}_1=\boldsymbol{e}_1+\boldsymbol{e}_2+3\boldsymbol{e}_3$，$\boldsymbol{f}_2=2\boldsymbol{e}_1+3\boldsymbol{e}_2-\boldsymbol{e}_3$ 作用于同一点，问要加上怎样的力才能使它们平衡?

9. 证明：空间三点 $A_1(x_1,y_1,z_1)$，$A_2(x_2,y_2,z_2)$，$A_3(x_3,y_3,z_3)$共线的条件是成立等式

$$\frac{x_2-x_1}{x_3-x_1}=\frac{y_2-y_1}{y_3-y_1}=\frac{z_2-z_1}{z_3-z_1}.$$

10. 已知四边形顶点为 $A(3,-1,2)$，$B(1,2,-1)$，$C(-1,1,-3)$，$D(3,-5,3)$，证明：它是一个梯形.

11. 证明：四面体三组对棱的中点所连线段交于一点，且这点是各连线段的中点.

1.5 向量的内积

如同从力或位移的合成引出向量加法运算一样，人们从另一些力学或其他科技问题出发，又总结出向量乘法的运算. 并且反过来这种运算又为解决许多实际问题提供了有力的工具. 下面介绍两种向量的乘法运算——向量的内积和外积.

1.5.1 向量内积的概念

在力学中我们学过这样的一个问题，就是当物体受到力 $\boldsymbol{a}$ 的作用产生位移 $\boldsymbol{b}$ 时，求这力所做的功. 如果物体是沿着力的方向移动，那么这力所做的功就等于力的大小与物体移动的距离的乘积；如果移动的方向和力的方向不一致(图 1-29)，那么力所做的功等于这个力在物体移动的方向上的分力大小与移动的距离的乘积，用公式表达即为

$$W=|\boldsymbol{a}|\cdot|\boldsymbol{b}|\cos\langle\widehat{\boldsymbol{a},\boldsymbol{b}}\rangle.$$

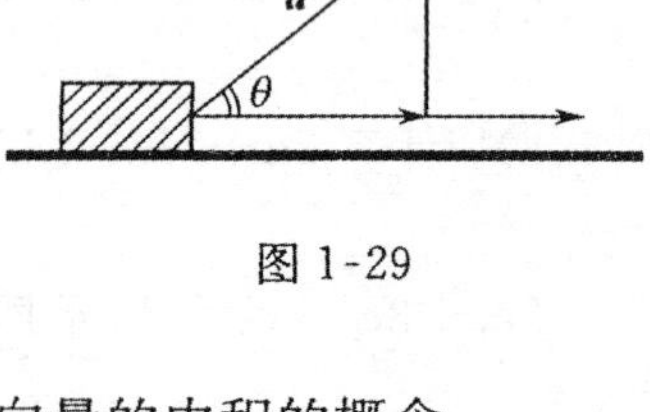

图 1-29

在许多问题中，我们经常要由两个向量 $\boldsymbol{a}$ 和 $\boldsymbol{b}$ 算出如

$$|\boldsymbol{a}|\cdot|\boldsymbol{b}|\cos\langle\widehat{\boldsymbol{a},\boldsymbol{b}}\rangle$$

这样一个数量. 为此我们引进两个向量的内积的概念.

定义 1 两个向量 $\boldsymbol{a}$ 和 $\boldsymbol{b}$ 的内积(或数积)是一个数. 当它们

都是非零向量时，这个数等于两向量的长度和它们夹角的余弦的乘积，记为 $\boldsymbol{ab}$ 或 $\boldsymbol{a}\cdot\boldsymbol{b}$，即

$$\boldsymbol{ab}=\boldsymbol{a}\cdot\boldsymbol{b}=|\boldsymbol{a}|\cdot|\boldsymbol{b}|\cos\langle\widehat{\boldsymbol{a},\boldsymbol{b}}\rangle; \tag{1.30}$$

当 $\boldsymbol{a}$ 或 $\boldsymbol{b}$ 为零向量时，内积规定为零，即 $\boldsymbol{a}\cdot\boldsymbol{b}=0$.

若向量 $\boldsymbol{b}=\boldsymbol{e}$ 为单位向量，那么内积 $\boldsymbol{a}\cdot\boldsymbol{e}$ 就是向量 $\boldsymbol{a}$ 在方向 $\boldsymbol{e}$ 上的投影. 这是因为按公式(1.22)有

$$\boldsymbol{a}\cdot\boldsymbol{e}=|\boldsymbol{a}|\cos\langle\widehat{\boldsymbol{a},\boldsymbol{e}}\rangle=\mathrm{Prj}_{\boldsymbol{e}}\boldsymbol{a}.$$

一般地，若 $\boldsymbol{b}$ 不是单位向量，有

$$\boldsymbol{a}\cdot\boldsymbol{b}=|\boldsymbol{b}|\cdot\mathrm{Prj}_{\boldsymbol{b}}\boldsymbol{a}=|\boldsymbol{a}|\cdot\mathrm{Prj}_{\boldsymbol{a}}\boldsymbol{b}, \tag{1.31}$$

或

$$\mathrm{Prj}_{\boldsymbol{a}}\boldsymbol{b}=\frac{1}{|\boldsymbol{a}|}\boldsymbol{a}\cdot\boldsymbol{b}. \tag{1.32}$$

也就是说，两个向量的内积是其中一个向量在另一个向量上的投影与这另一个向量长度的乘积.

两个非零向量的内积是正或负需视它们的夹角是锐角还是钝角而定. 至于内积为零的情况，在 $\boldsymbol{a}$ 和 $\boldsymbol{b}$ 都是非零向量时，显然 $\boldsymbol{a}\cdot\boldsymbol{b}=0$ 是 $\boldsymbol{a}\perp\boldsymbol{b}$ 的条件. 若 $\boldsymbol{a}$ 为零向量，我们认定它和任意向量都垂直，而按内积的定义，对于任意向量 $\boldsymbol{b}$ 有 $\boldsymbol{a}\cdot\boldsymbol{b}=0$. 因此有

定理 1.6 两个向量 $\boldsymbol{a}$ 和 $\boldsymbol{b}$ 垂直的充要条件是它们的内积 $\boldsymbol{ab}=0$.

向量 $\boldsymbol{a}$ 与自己的内积 $\boldsymbol{a}\cdot\boldsymbol{a}$ 记为 $\boldsymbol{a}^2$，从而有

$$\boldsymbol{a}^2=|\boldsymbol{a}|^2,\quad |\boldsymbol{a}|=\sqrt{\boldsymbol{a}^2},$$

这就是说，向量的自乘(与自己的内积)等于这个向量长度的平方.

关于内积有如下的运算规律：

$$(\lambda\boldsymbol{a})\cdot\boldsymbol{b}=\lambda(\boldsymbol{ab}); \tag{1.33}$$

$$\boldsymbol{ab}=\boldsymbol{ba}; \tag{1.34}$$

$$(\boldsymbol{a}+\boldsymbol{b})\boldsymbol{c}=\boldsymbol{ac}+\boldsymbol{bc}. \tag{1.35}$$

(1.34)式是内积的交换律，(1.35)式是内积的分配律，而(1.33)式可视为一个数量与两个向量在作数乘与内积运算时的“结合律”. 但要注意，对一般 3 个向量 $\boldsymbol{a},\boldsymbol{b},\boldsymbol{c}$,

$$(\boldsymbol{ab})\boldsymbol{c}\neq\boldsymbol{a}(\boldsymbol{bc}),$$

即 3 个向量在作数乘与内积运算时不满足结合律. 这是因为上式左边是平行于 c 的向量，而右边是平行于 a 的向量，一般说来两者不一致.

现在来证明(1.33)～(1.35)式.

首先证明(1.33). 如果 $\lambda=0$，这时两边都是 0，所以等式成立. 再分别就 $\lambda>0$ 和 $\lambda<0$ 来讨论. 假定 $\lambda<0$，那么 $\lambda\boldsymbol{a}$ 和 $\boldsymbol{a}$ 的方向相反，因此夹角 $\langle\lambda \widehat{\boldsymbol{a},\boldsymbol{b}}\rangle=\langle -\widehat{\boldsymbol{a},\boldsymbol{b}}\rangle=\pi-\langle\widehat{\boldsymbol{a},\boldsymbol{b}}\rangle$，于是有

$$\begin{aligned}(\lambda\boldsymbol{a})\cdot\boldsymbol{b}&=|\lambda\boldsymbol{a}||\boldsymbol{b}|\cos\langle\lambda\widehat{\boldsymbol{a},\boldsymbol{b}}\rangle\\&=|\lambda||\boldsymbol{a}||\boldsymbol{b}|\cos\left[\pi-\langle\widehat{\boldsymbol{a},\boldsymbol{b}}\rangle\right]\\&=-\lambda|\boldsymbol{a}||\boldsymbol{b}|\left[-\cos\langle\widehat{\boldsymbol{a},\boldsymbol{b}}\rangle\right]\\&=\lambda|\boldsymbol{a}||\boldsymbol{b}|\cos\langle\widehat{\boldsymbol{a},\boldsymbol{b}}\rangle=\lambda(\boldsymbol{a},\boldsymbol{b}).\end{aligned}$$

当 $\lambda>0$ 时，可同样证明.

等式(1.34)由内积定义显然成立.

利用本节(1.31)式和 1.4 节关于投影的公式(1.22)可证明等式(1.35)：

$$\begin{aligned}(\boldsymbol{a}+\boldsymbol{b})\boldsymbol{c}&=|\boldsymbol{c}|\mathrm{Prj}_{c}(\boldsymbol{a}+\boldsymbol{b})=|\boldsymbol{c}|(\mathrm{Prj}_{c}\boldsymbol{a}+\mathrm{Prj}_{c}\boldsymbol{b})\\&=|\boldsymbol{c}|\mathrm{Prj}_{c}\boldsymbol{a}+|\boldsymbol{c}|\mathrm{Prj}_{c}\boldsymbol{b}\\&=\boldsymbol{ac}+\boldsymbol{bc}.\end{aligned}$$

1.5.2 用坐标作内积运算

利用上述的运算规律，我们可以导出用坐标作向量内积的计算公式. 在直角坐标系 $Oxyz$ 中，基本向量 $\boldsymbol{e}_1,\boldsymbol{e}_2,\boldsymbol{e}_3$ 是互相垂直的单位向量，所以

$$\begin{cases} e_1^{\,2}=e_2^{\,2}=e_3^{\,2}=1, \\ e_1\cdot e_2=e_2\cdot e_3=e_3\cdot e_1=0. \end{cases} \tag{1.36}$$

设向量 $\boldsymbol{a},\boldsymbol{b}$ 的坐标为(x_1,y_1,z_1)，(x_2,y_2,z_2)，于是

$$\boldsymbol{a}=x_1\boldsymbol{e}_1+y_1\boldsymbol{e}_2+z_1\boldsymbol{e}_3,$$

$$\boldsymbol{b}=x_2\boldsymbol{e}_1+y_2\boldsymbol{e}_2+z_2\boldsymbol{e}_3.$$

应用内积的运算规律计算内积 $\boldsymbol{ab}$，有

$$\begin{aligned}\boldsymbol{a}\cdot\boldsymbol{b}=&x_1x_2\boldsymbol{e}_1^{\,2}+x_1y_2\boldsymbol{e}_1\cdot\boldsymbol{e}_2+x_1z_2\boldsymbol{e}_1\boldsymbol{e}_3\\&+y_1x_2\boldsymbol{e}_2\cdot\boldsymbol{e}_1+y_1y_2\boldsymbol{e}_2^{\,2}+y_1z_2\boldsymbol{e}_2\cdot\boldsymbol{e}_3\\&+z_1x_2\boldsymbol{e}_3\cdot\boldsymbol{e}_1+z_1y_2\boldsymbol{e}_3\cdot\boldsymbol{e}_2+z_1z_2\boldsymbol{e}_3^{\,2}.\end{aligned}$$

用(1.36)式代入，得

$$\boldsymbol{a}\cdot\boldsymbol{b}=x_1x_2+y_1y_2+z_1z_2. \tag{1.37}$$

因此，两个向量的内积等于它们的对应坐标乘积的和.

在(1.37)式中分别令向量 $\boldsymbol{b}$ 为基本向量 $\boldsymbol{e}_1,\boldsymbol{e}_2,\boldsymbol{e}_3$ 可得

$$\boldsymbol{ae}_1=x_1,\quad \boldsymbol{ae}_2=y_1,\quad \boldsymbol{ae}_3=z_1, \tag{1.38}$$

因此

$$\boldsymbol{a}=(\boldsymbol{ae}_1)\boldsymbol{e}_1+(\boldsymbol{ae}_2)\boldsymbol{e}_2+(\boldsymbol{ae}_3)\boldsymbol{e}_3, \tag{1.38$'$}$$

即向量的坐标等于这向量与相应的基本向量的内积. 利用这个事实容易得到

定理 1.7 向量 $\boldsymbol{a}$ 为零向量的充要条件是它与 3 个互相垂直的基向量 $\boldsymbol{e}_i$ 的内积都为零，即 $\boldsymbol{ae}_i=0$，$i=1,2,3$.

定理 1.8 两个向量 $\boldsymbol{a}$ 与 $\boldsymbol{b}$ 相等的充要条件是它们与 3 个互相垂直的基向量 $\boldsymbol{e}_i$ 的内积分别相等，即 $\boldsymbol{ae}_i=\boldsymbol{be}_i$，$i=1,2,3$.

在利用定义内积的式(1.30)计算内积时，不仅要知道向量的长，还要知道它们之间的夹角. 但如用坐标计算两个向量的内积，只要按(1.37)式计算对应坐标乘积之和. 由公式(1.30)出发，可以通过计算内积求两个非零向量的夹角. 我们有

$$\cos\langle\widehat{a,b}\rangle=\frac{ab}{|a||b|}=\frac{x_1x_2+y_1y_2+z_1z_2}{\sqrt{x_1{}^2+y_1{}^2+z_1{}^2}\cdot\sqrt{x_2{}^2+y_2{}^2+z_2{}^2}}. \tag{1.39}$$

在定理 1.6 中我们给出了两个向量垂直的条件是它们的内积等于零. 用坐标来表示，就是：两个向量 $\boldsymbol{a}=(x_1,y_1,z_1)$ 和 $\boldsymbol{b}=(x_2,y_2,z_2)$ 互相垂直的充要条件是

$$x_1x_2+y_1y_2+z_1z_2=0. \tag{1.40}$$

例 1 已知三点 $P_0(0,1,1),P_1(1,2,1),P_2(1,1,2)$，求 $\boldsymbol{a}=\overrightarrow{P_0P_1}$ 和 $\boldsymbol{b}=\overrightarrow{P_0P_2}$ 的夹角.

解 $\boldsymbol{a}=\overrightarrow{P_0P_1}=(1,1,0)$，$\boldsymbol{b}=\overrightarrow{P_0P_2}=(1,0,1)$，于是

$$|\boldsymbol{a}|=\sqrt{2},\quad |\boldsymbol{b}|=\sqrt{2},\quad \boldsymbol{a}\cdot\boldsymbol{b}=1,$$

所以 $\cos\langle\widehat{\boldsymbol{a},\boldsymbol{b}}\rangle=\frac{\boldsymbol{ab}}{|\boldsymbol{a}||\boldsymbol{b}|}=\frac{1}{2}$，从而 $\langle\widehat{\boldsymbol{a},\boldsymbol{b}}\rangle=\frac{\pi}{3}$.

例 2 证明：向量 $\boldsymbol{a}=(1,1,2)$ 和 $\boldsymbol{b}=(2,0,-1)$ 垂直.

证 因为 $\boldsymbol{a}\cdot\boldsymbol{b}=1\times2+1\times0+2(-1)=0$，所以 $\boldsymbol{a}\perp\boldsymbol{b}$.

例 3 向量 $\boldsymbol{a},\boldsymbol{b}$ 满足什么条件时，向量 $\boldsymbol{a}+\boldsymbol{b},\boldsymbol{a}-\boldsymbol{b}$ 才垂直.

解 因为 $(\boldsymbol{a}+\boldsymbol{b})\cdot(\boldsymbol{a}-\boldsymbol{b})=\boldsymbol{a}^2-\boldsymbol{b}^2$，这就是说当 $\boldsymbol{a}$ 的模与 $\boldsymbol{b}$ 的模相等时，$\boldsymbol{a}+\boldsymbol{b}$ 与 $\boldsymbol{a}-\boldsymbol{b}$ 垂直，即是菱形的对角线互相垂直.

1.5.3 方向余弦

在坐标系 $Oxyz$ 中可以用向量的坐标表示它的长度(见 1.4 节公式(1.27)). 至于如何用坐标表示向量的方向，这就需要方向余弦的概念.

定义 2 非零向量 $\boldsymbol{a}$ 分别和坐标系的基本向量 $\boldsymbol{e}_1,\boldsymbol{e}_2,\boldsymbol{e}_3$ 所成的夹角 α,β,γ 叫做 $\boldsymbol{a}$ 的**方向角**，而 $\cos\alpha,\cos\beta,\cos\gamma$ 叫做向量 $\boldsymbol{a}$ 的**方向余弦**. 它们也分别叫做和 $\boldsymbol{a}$ 同向的有向直线的**方向角**和**方向余弦**.

设 $\boldsymbol{a}=(x,y,z)$，$\boldsymbol{e}_1=(1,0,0)$，按向量夹角公式(1.39)，得到

$$\cos\alpha=\cos\langle \widehat{\boldsymbol{a},\boldsymbol{e}_1}\rangle=\frac{x}{\sqrt{x^2+y^2+z^2}}.$$

同理可得 $\cos\beta,\cos\gamma$ 的表达式，总共有

$$\left.\begin{aligned}\cos\alpha&=\frac{x}{\sqrt{x^2+y^2+z^2}},\\ \cos\beta&=\frac{y}{\sqrt{x^2+y^2+z^2}},\\ \cos\gamma&=\frac{z}{\sqrt{x^2+y^2+z^2}}.\end{aligned}\right\}\tag{1.41}$$

这就是用坐标计算向量的方向余弦的公式. 可见向量的方向余弦和它的坐标成比例.

非零向量如果把它的长度加以伸缩不改变它的方向，这时它的 3 个坐标就乘上同一个正数. 因此，凡是由向量的坐标同时乘上任意一个正数而得的数组都可以用来确定这个向量或与这个向量同向的有向直线的方向. 这样的一个数组就叫做向量或有向直线的**方向数**. 式(1.41)也是由方向数计算方向余弦的公式.

若 $\boldsymbol{a}$ 是单位向量，于是(1.41)式中分母 $\sqrt{x^2+y^2+z^2}=|\boldsymbol{a}|=1$，这时

$$\cos\alpha=x,\quad \cos\beta=y,\quad \cos\gamma=z.\tag{1.42}$$

因此，单位向量的坐标就是它的方向余弦.

由公式(1.41)，我们可以得到方向余弦所满足的一个重要公式：

$$\cos^2\alpha+\cos^2\beta+\cos^2\gamma=1,\tag{1.43}$$

这就是说，任何非零向量的方向余弦的平方和等于 1.

若向量 $\boldsymbol{a}$ 和 $\boldsymbol{b}$ 的方向余弦分别是 $\cos\alpha_1,\cos\beta_1,\cos\gamma_1$ 和 $\cos\alpha_2,\cos\beta_2,\cos\gamma_2$，那么 $\boldsymbol{a}$ 和 $\boldsymbol{b}$ 的夹角可由它们的方向余弦来计算：

$$\begin{aligned}\cos\langle \widehat{\boldsymbol{a},\boldsymbol{b}}\rangle&=\frac{\boldsymbol{a}\cdot\boldsymbol{b}}{|\boldsymbol{a}||\boldsymbol{b}|}=\frac{\boldsymbol{a}}{|\boldsymbol{a}|}\cdot\frac{\boldsymbol{b}}{|\boldsymbol{b}|}\\ &=\cos\alpha_1\cos\alpha_2+\cos\beta_1\cos\beta_2+\cos\gamma_1\cos\gamma_2,\end{aligned}$$

即

$$\cos\langle \widehat{\boldsymbol{a},\boldsymbol{b}} \rangle=\cos\alpha_1\cos\alpha_2+\cos\beta_1\cos\beta_2+\cos\gamma_1\cos\gamma_2. \quad (1.44)$$

例 4 x 轴、y 轴、z 轴的方向角分别为 $0,\frac{\pi}{2},\frac{\pi}{2}$；$\frac{\pi}{2},0,\frac{\pi}{2}$；$\frac{\pi}{2},\frac{\pi}{2},0$. 方向余弦分别为 1,0,0；0,1,0；0,0,1.

例 5 求方向角相等的向量的方向余弦.

解 这里 $\alpha=\beta=\gamma$，于是由(1.43)有

$$\cos^2\alpha=\cos^2\beta=\cos^2\gamma=\frac{1}{3},$$

因此所求的方向余弦是 $\cos\alpha=\cos\beta=\cos\gamma=\frac{\sqrt{3}}{3}$，或

$$\cos\alpha=\cos\beta=\cos\gamma=-\frac{\sqrt{3}}{3}.$$

从而方向角是 $\alpha=\beta=\gamma=54°45'$或 $125°15'$.

例 6 设一物体位于 $A(1,2,-1)$处，现有方向角为$\frac{\pi}{3},\frac{\pi}{3},\frac{\pi}{4}$而大小为 100 牛顿的力作用于物体上，求物体自 A 位移到 $B(2,5,-1+3\sqrt{2})$时力所做的功（长度以米为单位）.

解 力

$$\begin{aligned}\boldsymbol{a}&=100\boldsymbol{a}_0=100\left(\boldsymbol{e}_1\cos\frac{\pi}{3}+\boldsymbol{e}_2\cos\frac{\pi}{3}+\boldsymbol{e}_3\cos\frac{\pi}{4}\right)\\&=50\boldsymbol{e}_1+50\boldsymbol{e}_2+50\sqrt{2}\boldsymbol{e}_3,\end{aligned}$$

位移

$$\begin{aligned}\boldsymbol{b}&=\overrightarrow{AB}=(2-1)\boldsymbol{e}_1+(5-2)\boldsymbol{e}_2+(-1+3\sqrt{2}+1)\boldsymbol{e}_3\\&=\boldsymbol{e}_1+3\boldsymbol{e}_2+3\sqrt{2}\boldsymbol{e}_3,\end{aligned}$$

所求的功

$$W=\boldsymbol{a}\cdot\boldsymbol{b}=50+150+300=500,$$

即物体所做的功为 500 牛顿 · 米(焦耳).

习　题　1.5

1. 向量 $\boldsymbol{a},\boldsymbol{b}$ 之间夹角为 $30°$，且 $|\boldsymbol{a}|=3$，$|\boldsymbol{b}|=4$，求 $\boldsymbol{ab}$，$\boldsymbol{a}^2$，$\boldsymbol{b}^2$，$(\boldsymbol{a}+2\boldsymbol{b})\cdot(\boldsymbol{a}-\boldsymbol{b})$.

2. 长为 4 的向量 $\boldsymbol{a}$ 与单位向量 $\boldsymbol{e}$ 的夹角为 $\frac{2\pi}{3}$，写出向量 $\boldsymbol{a}$ 在过向量 $\boldsymbol{e}$ 上的投影.

3. 证明：向量 $\boldsymbol{a}$ 垂直于向量 $(\boldsymbol{ab})\boldsymbol{c}-(\boldsymbol{ac})\boldsymbol{b}$.

4. 证明等式：

(1) $(\boldsymbol{a}+\boldsymbol{b})^2+(\boldsymbol{a}-\boldsymbol{b})^2=2(\boldsymbol{a}^2+\boldsymbol{b}^2)$；

(2) $(\boldsymbol{a}+\boldsymbol{b})(\boldsymbol{a}-\boldsymbol{b})=\boldsymbol{a}^2-\boldsymbol{b}^2$.

5. 用向量内积的运算证明菱形的对角线互相垂直.

6. 已知力 $\boldsymbol{F}$ 作用于从点 A 作直线运动到点 B 的物体所做的功是 $W=\overrightarrow{AB}\cdot\boldsymbol{F}$. 试证明功的下列性质：

(1) 当作用力 $\boldsymbol{F}$ 垂直于物体运动方向 $\overrightarrow{AB}$ 时，功等于零；当作用力 $\boldsymbol{F}$ 与运动方向成钝角时，对物体做“负功”(即功为负值).

(2) 作用于同一物体的各力 $\boldsymbol{F}_1,\boldsymbol{F}_2,\cdots,\boldsymbol{F}_n$ 所做的功的和等于它们的合力所做的功.

(3) 当物体沿多边形 $ABC\cdots KL$ 的边 $AB,BC,\cdots,KL$ 运动时，力 $\boldsymbol{F}$ 所做的功的和等于物体沿 AL 运动时力 $\boldsymbol{F}$ 所做的功.

7. 在 $\triangle ABC$ 中，记 $\boldsymbol{a}=\overrightarrow{BC}$，$\boldsymbol{b}=\overrightarrow{CA}$，$\boldsymbol{c}=\overrightarrow{AB}$，顶点 A,B,C 所对的边长分别为 a,b,c，从等式 $-\boldsymbol{c}=\boldsymbol{a}+\boldsymbol{b}$ 出发，利用向量内积，推导出余弦定理

$$c^2=a^2+b^2-2ab\cos C.$$

8. 已知向量 $\boldsymbol{a},\boldsymbol{b},\boldsymbol{c}$ 满足 $\boldsymbol{a}+\boldsymbol{b}+\boldsymbol{c}=\boldsymbol{0}$ 和 $|\boldsymbol{a}|=3$，$|\boldsymbol{b}|=2$，$|\boldsymbol{c}|=4$. 求 $\boldsymbol{ab}+\boldsymbol{bc}+\boldsymbol{ca}$.

9. 已知两个不共线的向量 $\boldsymbol{a}$ 与单位向量 $\boldsymbol{e}$，另有一个与它们共面的向量 $\boldsymbol{p}$，当向量 $\boldsymbol{a},\boldsymbol{e},\boldsymbol{p}$ 起点相同时，向量 $\boldsymbol{p}$ 关于向量 $\boldsymbol{e}$ 与

向量 $\boldsymbol{a}$ 对称，试用向量 $\boldsymbol{a}$ 和 $\boldsymbol{e}$ 来表示向量 $\boldsymbol{p}$.

10. 已知向量 $\boldsymbol{a}=(4,-2,-4)$，$\boldsymbol{b}=(6,-3,2)$. 求 $\boldsymbol{ab}$，$|\boldsymbol{a}|$，$|\boldsymbol{b}|$，$(2\boldsymbol{a}-3\boldsymbol{b})$，$(\boldsymbol{a}+2\boldsymbol{b})$.

11. 已知三角形三顶点 $A(-1,2,3)$，$B(1,1,1)$，$C(0,0,5)$，证明：它是直角三角形.

12. 力 $\boldsymbol{F}=(2,4,6)$（以牛顿为单位）作用在某物体上产生了位移 $\boldsymbol{a}=(3,2,-1)$（以米为单位），求此力所做的功.

13. 从立方体的一个顶点引相邻两个面的对角线，求此两对角线的夹角.

14. 下列各式是否正确？正确的给予证明，不正确的给予说明：

(1) 已知 $\lambda\boldsymbol{a}=\boldsymbol{0}$，那么 $\lambda=0$ 或 $\boldsymbol{a}=\boldsymbol{0}$；已知 $\boldsymbol{ab}=0$，那么 $\boldsymbol{a}=\boldsymbol{0}$ 或 $\boldsymbol{b}=\boldsymbol{0}$.

(2) $a(\lambda\boldsymbol{b})=\lambda(\boldsymbol{ab})$；$\boldsymbol{a}(\boldsymbol{bc})=(\boldsymbol{ab})\boldsymbol{c}$.

(3) $\boldsymbol{p}^2\boldsymbol{q}^2=(\boldsymbol{pq})^2$；$|\boldsymbol{a}+\boldsymbol{b}|\cdot|\boldsymbol{a}-\boldsymbol{b}|=|\boldsymbol{a}^2-\boldsymbol{b}^2|$.

15. 计算向量 $\boldsymbol{a}=(6,6,7)$ 与 $\boldsymbol{b}=(2,-9,6)$ 的方向余弦.

16. 求向量 $\boldsymbol{a}=(3,3,1)$ 在向量 $\boldsymbol{b}=(2,5,-1)$ 所确定的轴上的投影.

17. 求向量 $\boldsymbol{a}=(4,-3,2)$ 在方向角相等的轴上的投影，假设此轴与 3 个坐标轴成锐角.

用向量证明以下各题(第 18～22 题)：

18. 等腰三角形底边上的中线垂直于底边.

19. 立于直径上的圆周角是直角.

20. 如果四面体内有两组对边互相垂直，则第 3 组对边也互相垂直.

21. 试证明：三角形 3 条中线的长度的平方和等于它的三边的长度平方和的 $\frac{3}{4}$.

22. 在一个球体内有一定点 P，球面上有 3 个动点 A,B,C，且

$$\angle APB=\angle BPC=\angle CPA=\frac{\pi}{2}.$$

以 PA,PB,PC 为棱构成平行六面体，记点 Q 是这六面体上与点 P 相对的一个顶点. 当 A,B,C 在球面上移动时，求点 Q 的轨迹.

23. 已知$\overrightarrow{OA}=\boldsymbol{p}$，$\overrightarrow{OB}=\boldsymbol{q}$，$\overrightarrow{OC}=\boldsymbol{r}$，$I_A,I_B,I_C$ 分别是$\triangle ABC$ 夹于角 A,B,C 的旁心，求证：它们的定位向量为

$$\overrightarrow{OI_A}=\frac{1}{-a+b+c}(-a\boldsymbol{p}+b\boldsymbol{q}+c\boldsymbol{r}),$$

$$\overrightarrow{OI_B}=\frac{1}{a-b+c}(a\boldsymbol{p}-b\boldsymbol{q}+c\boldsymbol{r}),$$

$$\overrightarrow{OI_C}=\frac{1}{a+b-c}(a\boldsymbol{p}+b\boldsymbol{q}-c\boldsymbol{r}).$$

24. 沿用第 23 题的记号，设 H 为$\triangle ABC$ 的垂心，求证：

$$\overrightarrow{OH}=\frac{1}{\tan A+\tan B+\tan C}(\boldsymbol{p}\tan A+\boldsymbol{q}\tan B+\boldsymbol{r}\tan C).$$

25. 沿用第 23 题的记号，设 E 为$\triangle ABC$ 的外心，求证：

$$\overrightarrow{OE}=\frac{1}{2(\tan A+\tan B+\tan C)}\big[\boldsymbol{p}(\tan B+\tan C)+\boldsymbol{q}(\tan C+\tan A)+\boldsymbol{r}(\tan A+\tan B)\big].$$

1.6 向量的外积与混合积

1.6.1 向量外积与混合积的概念

通过关于力对物体所做功的分析，我们导出了两个向量内积运算的概念. 而通过另一些实际问题的分析，如研究围绕固定轴作旋转运动的刚体上任一点的速度时，我们导出两个向量相乘产生一个新向量的概念，即向量外积的概念. 先给出定义如下：

定义 1 两个向量 $\boldsymbol{a},\boldsymbol{b}$ 的**外积**(或**向量积**)是一个向量，记为 $\boldsymbol{a}\times\boldsymbol{b}$. 当 $\boldsymbol{a}\nparallel\boldsymbol{b}$ 时，规定它的长度为

$$|\boldsymbol{a}\times\boldsymbol{b}|=|\boldsymbol{a}||\boldsymbol{b}|\sin\langle\widehat{\boldsymbol{a},\boldsymbol{b}}\rangle, \tag{1.45}$$

它的方向和向量 $\boldsymbol{a}$ 与 $\boldsymbol{b}$ 都垂直，且 3 个向量 $\boldsymbol{a},\boldsymbol{b},\boldsymbol{a}\times\boldsymbol{b}$ 依序成右手系；当 $\boldsymbol{a}\parallel\boldsymbol{b}$ 时，$\boldsymbol{a}\times\boldsymbol{b}$ 定义为零向量.

向量 $\boldsymbol{a}\parallel\boldsymbol{b}$ 的充要条件是 $\boldsymbol{a}\times\boldsymbol{b}=\boldsymbol{0}$. 这是因为两个平行向量的外积为零正是定义中规定的；反之，由于在 $\boldsymbol{a}\nparallel\boldsymbol{b}$ 时，按定义中规定 $|\boldsymbol{a}\times\boldsymbol{b}|\neq 0$，因此若两向量外积为零，则它们必平行.

按定义，向量和自己的外积等于零：$\boldsymbol{a}\times\boldsymbol{a}=\boldsymbol{0}$.

现在我们来分析一下刚体围绕一固定轴转动的情况.

先要定义旋转体的角速度(向量). 旋转体转动的方向和快慢完全可以用在转轴上的一个向量 $\boldsymbol{\omega}$ 来表示. 它的长度 $|\boldsymbol{\omega}|$ 是旋转角度的大小，而指向取定如下：当我们面对着 $\boldsymbol{\omega}$ 的正面去观察转动体时，转动的方向是按着反时针旋转的，向量 $\boldsymbol{\omega}$ 叫做旋转体的角速度.

再来看刚体上任一点 P 的线速度(向量) $\boldsymbol{v}$ 怎样用 $\boldsymbol{\omega}$ 来表示. 旋转体上各点的线速度不只是由角速度来决定而且和点的位置有关系，显然，点距轴越远，速度就越大. 在轴线上取定一点 O，那么旋转体上一点 P 的位置可由向量 $\boldsymbol{r}=\overrightarrow{OP}$ 来确定. 点 P 的轨道是一个圆，这个圆的半径就是点 P 到轴线的距离 $d=|PC|$，C 是 P 在轴线上的垂足(图 1-30). 现在我们要用旋转体的角速度向量 $\boldsymbol{\omega}$ 和表示点 P 的位置的向量 $\boldsymbol{r}$ 来确定点 P 的线速度 $\boldsymbol{v}$. 点 P 的运动轨道是一个圆，向量 $\boldsymbol{v}$ 是在点 P 和这个圆相切的，它的大小等于角速度的大小乘以圆的半径，即

$$|\boldsymbol{v}|=|\boldsymbol{\omega}|\cdot d=|\boldsymbol{\omega}||\boldsymbol{r}|\sin\langle\widehat{\boldsymbol{\omega},\boldsymbol{r}}\rangle,$$

再看 $\boldsymbol{v}$ 的方向. 由于它和轨道相切，从而在圆所在的平面上，因此 $\boldsymbol{v}\perp\boldsymbol{\omega}$；又由于 $\boldsymbol{v}$ 同时和 $\boldsymbol{\omega}$ 与 $\overrightarrow{CP}$ 垂直，因此 $\boldsymbol{v}$ 垂直于平面 OPC，从而 $\boldsymbol{v}\perp\boldsymbol{r}$. 此外，显

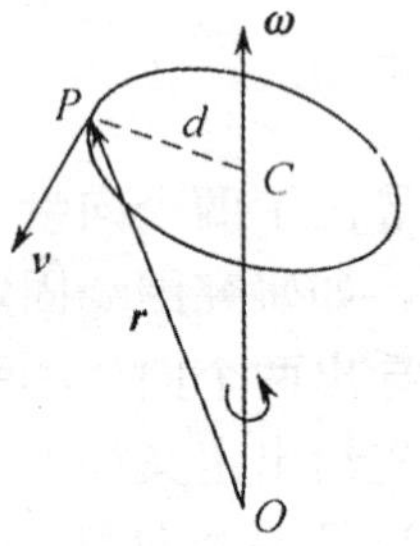

图 1-30

然按 $\boldsymbol{\omega},\boldsymbol{r},\boldsymbol{v}$ 的顺序，它们构成右手系. 按以上外积的定义，可见

$$\boldsymbol{v}=\boldsymbol{\omega}\times\boldsymbol{r}, \tag{1.46}$$

即是说刚体上任一点的线速度向量是刚体角速度向量与这点定位向量的外积.

当 $\boldsymbol{a}\nparallel\boldsymbol{b}$ 时，$|\boldsymbol{a}\times\boldsymbol{b}|$ 的几何意义是以 $\boldsymbol{a},\boldsymbol{b}$ 为边的平行四边形的面积. 因此，用外积可以计算平行四边形的面积 $S_{\square}$，从而也能计算三角形的面积 $S_{\triangle}$，公式为

$$S_{\square}=|\boldsymbol{a}\times\boldsymbol{b}|, \tag{1.47}$$

$$S_{\triangle}=\frac{1}{2}|\boldsymbol{a}\times\boldsymbol{b}|, \tag{1.48}$$

这里 $\boldsymbol{a}$ 和 $\boldsymbol{b}$ 是以平行四边形或三角形同一个顶点为起点的两邻边所成的向量.

下面给出关于 3 个向量混合积的定义.

定义 2 向量 $\boldsymbol{a}$ 与 $\boldsymbol{b}$ 的外积 $\boldsymbol{a}\times\boldsymbol{b}$ 和向量 $\boldsymbol{c}$ 作内积 $(\boldsymbol{a}\times\boldsymbol{b})\cdot\boldsymbol{c}$，或 $\boldsymbol{a}\times\boldsymbol{b}\cdot\boldsymbol{c}$，所得的数叫做 3 个向量 $\boldsymbol{a},\boldsymbol{b},\boldsymbol{c}$ 的**混合积**，记为 $(\boldsymbol{a},\boldsymbol{b},\boldsymbol{c})$，即

$$(\boldsymbol{a},\boldsymbol{b},\boldsymbol{c})=(\boldsymbol{a}\times\boldsymbol{b})\cdot\boldsymbol{c}. \tag{1.49}$$

混合积 $(\boldsymbol{a},\boldsymbol{b},\boldsymbol{c})$ 是一数量，它有一个重要的几何意义. 一个平行六面体可以由同一个顶点引出的 3 条棱完全确定，而这 3 条棱可用 3 个向量 $\boldsymbol{a},\boldsymbol{b},\boldsymbol{c}$ 表示（图 1-31）. 我们现在来求这平行六面体的体积. 以 $\boldsymbol{a},\boldsymbol{b}$ 为边的平行四边形可以看做平行六面体的底面，它的面积是

$$S_{\square}=|\boldsymbol{a}\times\boldsymbol{b}|,$$

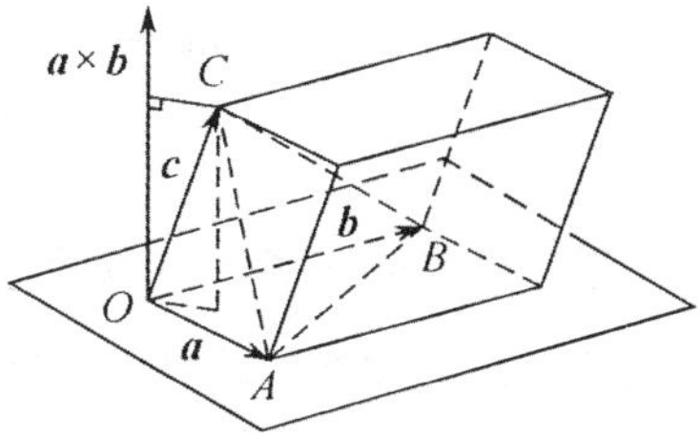

图 1-31

而平行六面体对应于这底面上的高 h 是向量 $\boldsymbol{c}$ 在底面的垂线上的投影的绝对值. 我们知道，$\boldsymbol{a}\times\boldsymbol{b}$ 的方向和底面垂直，因此

$$h=|\boldsymbol{c}|\,|\cos\langle\widehat{\boldsymbol{a}\times\boldsymbol{b},\boldsymbol{c}}\rangle|.$$

于是平行六面体的体积

$$V=S_{\square}\cdot h=|\boldsymbol{a}\times\boldsymbol{b}||\boldsymbol{c}||\cos\langle\widehat{\boldsymbol{a}\times\boldsymbol{b},\boldsymbol{c}}\rangle|$$
$$=|(\boldsymbol{a}\times\boldsymbol{b})\cdot\boldsymbol{c}|,$$

即 $V=|(\boldsymbol{a},\boldsymbol{b},\boldsymbol{c})|$. 由此我们得到，3 个向量的混合积的绝对值，就是以这 3 个向量为相邻棱的平行六面体的体积. 而四面体 $OABC$ 的体积 $V=\frac{1}{6}|(\boldsymbol{a},\boldsymbol{b},\boldsymbol{c})|$.

混合积$(\boldsymbol{a},\boldsymbol{b},\boldsymbol{c})$是 $\boldsymbol{a}\times\boldsymbol{b}$ 和 $\boldsymbol{c}$ 的内积，它的值可正可负. 这反映出向量 $\boldsymbol{a},\boldsymbol{b},\boldsymbol{c}$ 不同的相互位置. 内积$(\boldsymbol{a}\times\boldsymbol{b})\cdot\boldsymbol{c}$ 若为正，则 $\langle\widehat{\boldsymbol{a}\times\boldsymbol{b},\boldsymbol{c}}\rangle$为锐角，这时 $\boldsymbol{a},\boldsymbol{b},\boldsymbol{c}$ 依序成右手系；$(\boldsymbol{a}\times\boldsymbol{b})\cdot\boldsymbol{c}$ 若为负，则$\langle\widehat{\boldsymbol{a}\times\boldsymbol{b},\boldsymbol{c}}\rangle$为钝角，这时 $\boldsymbol{a},\boldsymbol{b},\boldsymbol{c}$ 依序成左手系(图 1-32). 因此，混合积$(\boldsymbol{a},\boldsymbol{b},\boldsymbol{c})$为正或负表示 3 个向量 $\boldsymbol{a},\boldsymbol{b},\boldsymbol{c}$ 依序成右手系或左手系，这就是混合积符号的几何意义.

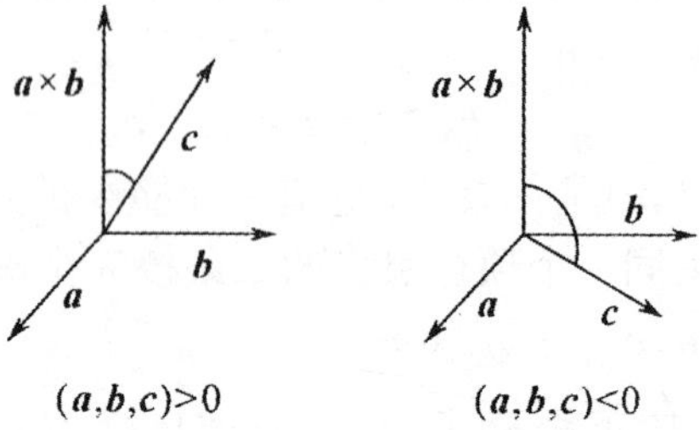

图 1-32

至于混合积为零，如排除 $\boldsymbol{a},\boldsymbol{b},\boldsymbol{c}$ 中有一个零向量或 $\boldsymbol{a}\parallel\boldsymbol{b}$ 的情况外，就是$\langle\widehat{\boldsymbol{a}\times\boldsymbol{b},\boldsymbol{c}}\rangle=\frac{\pi}{2}$，这时 $\boldsymbol{c}$ 与 $\boldsymbol{a}\times\boldsymbol{b}$ 垂直，从而和 $\boldsymbol{a},\boldsymbol{b}$ 共面，可见 $\boldsymbol{a},\boldsymbol{b},\boldsymbol{c}$ 共面的充要条件是$(\boldsymbol{a},\boldsymbol{b},\boldsymbol{c})=0$. 这个条件根据$|(\boldsymbol{a},\boldsymbol{b},\boldsymbol{c})|$表示以 $\boldsymbol{a},\boldsymbol{b},\boldsymbol{c}$ 为棱的平行六面体的体积这个几何意义，也可以推出，如 $\boldsymbol{a},\boldsymbol{b},\boldsymbol{c}$ 中有一个零向量或 $\boldsymbol{a}\parallel\boldsymbol{b}$，显然$(\boldsymbol{a},\boldsymbol{b},\boldsymbol{c})=0$. 另一方面，零向量和其他任何两个向量都可以看做共面；两个

平行向量和其他任意一个向量也是共面的. 所以上述的共面条件对于这些情况仍然有效.

由上述关于混合积符号与绝对值的几何意义的分析，可得

$$(\boldsymbol{a},\boldsymbol{b},\boldsymbol{c})=(\boldsymbol{b},\boldsymbol{c},\boldsymbol{a})=(\boldsymbol{c},\boldsymbol{a},\boldsymbol{b}), \tag{1.50}$$

或

$$(\boldsymbol{a}\times\boldsymbol{b})\cdot\boldsymbol{c}=\boldsymbol{a}\cdot(\boldsymbol{b}\times\boldsymbol{c}). \tag{1.50$'$}$$

此式表明当 3 个向量次序不变时，连接它们之间的外积与内积符号×与·是可以交换的.

对于向量的外积有如下的运算规律：

$$\boldsymbol{a}\times\boldsymbol{b}=-\boldsymbol{b}\times\boldsymbol{a}; \tag{1.51}$$

$$(\lambda\boldsymbol{a})\times\boldsymbol{b}=\lambda(\boldsymbol{a}\times\boldsymbol{b}); \tag{1.52}$$

$$(\boldsymbol{a}+\boldsymbol{b})\times\boldsymbol{c}=\boldsymbol{a}\times\boldsymbol{c}+\boldsymbol{b}\times\boldsymbol{c}. \tag{1.53}$$

先证明(1.51)式. 当 $\boldsymbol{a}\parallel\boldsymbol{b}$ 时，(1.51)式两边都是零向量，显然等式成立. 当 $\boldsymbol{a}\nparallel\boldsymbol{b}$ 时，因 $\boldsymbol{a}\times\boldsymbol{b}$ 和 $\boldsymbol{b}\times\boldsymbol{a}$ 同时与 $\boldsymbol{a},\boldsymbol{b}$ 两个向量垂直，所以它们是平行的，又因 $\boldsymbol{a},\boldsymbol{b},\boldsymbol{a}\times\boldsymbol{b}$ 以及 $\boldsymbol{b},\boldsymbol{a},\boldsymbol{b}\times\boldsymbol{a}$ 分别都成右手系，可见 $\boldsymbol{a}\times\boldsymbol{b}$ 和 $\boldsymbol{b}\times\boldsymbol{a}$ 指向相反(图 1-33)，再它们的长度显然相等，因为 $\boldsymbol{a}$ 与 $\boldsymbol{b}$ 以及 $\boldsymbol{b}$ 与 $\boldsymbol{a}$ 所定的平行四边形是同一个，于是(1.51)式成立. 可见两个不平行的向量的外积是不可交换的. 当交换外积因子的次序时，外积要变号，这叫做外积运算满足反交换律.

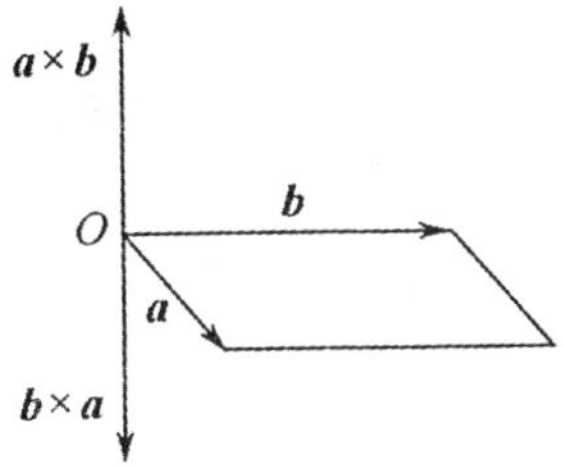

图 1-33

再证明(1.52)式. 如果 $\lambda=0$ 或 $\boldsymbol{a}\parallel\boldsymbol{b}$，这时等式两边都是零向量，所以等式成立. 假定 $\lambda\neq0$，且 $\boldsymbol{a}\nparallel\boldsymbol{b}$，这时有

$$\begin{aligned}|(\lambda\boldsymbol{a})\times\boldsymbol{b}|&=|\lambda\boldsymbol{a}|\,|\boldsymbol{b}|\sin\langle\widehat{\lambda\boldsymbol{a},\boldsymbol{b}}\rangle=|\lambda|\,|\boldsymbol{a}|\,|\boldsymbol{b}|\sin\langle\widehat{\boldsymbol{a},\boldsymbol{b}}\rangle\\&=|\lambda|\,|\boldsymbol{a}\times\boldsymbol{b}|.\end{aligned}$$

这就是说，等式两边向量的长度相等. 另一方面，不难看出，按

λ 为正或为负，等式两边的向量同时和向量 $\boldsymbol{a}\times\boldsymbol{b}$ 的方向相同或相反.

等式(1.53)表示向量的外积满足分配律. 我们引用关于混合积的性质(1.50)′式，将外积的分配律转换为内积的分配律来证明(1.53). 事实上，根据定理 1.8，只要证明(1.53)式两边的向量与基向量 $\boldsymbol{e}_i$ 的内积相同即可. 因

$$
\begin{aligned}
((\boldsymbol{a}+\boldsymbol{b})\times\boldsymbol{c})\cdot\boldsymbol{e}_i &=(\boldsymbol{a}+\boldsymbol{b})\cdot(\boldsymbol{c}\times\boldsymbol{e}_i) &&\text{(根据公式(1.50)}')\\
&=\boldsymbol{a}\cdot(\boldsymbol{c}\times\boldsymbol{e}_i)+\boldsymbol{b}\cdot(\boldsymbol{c}\times\boldsymbol{e}_i) &&\text{(根据(1.35))}\\
&=(\boldsymbol{a}\times\boldsymbol{c})\cdot\boldsymbol{e}_i+(\boldsymbol{b}\times\boldsymbol{c})\cdot\boldsymbol{e}_i &&\text{(公式(1.50)}')\\
&=(\boldsymbol{a}\times\boldsymbol{c}+\boldsymbol{b}\times\boldsymbol{c})\cdot\boldsymbol{e}_i,
\end{aligned}
$$

所以(1.53)式成立.

混合积有如下性质：

$$(\boldsymbol{a},\boldsymbol{b},\boldsymbol{c})=(\boldsymbol{b},\boldsymbol{c},\boldsymbol{a})=(\boldsymbol{c},\boldsymbol{a},\boldsymbol{b}).$$

从(1.51)～(1.53)式容易导出混合积还有如下性质：

$$(\boldsymbol{a},\boldsymbol{b},\boldsymbol{c})=-(\boldsymbol{b},\boldsymbol{a},\boldsymbol{c}),$$

$$(\lambda\boldsymbol{a},\boldsymbol{b},\boldsymbol{c})=\lambda(\boldsymbol{a},\boldsymbol{b},\boldsymbol{c}),$$

$$(\boldsymbol{a}_1+\boldsymbol{a}_2,\boldsymbol{b},\boldsymbol{c})=(\boldsymbol{a}_1,\boldsymbol{b},\boldsymbol{c})+(\boldsymbol{a}_2,\boldsymbol{b},\boldsymbol{c}).$$

1.6.2 用坐标作外积运算

在直角坐标系 $Oxyz$ 中，基向量 $\boldsymbol{e}_1,\boldsymbol{e}_2,\boldsymbol{e}_3$ 是互相垂直的单位向量，按外积的定义不难得知

$$
\left.\begin{aligned}
&\boldsymbol{e}_1\times\boldsymbol{e}_1=\boldsymbol{e}_2\times\boldsymbol{e}_2=\boldsymbol{e}_3\times\boldsymbol{e}_3=\boldsymbol{0},\\
&\boldsymbol{e}_1\times\boldsymbol{e}_2=\boldsymbol{e}_3,\quad \boldsymbol{e}_2\times\boldsymbol{e}_3=\boldsymbol{e}_1,\quad \boldsymbol{e}_3\times\boldsymbol{e}_1=\boldsymbol{e}_2.
\end{aligned}\right\}\tag{1.54}
$$

设向量 $\boldsymbol{a}=(x_1,y_1,z_1)$ 和 $\boldsymbol{b}=(x_2,y_2,z_2)$. 现在我们来计算向量 $\boldsymbol{a}\times\boldsymbol{b}$ 的坐标. 应用公式(1.51)～(1.54)，我们有

$$
\begin{aligned}
\boldsymbol{a}\times\boldsymbol{b}&=(x_1\boldsymbol{e}_1+y_1\boldsymbol{e}_2+z_1\boldsymbol{e}_3)\times(x_2\boldsymbol{e}_1+y_2\boldsymbol{e}_2+z_2\boldsymbol{e}_3)\\
&=(y_1z_2-y_2z_1)\boldsymbol{e}_1+(z_1x_2-z_2x_1)\boldsymbol{e}_2\\
&\quad+(x_1y_2-x_2y_1)\boldsymbol{e}_3,
\end{aligned}
$$

即

$$\boldsymbol{a}\times\boldsymbol{b}=(y_1z_2-y_2z_1,z_1x_2-z_2x_1,x_1y_2-x_2y_1). \tag{1.55}$$

为了便于记忆这个式子，可用行列式形式写成

$$\boldsymbol{a}\times\boldsymbol{b}=\left(\begin{vmatrix} y_1 & z_1 \\ y_2 & z_2 \end{vmatrix},\begin{vmatrix} z_1 & x_1 \\ z_2 & x_2 \end{vmatrix},\begin{vmatrix} x_1 & y_1 \\ x_2 & y_2 \end{vmatrix}\right),$$

即

$$\boldsymbol{a}\times\boldsymbol{b}=\begin{vmatrix} y_1 & z_1 \\ y_2 & z_2 \end{vmatrix}\boldsymbol{e}_1+\begin{vmatrix} z_1 & x_1 \\ z_2 & x_2 \end{vmatrix}\boldsymbol{e}_2+\begin{vmatrix} x_1 & y_1 \\ x_2 & y_2 \end{vmatrix}\boldsymbol{e}_3,$$

或

$$\boldsymbol{a}\times\boldsymbol{b}=\begin{vmatrix} \boldsymbol{e}_1 & \boldsymbol{e}_2 & \boldsymbol{e}_3 \\ x_1 & y_1 & z_1 \\ x_2 & y_2 & z_2 \end{vmatrix}^{*}. \tag{1.56}$$

这是用坐标计算外积的公式.

例 1 已知 $\boldsymbol{a}=(1,2,3)$，$\boldsymbol{b}=(4,5,0)$，求 $\boldsymbol{a}\times\boldsymbol{b}$.

解

$$\begin{aligned}\boldsymbol{a}\times\boldsymbol{b}&=\begin{vmatrix} \boldsymbol{e}_1 & \boldsymbol{e}_2 & \boldsymbol{e}_3 \\ 1 & 2 & 3 \\ 4 & 5 & 0 \end{vmatrix}\\&=\begin{vmatrix} 2 & 3 \\ 5 & 0 \end{vmatrix}\boldsymbol{e}_1+\begin{vmatrix} 3 & 1 \\ 0 & 4 \end{vmatrix}\boldsymbol{e}_2+\begin{vmatrix} 1 & 2 \\ 4 & 5 \end{vmatrix}\boldsymbol{e}_3\\&=-15\boldsymbol{e}_1+12\boldsymbol{e}_2-3\boldsymbol{e}_3,\end{aligned}$$

即 $\boldsymbol{a}\times\boldsymbol{b}=(-15,12,-3)$.

例 2 求以 $A(1,2,3)$，$B(2,0,4)$，$C(2,-1,3)$ 为顶点的三角形的面积.

解 三角形的面积 $S=\dfrac{1}{2}|\overrightarrow{AB}\times\overrightarrow{AC}|$，这里

$$\overrightarrow{AB}=(2-1,0-2,4-3)=(1,-2,1),$$
$$\overrightarrow{AC}=(2-1,-1-2,3-3)=(1,-3,0).$$

---

* (1.56)式右边不是一个行列式，而是采用行列式的形式，这是因为它与三阶行列式按第一行展开的形式相同.

于是

$$\overrightarrow{AB}\times\overrightarrow{AC}=\left(\begin{vmatrix}-2 & 1\\-3 & 0\end{vmatrix},\begin{vmatrix}1 & 1\\0 & 1\end{vmatrix},\begin{vmatrix}1 & -2\\1 & -3\end{vmatrix}\right)=(3,1,-1).$$

所以

$$S=\frac{1}{2}\sqrt{3^2+1^2+(-1)^2}=\frac{1}{2}\sqrt{11},$$

即所求三角形的面积为$\frac{1}{2}\sqrt{11}$.

1.6.3 用坐标计算混合积

设在直角坐标系 $Oxyz$ 中，

$$\boldsymbol{a}=(x_1,y_1,z_1),\quad \boldsymbol{b}=(x_2,y_2,z_2),\quad \boldsymbol{c}=(x_3,y_3,z_3).$$

利用坐标计算外积公式，

$$\boldsymbol{a}\times\boldsymbol{b}=\left(\begin{vmatrix}y_1 & z_1\\y_2 & z_2\end{vmatrix},\begin{vmatrix}z_1 & x_1\\z_2 & x_2\end{vmatrix},\begin{vmatrix}x_1 & y_1\\x_2 & y_2\end{vmatrix}\right),$$

$$\begin{aligned}(\boldsymbol{a},\boldsymbol{b},\boldsymbol{c})&=x_3\begin{vmatrix}y_1 & z_1\\y_2 & z_2\end{vmatrix}+y_3\begin{vmatrix}z_1 & x_1\\z_2 & x_2\end{vmatrix}+z_3\begin{vmatrix}x_1 & y_1\\x_2 & y_2\end{vmatrix}\\&=\begin{vmatrix}x_1 & y_1 & z_1\\x_2 & y_2 & z_2\\x_3 & y_3 & z_3\end{vmatrix},\end{aligned}$$

因此我们得到用坐标计算混合积的公式：

$$(\boldsymbol{a},\boldsymbol{b},\boldsymbol{c})=\begin{vmatrix}x_1 & y_1 & z_1\\x_2 & y_2 & z_2\\x_3 & y_3 & z_3\end{vmatrix}. \tag{1.57}$$

可见，混合积是一个以 3 个向量的坐标构成的三阶行列式.

于是 3 个向量 $\boldsymbol{a},\boldsymbol{b},\boldsymbol{c}$ 共面的条件是

$$\begin{vmatrix}x_1 & y_1 & z_1\\x_2 & y_2 & z_2\\x_3 & y_3 & z_3\end{vmatrix}=0. \tag{1.58}$$

例 3 已知 $\boldsymbol{a}=(3,4,2)$，$\boldsymbol{b}=(3,5,-1)$，$\boldsymbol{c}=(2,3,5)$，求它们的混合积 $(\boldsymbol{a},\boldsymbol{b},\boldsymbol{c})$.

解 $$(\boldsymbol{a},\boldsymbol{b},\boldsymbol{c})=\begin{vmatrix}3 & 4 & 2\\ 3 & 5 & -1\\ 2 & 3 & 5\end{vmatrix}=14.$$

例 4 求由 $\overrightarrow{OA}=(1,1,1)$，$\overrightarrow{OB}=(0,1,1)$ 和 $\overrightarrow{OC}=(-1,0,1)$ 为棱边的平行六面体的体积.

解 $$所求体积=\begin{vmatrix}1 & 1 & 1\\ 0 & 1 & 1\\ -1 & 0 & 1\end{vmatrix}=1.$$

例 5 证明：$A(1,0,1)$，$B(4,4,6)$，$C(2,2,3)$ 和 $D(10,14,17)$ 四点共面.

证 因为

$$\overrightarrow{AB}=(4-1,4-0,6-1)=(3,4,5),$$
$$\overrightarrow{AC}=(2-1,2-0,3-1)=(1,2,2),$$
$$\overrightarrow{AD}=(10-1,14-0,17-1)=(9,14,16),$$

所以用 $\overrightarrow{AB}$，$\overrightarrow{AC}$，$\overrightarrow{AD}$ 为棱边的平行六面体的体积为

$$\begin{vmatrix}3 & 4 & 5\\ 1 & 2 & 2\\ 9 & 14 & 16\end{vmatrix}=0.$$

这就表示，向量 $\overrightarrow{AB}$，$\overrightarrow{AC}$ 和 $\overrightarrow{AD}$ 共面，所以 A,B,C,D 四点共面.

1.6.4 二重外积公式

两个向量 $\boldsymbol{a}$ 与 $\boldsymbol{b}$ 先作外积 $\boldsymbol{a}\times\boldsymbol{b}$，再与第 3 个向量 $\boldsymbol{c}$ 作外积

$$(\boldsymbol{a}\times\boldsymbol{b})\times\boldsymbol{c}$$

叫做 3 个向量的二重外积，它显然是一个向量. 关于二重外积有公式

$$(\boldsymbol{a}\times\boldsymbol{b})\times\boldsymbol{c}=(\boldsymbol{a}\boldsymbol{c})\boldsymbol{b}-(\boldsymbol{b}\boldsymbol{c})\boldsymbol{a}. \tag{1.59}$$

现在证明如下：(1.59)式的左边向量垂直于 $\boldsymbol{a}\times\boldsymbol{b}$，而 $\boldsymbol{a}$ 与 $\boldsymbol{b}$

也垂直于$\boldsymbol{a}\times\boldsymbol{b}$，因此这个向量与$\boldsymbol{a},\boldsymbol{b}$共面. 如果$\boldsymbol{a}\parallel\boldsymbol{b}$，那么$\boldsymbol{a}\times\boldsymbol{b}=\boldsymbol{0}$，(1.59)式右边也是零向量，从而等式成立. 如果$\boldsymbol{a}\nparallel\boldsymbol{b}$，根据1.3节定理1.2，(1.59)式左边的向量可以表示为

$$(\boldsymbol{a}\times\boldsymbol{b})\times\boldsymbol{c}=\lambda\boldsymbol{b}+\mu\boldsymbol{a}. \tag{1.60}$$

(1.60)式两边与$\boldsymbol{c}$作内积，由于其左边的向量垂直于向量$\boldsymbol{c}$，于是得

$$0=\lambda(\boldsymbol{bc})+\mu(\boldsymbol{ac}),$$

从而可取$\lambda=k(\boldsymbol{ac})$，$\mu=-k(\boldsymbol{bc})$. 代入(1.60)式得

$$(\boldsymbol{a}\times\boldsymbol{b})\times\boldsymbol{c}=k[(\boldsymbol{ac})\boldsymbol{b}-(\boldsymbol{bc})\boldsymbol{a}]. \tag{1.61}$$

此式关于任意向量$\boldsymbol{a},\boldsymbol{b},\boldsymbol{c}$都应成立，我们不妨取3个基本向量$\boldsymbol{e}_1,\boldsymbol{e}_2,\boldsymbol{e}_1$代入(1.61)来定系数$k$:

$$(\boldsymbol{e}_1\times\boldsymbol{e}_2)\times\boldsymbol{e}_1=k[(\boldsymbol{e}_1\boldsymbol{e}_1)\boldsymbol{e}_2-(\boldsymbol{e}_2\boldsymbol{e}_1)\boldsymbol{e}_1],$$

即$\boldsymbol{e}_3\times\boldsymbol{e}_1=k\boldsymbol{e}_2$，或$\boldsymbol{e}_2=k\boldsymbol{e}_2$，从而$k=1$，(1.61)式变成(1.59)式. 证毕.

从二重外积公式立即可得拉格朗日等式:

$$(\boldsymbol{a}\times\boldsymbol{b})\cdot(\boldsymbol{c}\times\boldsymbol{d})=\begin{vmatrix}\boldsymbol{ac} & \boldsymbol{ad}\\ \boldsymbol{bc} & \boldsymbol{bd}\end{vmatrix}.$$

实际上，利用混合积的性质，我们有

$$\begin{aligned}(\boldsymbol{a}\times\boldsymbol{b})\cdot(\boldsymbol{c}\times\boldsymbol{d})&=((\boldsymbol{a}\times\boldsymbol{b})\times\boldsymbol{c})\cdot\boldsymbol{d}\\&=[(\boldsymbol{ac})\boldsymbol{b}-(\boldsymbol{bc})\boldsymbol{a}]\cdot\boldsymbol{d}\\&=(\boldsymbol{ac})(\boldsymbol{bd})-(\boldsymbol{bc})(\boldsymbol{ad})\\&=\begin{vmatrix}\boldsymbol{ac} & \boldsymbol{ad}\\ \boldsymbol{bc} & \boldsymbol{bd}\end{vmatrix}.\end{aligned}$$

注意 两个向量作外积时不满足交换律，而3个向量作二重外积时也不满足结合律，即一般$(\boldsymbol{a}\times\boldsymbol{b})\times\boldsymbol{c}\neq\boldsymbol{a}\times(\boldsymbol{b}\times\boldsymbol{c})$.

习 题 1.6

1. 已知向量$\boldsymbol{a},\boldsymbol{b}$的夹角为$\frac{\pi}{6}$，$|\boldsymbol{a}|=6$，$|\boldsymbol{b}|=5$，求向量$\boldsymbol{a}\times\boldsymbol{b}$

的长.

2. 已知$|\boldsymbol{a}|=10$，$|\boldsymbol{b}|=2$，$\boldsymbol{ab}=12$，求向量$\boldsymbol{a}\times\boldsymbol{b}$的长.

3. 利用外积的运算规律，拆开括号以化简下列各式：

(1) $(\boldsymbol{a}+\boldsymbol{b})\times(\boldsymbol{a}-2\boldsymbol{b})$；

(2) $(3\boldsymbol{a}-\boldsymbol{b})\times(\boldsymbol{a}+3\boldsymbol{b})$；

(3) $(\boldsymbol{a}+\boldsymbol{b}+\boldsymbol{c})\times(\boldsymbol{a}+\boldsymbol{b}-\boldsymbol{c})$.

4. 如果向量$\boldsymbol{a},\boldsymbol{b},\boldsymbol{c}$满足$\boldsymbol{a}+\boldsymbol{b}+\boldsymbol{c}=\boldsymbol{0}$，证明：

$$\boldsymbol{a}\times\boldsymbol{b}=\boldsymbol{b}\times\boldsymbol{c}=\boldsymbol{c}\times\boldsymbol{a}.$$

5. 如果$\boldsymbol{a}\times\boldsymbol{c}=\boldsymbol{b}\times\boldsymbol{c}$，且$\boldsymbol{c}\neq\boldsymbol{0}$，能否立即得出$\boldsymbol{a}=\boldsymbol{b}$的结论？

6. 已知向量$\boldsymbol{a}=(3,-2,1)$，$\boldsymbol{b}=(1,1,1)$，求它们的外积.

7. 已知三角形三顶点为$A(5,1,-1)$,$B(0,-4,3)$和$C(1,-3,7)$，求它的面积.

8. 平行四边形的边由向量$\boldsymbol{a}=(1,-3,1)$和$\boldsymbol{b}=(2,-1,3)$组成，求它的面积.

9. 求同时垂直于向量$\boldsymbol{a}=(2,-1,1)$和$\boldsymbol{b}=(1,2,-1)$的单位向量.

10. 已知向量$\boldsymbol{a}=(2,-3,1)$，$\boldsymbol{b}=(-3,1,2)$，$\boldsymbol{c}=(1,2,3)$，分别计算$\boldsymbol{a}\times(\boldsymbol{b}\times\boldsymbol{c})$和$(\boldsymbol{a}\times\boldsymbol{b})\times\boldsymbol{c}$，从而说明向量等式

$$\boldsymbol{a}\times(\boldsymbol{b}\times\boldsymbol{c})=(\boldsymbol{a}\times\boldsymbol{b})\times\boldsymbol{c}$$

一般不成立，也就是说向量外积的运算不满足“结合律”.

11. 写出等式两边向量的坐标直接验算向量的二重外积公式：$(\boldsymbol{a}\times\boldsymbol{b})\times\boldsymbol{c}=(\boldsymbol{ac})\boldsymbol{b}-(\boldsymbol{bc})\boldsymbol{a}$.

12. 证明等式：$\boldsymbol{a}\times(\boldsymbol{b}\times\boldsymbol{c})+\boldsymbol{b}\times(\boldsymbol{c}\times\boldsymbol{a})+\boldsymbol{c}\times(\boldsymbol{a}\times\boldsymbol{b})=\boldsymbol{0}$.

13. 如果3个向量$\boldsymbol{a},\boldsymbol{b},\boldsymbol{c}$成立等式

$$\boldsymbol{a}\times(\boldsymbol{b}\times\boldsymbol{c})=(\boldsymbol{a}\times\boldsymbol{b})\times\boldsymbol{c},$$

问它们之间的相互位置有何特点？

14. 求向量$\boldsymbol{a}=(2,3,5)$，$\boldsymbol{b}=(3,1,0)$，$\boldsymbol{c}=(1,-1,2)$的混合积$(\boldsymbol{a},\boldsymbol{b},\boldsymbol{c})$，它们依次构成右手系还是左手系？

15. 平行六面体共起点的3条棱分别由向量$\boldsymbol{a}=(5,-3,2)$，

$\boldsymbol{b}=(-6,3,2)$，$\boldsymbol{c}=(-8,6,-5)$构成，求这平行六面体的体积.

16. 四面体的顶点在点 $A(0,0,0)$,$B(3,4,-1)$,$C(2,3,5)$,$D(6,0,-3)$，求它的体积.

17. 证明等式，并说明其几何意义：

(1) $(\boldsymbol{a},\boldsymbol{b},\boldsymbol{c})=(\boldsymbol{a},\boldsymbol{b},\lambda\boldsymbol{a}+\mu\boldsymbol{b}+\boldsymbol{c})$；

(2) $(\boldsymbol{a}+\boldsymbol{b},\boldsymbol{b}+\boldsymbol{c},\boldsymbol{c}+\boldsymbol{a})=2(\boldsymbol{a},\boldsymbol{b},\boldsymbol{c})$.

18. 证明：如果向量 $\boldsymbol{a},\boldsymbol{b},\boldsymbol{c}$ 满足 $\boldsymbol{a}\times\boldsymbol{b}+\boldsymbol{b}\times\boldsymbol{c}+\boldsymbol{c}\times\boldsymbol{a}=\boldsymbol{0}$，则它们共面.

19. 已知 4 个向量 $\boldsymbol{p},\boldsymbol{q},\boldsymbol{r},\boldsymbol{s}$，求证：向量 $\boldsymbol{a}=\boldsymbol{p}\times\boldsymbol{s}$，$\boldsymbol{b}=\boldsymbol{q}\times\boldsymbol{s}$，$\boldsymbol{c}=\boldsymbol{r}\times\boldsymbol{s}$ 共面.

20. 证明向量等式：

(1) $(\boldsymbol{a}\times\boldsymbol{b})\times(\boldsymbol{c}\times\boldsymbol{d})=(\boldsymbol{a},\boldsymbol{b},\boldsymbol{d})\boldsymbol{c}-(\boldsymbol{a},\boldsymbol{b},\boldsymbol{c})\boldsymbol{d}$；

(2) $(\boldsymbol{b},\boldsymbol{c},\boldsymbol{d})\boldsymbol{a}+(\boldsymbol{c},\boldsymbol{a},\boldsymbol{d})\boldsymbol{b}+(\boldsymbol{a},\boldsymbol{b},\boldsymbol{d})\boldsymbol{c}+(\boldsymbol{b},\boldsymbol{a},\boldsymbol{c})\boldsymbol{d}=\boldsymbol{0}$；

(3) $\boldsymbol{a}\times\{\boldsymbol{a}\times[\boldsymbol{a}\times(\boldsymbol{a}\times\boldsymbol{b})]\}=\boldsymbol{a}^4\boldsymbol{b}-\boldsymbol{a}^2(\boldsymbol{a}\boldsymbol{b})\boldsymbol{a}$.

21. 已知向量 $\boldsymbol{p}$ 垂直于单位向量 $\boldsymbol{e}$，当它们共起点时，将 $\boldsymbol{p}$ 绕 $\boldsymbol{e}$ 右旋角度 θ 得到向量 $\boldsymbol{p}'$，试用向量 $\boldsymbol{e},\boldsymbol{p}$ 与角 θ 表示向量 $\boldsymbol{p}'$.

22. 已知三点 O,A 与 P，O 与 A 为不同的两点，将点 P 绕 $\overrightarrow{OA}$ 右旋转角度 θ 得到点 P'，试用 $\overrightarrow{OA},\overrightarrow{OP}$ 与角 θ 表示向量 $\overrightarrow{OP'}$.

23. 证明：$(\boldsymbol{a}\times\boldsymbol{b})^2=\boldsymbol{a}^2\boldsymbol{b}^2-(\boldsymbol{a}\boldsymbol{b})^2$，并用它证明三角形面积的海伦公式：$S^2=s(s-a)(s-b)(s-c)$，式中 S 与 s 分别为三角形的面积与周长之半.

小　结

这一章首先在空间中建立形与数的结合，在直角坐标系中使最基本的几何对象（点）与 3 个有顺序的数（坐标 x,y,z）建立了一一对应的关系，接着解决了求两点间距离和求定比分点坐标的两个简单问题.

空间的曲面与曲线是我们将要研究的主要几何对象，一般说

来关于动点坐标 x,y,z 的一个方程确定一个曲面，而两个这种方程的联立则确定一条曲线.

除空间直角坐标系（笛卡儿坐标系的一种）外，还有各种坐标系，本章另外介绍了两种常见的坐标系——柱面坐标系与球面坐标系. 它们都是平面极坐标系的推广. 如果说直角坐标是 3 个有向线段之长，那么柱面坐标中两个是长度，一个是角度，而球面坐标中一个是长度，另两个为角度.

其次，研究了向量代数. 主要讨论了向量的线性运算与乘法运算及其运算规律. 关于两个向量的加法，或外积运算是使它们结合起来对应于另一个向量的运算. 而数乘向量是使一个向量与一个数量结合起来对应于另一个向量. 但是两个向量内乘或 3 个向量的混合积则是使它们结合起来对应一个数量. 我们要熟悉向量运算的规律，弄清楚有哪些与数量的运算规律相同（如结合律、分配律），哪些与数量运算规律不同（如两个向量外积的反交换律、3 个向量二重外积不成立结合律）.

第2章 平面与直线

空间解析几何的任务，正如我们在平面解析几何中所见的一样，主要是研究直角坐标系中一次和二次方程的图形.

这一章主要的任务是研究空间直角坐标系中一次方程的图形. 平面、直线是空间中最简单同时也是最重要的几何图形.

我们用向量这一工具先讨论平面、直线的方程，再根据方程来讨论它们之间的关系.

2.1 平面的方程

这一节介绍平面的各种形式的方程，有点法式、一般式、截距式与参数式等.

2.1.1 平面的点法式方程

在空间中通过一定点与一定直线垂直的平面只有一个，如果把这条定直线换成另一条和它平行的直线，所确定的平面不起变化，可见空间中一个平面可以用它上面的一个点和与它垂直的一个非零向量来确定. 与平面垂直的任意一个非零向量叫做平面的**法向量**. 平面的法向量只是它的方位起作用，是用来决定平面的方位的，至于其长度与指向都可以任意选取. 因此平面的法向量并不惟一. 平面的法向量也是任意一个与这平面平行的平面的法向量.

现在我们来导出由平面的法向量和平面上的一点所确定的平

面的方程. 设平面上一已知点为 $P_0(x_0, y_0, z_0)$，法向量为 $\boldsymbol{n}=(A,B,C)$，求平面的方程(图 2-1).

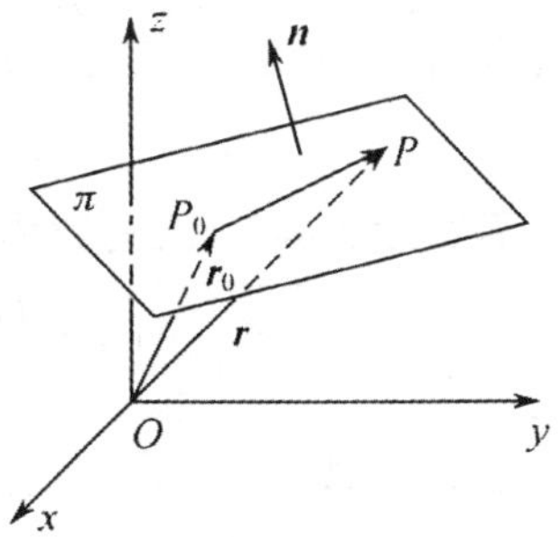

图 2-1

设 $P(x,y,z)$ 为平面上不和 P_0 重合的任意一点，它的定位向量记为 $\boldsymbol{r}$，又记点 P_0 的定位向量为 $\boldsymbol{r}_0$，那么有

$$\overrightarrow{P_0P}=\boldsymbol{r}-\boldsymbol{r}_0.$$

因此，点 P 在平面上的充要条件是 $\boldsymbol{n}\perp(\boldsymbol{r}-\boldsymbol{r}_0)$. * 即

$$\boldsymbol{n}(\boldsymbol{r}-\boldsymbol{r}_0)=0. \tag{2.1}$$

或 $\boldsymbol{n}\boldsymbol{r}+D=0$ $(D=-\boldsymbol{n}\boldsymbol{r}_0)$.

因为 $\boldsymbol{n}=(A,B,C)$，

$$\boldsymbol{r}-\boldsymbol{r}_0=(x-x_0, y-y_0, z-z_0),$$

利用坐标作内积运算，(2.1)可化为

$$A(x-x_0)+B(y-y_0)+C(z-z_0)=0. \tag{2.2}$$

点 P_0 的坐标显然也满足这方程.

(2.1)式和(2.2)式都是平面的**点法式方程**，前一个是用向量表示的，后一个是用坐标表示的.

2.1.2 平面的一般方程

如果在(2.2)式中记 $D=-(Ax_0+By_0+Cz_0)$，可改写(2.2)式为

$$Ax+By+Cz+D=0. \tag{2.3}$$

这里 A,B,C 不同时为 0.

对于每一个平面总可以在它上面取定一个点 $P_0(x_0, y_0, z_0)$，并任意取定这平面的一个法向量 $\boldsymbol{n}=(A,B,C)$. 因此平面可以用

---

* 空间中和一平面垂直的直线必垂直于平面上每一条直线.

动点的坐标 x,y,z 的一次方程(2.3)来表示. 反之，任意一个系数 A,B,C 不全为 0 的一次方程(2.3)表示一平面. 这可以证明如下.

不妨设 $A\neq 0$，改写方程(2.3)为

$$A\left(x+\frac{D}{A}\right)+By+Cz=0.$$

令向量 $\boldsymbol{n}=(A,B,C)$，$\boldsymbol{r}_0=(-\frac{D}{A},0,0)$，$\boldsymbol{r}=(x,y,z)$，上式如左端用向量的内积形式表示就成为

$$\boldsymbol{n}(\boldsymbol{r}-\boldsymbol{r}_0)=0.$$

这正是过定点 $\boldsymbol{r}_0$ 以 $\boldsymbol{n}$ 为法向量的平面的方程，$\boldsymbol{r}$ 为平面上的动点. 于是，我们得到

定理 2.1 在直角坐标系中，平面的方程是 x,y 和 z 的一次方程. 反过来，x,y 和 z 的一次方程(2.3)表示的图形是一个平面.

方程(2.3)叫做平面的**一般方程**. 以 3 个一次项的系数为坐标的向量(A,B,C)是它的法向量. 从方程的系数中有一个或几个为零，可以看出平面相对于坐标系的特殊位置.

1) 若常数项 $D=0$，方程(2.3)成为

$$Ax+By+Cz=0.$$

显然，坐标原点 O 的坐标$(0,0,0)$满足这方程，因此，此方程所表示的平面通过原点.

2) 若 $A=0$，方程不含坐标 x，成为

$$By+Cz+D=0.$$

这时，法向量 $\boldsymbol{n}=(0,B,C)$和基本向量 $\boldsymbol{e}_1=(1,0,0)$垂直. 由于法向量同时垂直于这平面和 $\boldsymbol{e}_1$，因此，这方程所表示的平面平行于 x 轴.

同理，平面 $Ax+Cz+D=0$ 和 $Ax+By+D=0$ 分别平行于

y 轴和 z 轴.

3) 若 $A=0$, $B=0$, 方程成为

$$Cz+D=0.$$

这时法线的方向数为 $0,0,C$, 所以法线与 z 轴平行, 因此这平面垂直于 z 轴.

4) $A=0$, $D=0$, 方程成为

$$By+Cz=0,$$

显然 x 轴上任意点$(x,0,0)$满足这方程, 因此这平面通过 x 轴.

例 1 求过 $A_1(1,2,3)$, $A_2(-1,0,0)$ 和 $A_3(3,0,1)$三点的平面的方程.

解 由$\overrightarrow{A_1A_2} \nparallel \overrightarrow{A_1A_3}$得知 A_1, A_2 和 A_3 不共线, 因此它们可以惟一确定一个平面. 设这个平面的方程是

$$Ax+By+Cz+D=0.$$

由于 A_1, A_2, A_3 在这个平面上, 把它们的坐标代入方程, 可得

$$A+2B+3C+D=0,$$
$$-A+D=0,$$
$$3A+C+D=0.$$

容易求得 $A=D$, $C=-4D$, $B=5D$, 再代入平面方程得

$$Dx+5Dy-4Dz+D=0,$$

即 $x+5y-4z+1=0$. 这就是所求的方程.

例 2 求过点$(1,2,3)$和 z 轴的平面.

解 因为过 z 轴的平面方程可以写成

$$Ax+By=0,$$

把$(1,2,3)$的坐标代入, 得 $A+2B=0$, 因此所求的方程为

$$2x-y=0.$$

2.1.3 平面的截距式方程

假如一般方程(2.3)中 A,B,C,D 都不为零, 那么(2.3)可改写为

$$\frac{x}{a}+\frac{y}{b}+\frac{z}{c}=1, \tag{2.4}$$

此平面与 x 轴、y 轴、z 轴分别交于点$(a,0,0)$,$(0,b,0)$,$(0,0,c)$. a,b,c 分别叫做平面在 x 轴、y 轴、z 轴上的**截距**. (2.4)叫做平面的**截距式方程**.

一个平面不一定在 3 个坐标轴上都有截距，例如：平面

$$\frac{x}{a}+\frac{y}{b}=1$$

在 z 轴上就没有截距.

利用截距式方程便于作图. 如作平面

$$\frac{x}{2}+\frac{y}{4}+\frac{z}{3}=1$$

的图形，只要把三点$(2,0,0)$, $(0,4,0)$和$(0,0,3)$作出，那么即得平面(图 2-2).

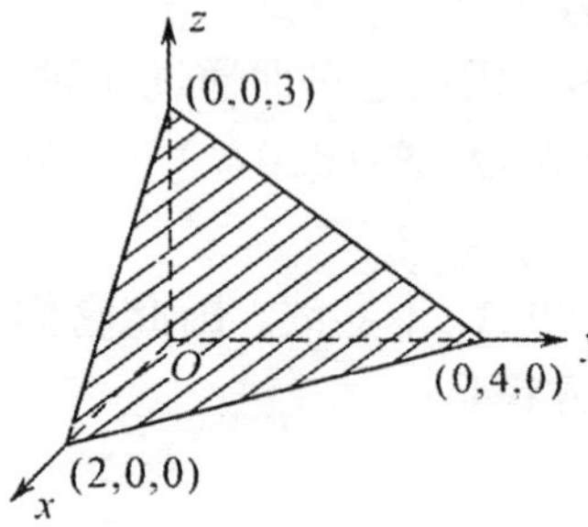

图 2-2

例 3 设平面过点$(5,-7,4)$且在 3 个坐标轴上的截距相等，求这个平面的方程.

解 设平面在这 3 个坐标轴上的截距为 a，由(2.4)知所求方程为

$$x+y+z=a.$$

又因为平面通过点$(5,-7,4)$，所以

$$a=5-7+4=2,$$

因此所求方程为 $x+y+z-2=0$.

2.1.4 平面的参数式方程

如果已知平面上的一点 $P_0(x_0,y_0,z_0)$和两个与平面平行的不共线的向量 $\boldsymbol{v}_1=(l_1,m_1,n_1)$和 $\boldsymbol{v}_2=(l_2,m_2,n_2)$，现在来写出这个平面的方程.

记点 P_0 的定位向量为 $\boldsymbol{r}_0=\overrightarrow{OP_0}=(x_0,y_0,z_0)$，平面上动点

$P(x,y,z)$的定位向量为

$$\boldsymbol{r}=\overrightarrow{OP}=(x,y,z)$$

(图 2-3). 显然向量$\overrightarrow{P_0P}$和$\boldsymbol{v}_1,\boldsymbol{v}_2$共面，由设$\boldsymbol{v}_1$与$\boldsymbol{v}_2$不共线，按照定理 1.2，有

$$\overrightarrow{P_0P}=u\boldsymbol{v}_1+v\boldsymbol{v}_2,$$

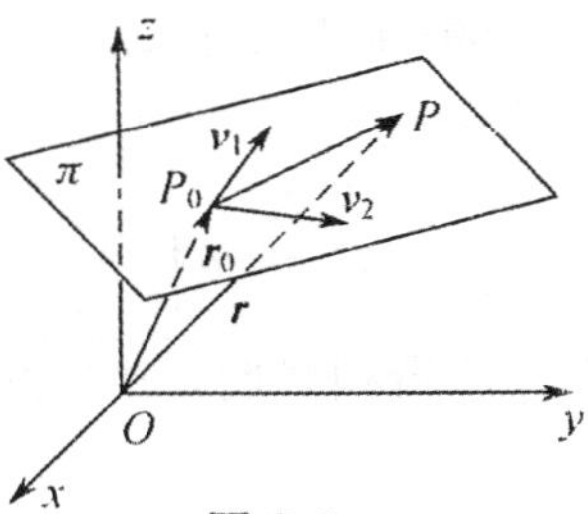

图 2-3

即

$$\boldsymbol{r}=\boldsymbol{r}_0+u\boldsymbol{v}_1+v\boldsymbol{v}_2\quad(-\infty<u,v<+\infty).\qquad(2.5)$$

这就是平面的**参数式方程**，其中$\boldsymbol{r}_0$为平面上的一个定点，$\boldsymbol{r}$为平面上的动点，$\boldsymbol{v}_1$与$\boldsymbol{v}_2$为平行于平面的两个不共线向量，v,u为参数. u与v取值范围都是$-\infty$到$+\infty$，它们在这范围内取值就可以得到平面上的所有点. 每一对(u,v)的值确定平面上一个点.

因为两向量相等，它们的对应坐标相等，于是方程(2.5)可改为用坐标写出的平面参数方程

$$\begin{cases}x=x_0+ul_1+vl_2,\\ y=y_0+um_1+vm_2,\\ z=z_0+un_1+vn_2\end{cases}\quad(-\infty<u,v<+\infty).\qquad(2.6)$$

如果利用 3 个向量的混合积为 0 来写出向量$\overrightarrow{P_0P}=\boldsymbol{r}-\boldsymbol{r}_0$与向量$\boldsymbol{v}_1,\boldsymbol{v}_2$共面的条件，那么平面的方程又可写为

$$(\boldsymbol{r}-\boldsymbol{r}_0,\boldsymbol{v}_1,\boldsymbol{v}_2)=0.\qquad(2.7)$$

改用坐标表示，这方程写成

$$\begin{vmatrix}x-x_0 & y-y_0 & z-z_0\\ l_1 & m_1 & n_1\\ l_2 & m_2 & n_2\end{vmatrix}=0.\qquad(2.8)$$

例 4 用(2.8)式解例 1，平面是通过点$A_1(1,2,3)$而和向量

$$\overrightarrow{A_1A_2}=(-1-1,0-2,0-3)=(-2,-2,-3),$$

$$\overrightarrow{A_1A_3}=(3-1,0-2,1-3)=(2,-2,-2)$$

是平行的. 所以利用(2.8)式，即得所求平面的方程为

$$\begin{vmatrix} x-1 & y-2 & z-3 \\ -2 & -2 & -3 \\ 2 & -2 & -2 \end{vmatrix}=0.$$

展开左边行列式后，并将方程化简，即得

$$x+5y-4z+1=0.$$

例 5 已知不共线的三点 $P_0(x_0,y_0,z_0)$，$P_1(x_1,y_1,z_1)$，$P_2(x_2,y_2,z_2)$，写出通过它们的平面方程.

解 显然两个向量

$$\boldsymbol{v}_1=\overrightarrow{P_0P_1}=(x_1-x_0,y_1-y_0,z_1-z_0),$$

$$\boldsymbol{v}_2=\overrightarrow{P_0P_2}=(x_2-x_0,y_2-y_0,z_2-z_0)$$

是与所求平面平行的向量，且它们彼此不平行(否则，可得三点 P_0,P_1,P_2 共线，与所设矛盾). 因此按(2.7)或(2.8)式写出所求平面方程为

$$(\boldsymbol{r}-\boldsymbol{r}_0,\overrightarrow{P_0P_1},\overrightarrow{P_0P_2})=0$$

或

$$\begin{vmatrix} x-x_0 & y-y_0 & z-z_0 \\ x_1-x_0 & y_1-y_0 & z_1-z_0 \\ x_2-x_0 & y_2-y_0 & z_2-z_0 \end{vmatrix}=0.$$

上两式叫做平面的**三点式方程**.

习 题 2.1

1. 求平面的方程，如果已知：

(1) 由原点引该平面的垂线，其垂足为点(2,9,−6)；

(2) 平面过点 $A(2,-1,2)$，且垂直于直线 AB，这里点 B 为(8,−7,5)；

(3) 坐标平面 Oxy 与 Ozx 所成二面角的平分面；

(4) 通过点 $A(3,2,-7)$，且平行于坐标平面 Oxy.

2. 写出平面的参数方程和一般方程，若已知：

(1) 平面过点 $A(2,3,1)$，且平行于向量 $\boldsymbol{a}=(2,-1,3)$ 和 $\boldsymbol{b}=(3,0,-1)$；

(2) 平面过点 $A(2,0,0)$，且平行于向量 $\boldsymbol{a}=(3,-1,0)$ 和 z 轴.

3. 化下列平面的参数方程为一般方程：

(1) $\begin{cases}x=3+u-v,\\ y=-1+2u+v,\\ z=5u-2v;\end{cases}$　　(2) $\begin{cases}x=-2+v,\\ y=-3-u+v,\\ z=1+3u-v.\end{cases}$

4. 写出下列平面的一个参数方程：

(1) $2x+5y-z-7=0$；　　(2) $3x-2y-2=0$.

5. 求通过点 $A(1,2,3)$ 且平行于平面 $x+2y-z-6=0$ 的平面.

6. 求通过 x 轴和点 $A(5,-2,1)$ 的平面.

7. 求通过点 $A(4,0,-2)$ 和 $B(5,1,7)$ 且平行于 x 轴的平面.

8. 求通过点 $A(1,1,1)$ 和 $B(1,0,2)$ 且垂直于平面 $x+2y-z-6=0$ 的平面.

9. 化平面方程 $x+2y-z+4=0$ 为截距式.

10. 求下列平面的截距，并作出图形：

(1) $x-y-2z+1=0$；　　(2) $2x+4y+3z+2=0$.

11. 求通过点 $A(x_0,y_0,z_0)$ $(z_0\neq 0)$，且在 x 轴和 y 轴上的截距分别为 a,b 的平面.

12. 求通过点 $A(4,3,2)$，且在各坐标轴上有相同截距的平面.

13. 求通过已知三点 $A(7,6,7)$，$B(5,10,5)$，$C(-1,8,9)$ 的平面方程.

14. 求通过坐标原点且垂直于两平面 $x-y+z-7=0$ 和 $3x+2y-12z+5=0$ 的平面.

15. 已知平面通过点 $A(1,2,-1)$ 和 $B(-3,2,1)$，并且它在

y 轴上的截距为 3，试求它的方程.

16. 已知平面平行于向量 $\boldsymbol{a}=(2,1,-1)$，且在 x 轴和 y 轴上的截距分别为 3 和 -2，求它的方程.

2.2 平面的法式方程

本节介绍平面的法式方程，并应用这种方程计算点到平面的距离.

2.2.1 平面法式方程的定义

如果平面 π 不通过坐标原点，记原点 O 在平面 π 上的投影为 N. $p=ON$ 就是平面和原点之间的距离(图 2-4)，$p>0$. 从 O 到 N 确定了一个方向，它垂直于平面 π，且从 O 指向平面. 若射线 ON 的方向余弦为 $\cos\alpha, \cos\beta, \cos\gamma$，那么

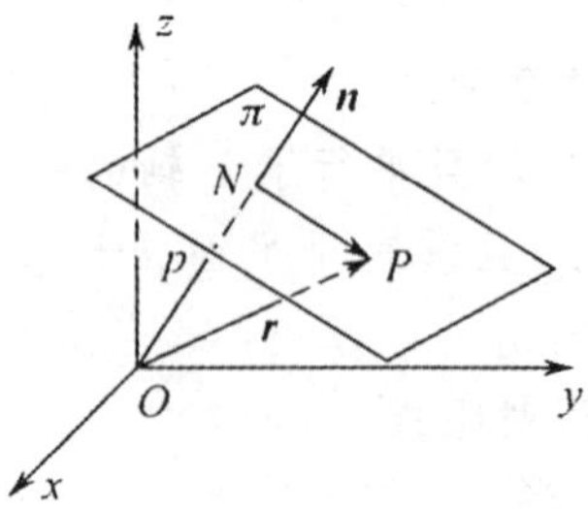

图 2-4

$$\boldsymbol{n}=(\cos\alpha,\cos\beta,\cos\gamma)$$

就是平面的单位法向量. 按上节知识，平面的点法式方程为

$$\boldsymbol{n}(\boldsymbol{r}-\boldsymbol{r}_0)=0,$$

这里 $\boldsymbol{r}_0$ 是平面上一定点的定位向量. 方程的左边

$$\boldsymbol{n}(\boldsymbol{r}-\boldsymbol{r}_0)=x\cos\alpha+y\cos\beta+z\cos\gamma-\boldsymbol{n}\boldsymbol{r}_0,$$

而

$$\boldsymbol{n}\boldsymbol{r}_0=|\boldsymbol{n}|\cdot|\boldsymbol{r}_0|\cdot\cos\langle\widehat{\boldsymbol{n},\boldsymbol{r}_0}\rangle=|\boldsymbol{r}_0|\cos\langle\widehat{\boldsymbol{n},\boldsymbol{r}_0}\rangle=p,$$

于是点法式方程为

$$x\cos\alpha+y\cos\beta+z\cos\gamma-p=0, \tag{2.9}$$

这个方程叫做平面的**法式方程**.

当平面通过原点时，单位法向量 $\boldsymbol{n}$ 的指向可以取相反的方向，这时法式方程(2.9)中 $p=0$，前三项的系数可以同时改变

符号.

法式方程(2.9)的特点是：x,y 和 z 的系数的平方和等于 1，常数项$\leqslant 0$.

类似于平面解析几何中化直线的一般方程为法式方程. 上一节平面一般方程(1.3)化成法式形式为

$$\frac{Ax+By+Cz+D}{\pm\sqrt{A^2+B^2+C^2}}=0, \tag{2.10}$$

当 $D<0$ 时，根式前取"+"号；$D>0$ 时，取"－"号；$D=0$ 时，符号可以任意取.

例 1 化平面方程 $x+2y-2z-5=0$ 为法式方程.

解 所求的法式方程为

$$\frac{x+2y-2z-5}{\sqrt{1^2+2^2+(-2)^2}}=0 \quad (\text{因 } D<0\text{，根式前取“+”号}),$$

即$\frac{1}{3}x+\frac{2}{3}y-\frac{2}{3}z-\frac{5}{3}=0$.

2.2.2 点到平面的距离

我们知道，只有平面上的点的坐标代入这平面的一般方程的左端才会使它等于零. 对于不在平面上的点，用它的坐标代入一般方程的左端是一个非零的数，没有什么几何意义. 但是，如果代入平面的法式方程(2.9)的左端，这个数的绝对值就是点和平面的距离，因此法式方程可用来计算点和平面的距离.

设有点 $P_1(x_1,y_1,z_1)$不在(2.9)式所表示的平面 π 上，求点 P_1 和平面 π 的距离.

在平面 π 上任意取定一点 P_0 (图 2-5). 以 $\boldsymbol{n}$ 表示 π 的单位法向量，指向和由原点向 π 所引垂直射线一致. 以 d 表示点 P_1 和平面 π 的距离，若点 P_1 和原点 O 不在平面 π 的同一侧，由图 2-5 (a)可以看出，距离 d 等于向量$\overrightarrow{P_0P_1}$在方向 $\boldsymbol{n}$ 上的投影，于是有 $d=\boldsymbol{n}\cdot\overrightarrow{P_0P_1}$. 若点 P_1 和原点 O 在平面 π 的同一侧，由图 2-5 (b)

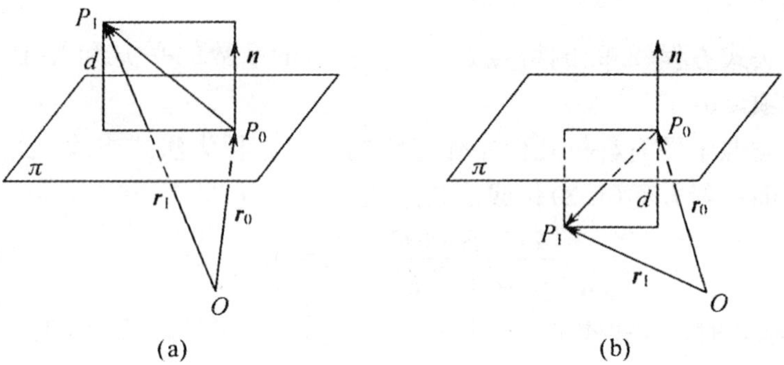

图 2-5

有 $d=-\boldsymbol{n}\cdot\overrightarrow{P_0P_1}$. 由于 $\overrightarrow{P_0P_1}=\boldsymbol{r}_1-\boldsymbol{r}_0$，因此我们有 $d=|\boldsymbol{n}(\boldsymbol{r}_1-\boldsymbol{r}_0)|$，即

$$d=|x_1\cos\alpha+y_1\cos\beta+z_1\cos\gamma-p|.$$

如果平面是以一般方程给出的，注意到(2.10)，可以得出点 $P_1(x_1,y_1,z_1)$到 $Ax+By+Cz+D=0$ 的距离是

$$d=\frac{|Ax_1+By_1+Cz_1+D|}{\sqrt{A^2+B^2+C^2}}. \tag{2.11}$$

这就是**点到平面的距离公式**.

注意，点 P_1 和原点在平面 π 的异侧时，有 $\boldsymbol{n}\cdot\overrightarrow{P_0P_1}=d>0$，亦即 $x_1\cos\alpha+y_1\cos\beta+z_1\cos\gamma-p>0$；点 P_1 和原点 O 在平面的同侧时，有 $\boldsymbol{n}\cdot\overrightarrow{P_0P_1}=-d<0$，亦即 $x_1\cos\alpha+y_1\cos\beta+z_1\cos\gamma-p<0$. 因此，称 $\delta(P_1)=\boldsymbol{n}\cdot\overrightarrow{P_0P_1}$ 为点 P_1 关于平面 π 的**离差**，它的符号有如下几何意义：

$$\delta(P_1)\begin{cases}>0, & \text{当点 } P_1 \text{ 与原点 } O \text{ 在 } \pi \text{ 的异侧；}\\ =0, & \text{当点 } P_1 \text{ 在 } \pi \text{ 上；}\\ <0, & \text{当点 } P_1 \text{ 与原点 } O \text{ 在 } \pi \text{ 的同侧.}\end{cases}$$

例 2 求点 $P(4,3,1)$到平面 $3x-4y+12z+14=0$ 的距离.

解 由公式(2.11)有

$$d=\frac{|3\times4-4\times3+12\times1+14|}{\sqrt{3^2+(-4)^2+12^2}}=\frac{26}{13}=2.$$

例 3 求两平行平面 $4x+3y-5z-8=0$，$4x+3y-5z-12=0$ 之间的距离.

解 在第一个方程中令 $y=0$，$z=0$ 得 $x=2$，即在第一个平面上取点$(2,0,0)$，那么由这点到第二个平面的距离为

$$\frac{|4\times2+3\times0-5\times0-12|}{\sqrt{16+9+25}}=\frac{4}{\sqrt{50}}=\frac{2\sqrt{2}}{5}.$$

例 4 设原点到平面 $\frac{x}{a}+\frac{y}{b}+\frac{z}{c}=1$ 的距离为 p，证明下列等式成立：

$$\frac{1}{p^2}=\frac{1}{a^2}+\frac{1}{b^2}+\frac{1}{c^2}.$$

证 由公式(2.11)得

$$p^2=\frac{1}{\left(\frac{1}{a}\right)^2+\left(\frac{1}{b}\right)^2+\left(\frac{1}{c}\right)^2},$$

即 $\left(\frac{1}{a}\right)^2+\left(\frac{1}{b}\right)^2+\left(\frac{1}{c}\right)^2=\frac{1}{p^2}$. 证毕.

习　题　2.2

1. 下列平面方程中哪些是法式方程：

(1) $\frac{1}{3}x-\frac{2}{3}y-\frac{2}{3}z-5=0$;

(2) $\frac{4}{9}x-\frac{4}{9}y+\frac{7}{9}z+2=0$;

(3) $\frac{4}{5}x-\frac{3}{5}z+2=0$;

(4) $x\cos\theta+y\sin\theta-z\tan\theta-p=0$ $(p>0)$;

(5) $z+2=0$;

(6) $-y-1=0$.

2. 化下列平面方程为法式方程:

(1) $2x-2y+z-18=0$;　　(2) $\frac{3}{7}x-\frac{6}{7}y+\frac{2}{7}z+3=0$;

(3) $3x-4y-1=0$;　　(4) $-z+3=0$;

(5) $2y-1=0$.

3. 求下列平面的法向量与三个坐标轴所成的夹角 α,β,γ, 并写出原点到平面的距离:

(1) $x+y\sqrt{2}+z-10=0$;　　(2) $y-z+2=0$;

(3) $x\sqrt{3}+y+10=0$.

4. 求下列给定点到平面的距离:

(1) 点 $A(-2,-4,3)$, 平面 $2x-y+2z+3=0$;

(2) 点 $A(3,-6,7)$, 平面 $4x-3z-1=0$;

(3) 点 $A(9,2,-2)$, 平面 $12y-5z+5=0$.

5. 试判定点 $P(2,-1,1)$与坐标原点是在下列平面的同侧还是异侧:

(1) $5x-3y+z-18=0$;　　(2) $2x-y+z+11=0$;

(3) $3x-2y+2z-7=0$.

6. 试证明: 平面 $3x-4y-2z+5=0$ 和点 $A(3,2,1)$与点 $B(-2,5,2)$的连线段相交.

7. 求下列各对平面之间的距离:

(1) $x-2y-2z-12=0$, $x-2y-2z-6=0$;

(2) $16x+12y-15z+50=0$, $16x+12y-15z+25=0$.

8. 设点(x_0,y_0,z_0)到平面的距离为 p, 且平面的法向量为(a,b,c), 试证明: 平面的方程是

$$a(x-x_0)+b(y-y_0)+c(z-z_0)\pm p\sqrt{a^2+b^2+c^2}=0.$$

9. 在 z 轴上求一点, 使它与点 $A(1,-2,0)$之间的距离等于它到平面 $3x-2y+6z-9=0$ 的距离.

10. 试求平行于平面 $2x-2y-z-3=0$ 且与它的距离为 5 的

平面.

11. 求和两个平行平面 $3x+2y-z+3=0$ 与 $3x+2y-z-1=0$ 等距离的点的轨迹.

12. 求点 $A(1,3,-4)$ 关于平面 $3x+y-2z=0$ 为对称的点.

13. 试证明：点 $A(a,b,c)$ 关于平面

$$x\cos\alpha+y\cos\beta+z\cos\gamma-p=0$$

$(p>0)$ 的对称点的坐标为

$$x_0=a-2\delta\cos\alpha,\quad y_0=b-2\delta\cos\beta,\quad z_0=c-2\delta\cos\gamma,$$

其中 δ 为点 A 关于平面的离差，即

$$\delta=a\cos\alpha+b\cos\beta+c\cos\gamma-p.$$

2.3 直线的方程

本节讨论空间直线的各种方程. 一类是标准方程；另一类是视直线为两个平面的交线而得的一般方程.

2.3.1 直线方程的几种标准形式

我们按几种熟知的确定直线的条件来建立空间直线的几种方程.

任一个与直线方位相同的非零向量叫做直线的**方向向量**. 如同平面的法向量一样，直线的方向向量起作用的也只是它的方位.

1. 参数方程

已知直线上一点 $P_0(x_0,y_0,z_0)$ 和直线的方向向量 $\boldsymbol{v}=(l,m,n)$，求直线的方程(图 2-6).

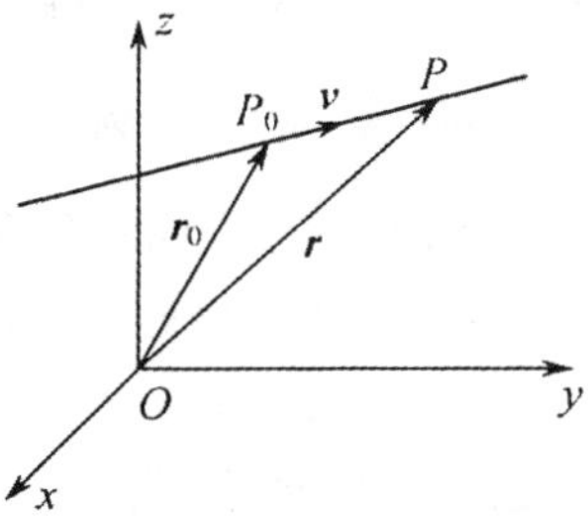

图 2-6

显然，任一点 $P(x,y,z)$ 在直线上的充要条件是向量 $\overrightarrow{P_0P}$ 与方向向量 $\boldsymbol{v}$ 平行，由于 $\boldsymbol{v}$ 是非零向

量，利用定理 1.1，有

$$\overrightarrow{P_0P}=t\boldsymbol{v}. \tag{2.12}$$

若以 $\boldsymbol{r}_0$ 和 $\boldsymbol{r}$ 分别表示 P_0 和 P 的定位向量，(2.12)式可写为

$$\boldsymbol{r}=\boldsymbol{r}_0+t\boldsymbol{v} \quad (-\infty<t<+\infty). \tag{2.13}$$

这就是用向量表示的直线的**参数(式)方程**. 这里 t 是参变数，它的取值范围是从 $-\infty$ 到 $+\infty$，每一个 t 值惟一地确定直线上一点 $\boldsymbol{r}$，显然 $t=0$ 确定点 P_0.

由(2.13)式中左、右两边向量的坐标相等，可得到用坐标表示的直线的参数式方程

$$\begin{cases}x=x_0+tl,\\ y=y_0+tm, \quad (-\infty<t<\infty).\\ z=z_0+tn\end{cases} \tag{2.14}$$

2. 对称式方程

从(2.14)式中消去参变数 t，得到直线的**对称式方程**

$$\frac{x-x_0}{l}=\frac{y-y_0}{m}=\frac{z-z_0}{n}. \tag{2.15}$$

(2.15)式包含 3 个方程

$$\frac{x-x_0}{l}=\frac{y-y_0}{m}, \quad \frac{y-y_0}{m}=\frac{z-z_0}{n}, \quad \frac{z-z_0}{n}=\frac{x-x_0}{l},$$

其中任意一个方程可由其他两个方程推出. 所以(2.15)式实际上是这 3 个方程中任意两个联立起来的方程组. 分母中若有一个为零，例如：$m=0$，应理解为

$$y-y_0=0 \quad 和 \quad \frac{x-x_0}{l}=\frac{z-z_0}{n}$$

两方程构成的方程组；若有两个为零，例如：$m=n=0$，应理解为由 $y-y_0=0$ 和 $z-z_0=0$ 两方程构成的方程组.

3. 两点式方程

已知直线的点 $P_1(x_1,y_1,z_1)$ 和 $P_2(x_2,y_2,z_2)$，求直线的方程.

可取$\overrightarrow{P_1P_2}=(x_2-x_1, y_2-y_1, z_2-z_1)$为直线的方向向量. 于是由(2.15)式得直线的**两点式方程**

$$\frac{x-x_1}{x_2-x_1}=\frac{y-y_1}{y_2-y_1}=\frac{z-z_1}{z_2-z_1}. \tag{2.16}$$

如果按(2.13)式写出两点式方程向量形式，则有

$$\boldsymbol{r}=\boldsymbol{r}_1+t(\boldsymbol{r}_2-\boldsymbol{r}_1),$$

其中 $\boldsymbol{r}_1=(x_1, y_1, z_1)$与 $\boldsymbol{r}_2=(x_2, y_2, z_2)$分别是点 P_1 与 P_2 的定位向量.

例 1 求过点 $P_0(1,0,-5)$且和向量 $\boldsymbol{v}=(7,-2,1)$平行的直线方程.

解 所求直线参数式方程是

$$\begin{cases} x=1+7t, \\ y=-2t, \\ z=-5+t. \end{cases}$$

而对称式方程是$\frac{x-1}{7}=\frac{y}{-2}=z+5$.

例 2 求过点 $P_1(3,-5,1)$和 $P_2(1,2,4)$的直线方程.

解 所求直线方程是$\frac{x-3}{1-3}=\frac{y+5}{2+5}=\frac{z-1}{4-1}$，即

$$\frac{x-3}{-2}=\frac{y+5}{7}=\frac{z-1}{3}.$$

例 3 求直线$\frac{x}{1}=\frac{y}{2}=\frac{z}{3}$与平面 $x+2y+3z-1=0$ 的交点.

解 解此类问题一般以用直线的参数式为宜. 将已知直线写成参数式

$$x=t, \quad y=2t, \quad z=3t,$$

代入平面方程得

$$(1\times1+2\times2+3\times3)t-1=0,$$

从而 $t=\frac{1}{14}$. 再由参数式得所求交点的坐标为$\left(\frac{1}{14},\frac{2}{14},\frac{3}{14}\right)$.

2.3.2 直线的一般方程

我们知道空间曲线可以看做通过它的两个曲面的交线，特别地，直线可以看做两个通过它的不相同平面的交线. 因此空间直线可用代表两个平面的一次方程联立起来表示：

$$\begin{cases}A_1x+B_1y+C_1z+D_1=0,\\ A_2x+B_2y+C_2z+D_2=0.\end{cases} \tag{2.17}$$

由于这两个平面是不平行的，它们的法向量 $\boldsymbol{n}_1=(A_1,B_1,C_1)$ 和 $\boldsymbol{n}_2=(A_2,B_2,C_2)$ 也不平行，所以

$$\frac{A_1}{A_2}=\frac{B_1}{B_2}=\frac{C_1}{C_2}$$

不成立. 反之，两个一次方程(2.17)如果它们的系数不满足上式，则所表示的图形是一条直线. 方程(2.17)叫做直线的**一般方程**.

对称方程(2.15)假定 $m\neq0$，可以看做是

$$\begin{cases}\dfrac{x-x_0}{l}=\dfrac{y-y_0}{m},\\[2mm] \dfrac{y-y_0}{m}=\dfrac{z-z_0}{n},\end{cases}$$

即由两个方程构成的方程组，这就是用通过直线而分别和 z 轴与 x 轴平行的两个平面表示这直线. $l\neq0$ 或 $n\neq0$ 时，情况和这相似.

直线(2.17)同时在两个一次方程所表示的两个平面上，所以它和两个平面的法向量都垂直，于是和这两个向量的外积平行，因此它的方向向量可取为

$$\begin{aligned}&(A_1,B_1,C_1)\times(A_2,B_2,C_2)\\ &=\left(\begin{vmatrix}B_1 & C_1\\ B_2 & C_2\end{vmatrix},\begin{vmatrix}C_1 & A_1\\ C_2 & A_2\end{vmatrix},\begin{vmatrix}A_1 & B_1\\ A_2 & B_2\end{vmatrix}\right).\end{aligned}$$

例 4 化直线方程 $\begin{cases}3x+2y-4z-5=0,\\ 2x+y-2z+1=0\end{cases}$ 为参数式.

解 先求出直线上的一点，于是上式中令 $z=0$，得

$$\begin{cases}3x+2y-5=0,\\2x+y+1=0.\end{cases}$$

解这联立方程组，得 $x=-7$，$y=13$，因此 $P_0(-7,13,0)$在直线上.

再求直线的方向向量. 给定的两方程所表示平面的法向量分别是 $\boldsymbol{n}_1=(3,2,-4)$和 $\boldsymbol{n}_2=(2,1,-2)$，可取直线的方向向量为

$$\begin{aligned}\boldsymbol{v}=\boldsymbol{n}_1\times\boldsymbol{n}_2&=\left(\begin{vmatrix}2&-4\\1&-2\end{vmatrix},\begin{vmatrix}-4&3\\-2&2\end{vmatrix},\begin{vmatrix}3&2\\2&1\end{vmatrix}\right)\\&=(0,-2,-1).\end{aligned}$$

所以直线的参数方程是

$$\begin{cases}x=-7,\\y=13-2t,\\z=-t.\end{cases}$$

例 5 化直线的对称方程$\dfrac{x-1}{2}=\dfrac{y+2}{-5}=\dfrac{z-4}{7}$为一般方程.

解 给定的方程可改写为

$$\begin{cases}\dfrac{x-1}{2}=\dfrac{y+2}{-5},\\[2ex]\dfrac{x-1}{2}=\dfrac{z-4}{7},\end{cases}\quad\text{即}\begin{cases}5x+2y-1=0,\\7x-2z+1=0.\end{cases}$$

2.3.3 平面束

设空间中一条直线为(2.17)，即

$$\begin{cases}A_1x+B_1y+C_1z+D_1=0,\\A_2x+B_2y+C_2z+D_2=0\end{cases}$$

对于任意不同时为 0 的一组常数 λ,μ，方程

$$\lambda(A_1x+B_1y+C_1z+D_1)+\mu(A_2x+B_2y+C_2z+D_2)=0\tag{2.18}$$

是 x,y,z 的一次方程，因此表示一个平面，另外，凡满足方程组

(2.17)的 x,y,z 一定满足方程(2.18)，因此直线(2.17)在平面(2.18)上. 由不同的数组(λ,μ)用(2.18)式一般给出不同的平面，但这些平面都通过直线(2.17)，因此我们说明(2.18)确定了直线(2.17)的一个**平面束**. (2.18)又叫做**平面束的方程**.

为了决定束中的一个平面，方程(2.18)中起作用的只是 λ 与 μ 的比值，因此(2.18)有时写成

$$A_1x+B_1y+C_1z+D_1+k(A_2x+B_2y+C_2z+D_2)=0, \quad (2.19)$$

或

$$k(A_1x+B_1y+C_1z+D_1)+A_2x+B_2y+C_2z+D_2=0. \quad (2.20)$$

但要注意，这时(2.19)式不包括平面

$$A_2x+B_2y+C_2z+D_2=0$$

而(2.20)式不包括平面

$$A_1x+B_1y+C_1z+D_1=0.$$

另外，方程

$$Ax+By+Cz+\lambda=0 \quad (2.21)$$

中当 λ 取不同的定值时，得到不同的互相平行的平面，因此(2.21)式叫做**平行平面束的方程**.

平面束的概念可以帮助我们解决一些有关平面与直线的问题.

例 6 求过点(1,1,1)和直线$\begin{cases}3x-y+2z+2=0,\\ x-2y+3z-5=0\end{cases}$的平面方程.

解 过所给的直线的任意平面的方程可以写成

$$\lambda(3x-y+2z+2)+\mu(x-2y+3z-5)=0.$$

再因为它要过点(1,1,1)所以用这点坐标代入，有

$$6\lambda-3\mu=0,$$

即 $2\lambda=\mu$. 可以取 $\lambda=1$，$\mu=2$，于是所求的平面方程为

$$(3x-y+2z+2)+2(x-2y+3z-5)=0,$$

即 $5x-5y+8z-8=0$.

例 7 求通过点 $A(1,2,3)$且平行于平面 $x-2y+3z-8=0$ 的平面.

解 设所求平面为 $x-2y+3z+\lambda=0$. 以点 A 的坐标$(1,2,3)$代入，得

$$1-4+9+\lambda=0 \Rightarrow \lambda=-6,$$

于是所求平面的方程为 $x-2y+3z-6=0$.

习 题 2.3

1. 求通过点 $A(2,0,-3)$且平行于

(1) 向量 $\boldsymbol{a}=(2,-3,5)$，　　(2) 直线$\dfrac{x-1}{5}=\dfrac{y+2}{3}=\dfrac{z+1}{-1}$，

(3) x 轴，　　(4) z 轴

的直线的参数方程.

2. 求通过已知两点

(1) $A(1,-2,1)$，$B(3,1,-1)$；

(2) $A(0,-2,3)$，$B(3,-2,1)$

的直线的对称方程.

3. 化下列直线方程为对称式：

(1) $\begin{cases}x-2y+3z-4=0,\\3x+2y-5z-4=0;\end{cases}$　　(2) $\begin{cases}x-2y+3z+1=0,\\2x+y-4z-8=0.\end{cases}$

4. 求通过点 $A(2,3,-5)$且平行于直线$\begin{cases}3x-y+2z-7=0,\\x+3y-2z+3=0\end{cases}$的直线方程.

5. 试证明下列各组直线垂直：

(1) $\dfrac{x}{1}=\dfrac{y-1}{-2}=\dfrac{z}{3}$和$\begin{cases}3x+y-5z+1=0,\\2x+3y-8z+3=0;\end{cases}$

(2) $\begin{cases}x=2t+1,\\y=3t-2,\\z=-6t+1\end{cases}$ 和$\begin{cases}2x+y-4z+2=0,\\4x-y-5z+4=0.\end{cases}$

6. 试证明下列两直线相交，并求出交点：

$$\begin{cases}x=2t-3,\\y=3t-2,\\z=-4t+6\end{cases} \quad 和 \quad \begin{cases}x=t+5,\\y=-4t-1,\\z=t-4.\end{cases}$$

7. 在直线的参数方程

$$\begin{cases}x=x_0+tl,\\y=y_0+tm,\\z=z_0+tn\end{cases}$$

中，如果 $l=\cos\alpha$，$m=\cos\beta$，$n=\cos\gamma$ 是直线的方向余弦，指出参数 t 的绝对值的几何意义.

8. 在直线方程 $\begin{cases}3x-y+2z-6=0,\\x+4y-z+D=0\end{cases}$ 中，取 D 为何值方能使直线与 z 轴相交？

9. 在直线方程 $\begin{cases}x-2y+z-9=0,\\3x+By+z+D=0\end{cases}$ 中，B 和 D 各取何值，才能使直线在 Oxy 平面上？

10. 在直线方程

$$\begin{cases}A_1x+B_1y+C_1z+D_1=0,\\A_2x+B_2y+C_2z+D_2=0\end{cases}$$

中各系数满足什么条件，才能使直线具有下列性质？

(1) 通过坐标原点；　　(2) 和 x 轴平行；

(3) 和 y 轴相交；　　(4) 重合于 z 轴.

11. 在 Ozx 平面上求一条通过坐标原点垂直于直线 $\frac{x-2}{3}=\frac{y+1}{-2}=\frac{z-5}{1}$ 的直线.

12. 求下列直线与平面的交点：

(1) $\frac{x-1}{1}=\frac{y+1}{-2}=\frac{z}{6}$ 和 $2x+3y+z-1=0$；

(2) $\frac{x+2}{-2}=\frac{y-1}{3}=\frac{z-3}{2}$和 $x+2y-2z+6=0$.

13. 求通过点 $A(4,-3,1)$且平行于直线

$$\frac{x}{6}=\frac{y}{2}=\frac{z}{-3} \quad 和 \quad \begin{cases} x+2y-z+1=0, \\ 2x-z+2=0 \end{cases}$$

的平面.

2.4 平面、直线之间的位置关系

前面三节给出了平面、直线的方程，这节根据方程来讨论它们之间的位置关系，也就是讨论平面和平面、直线和直线以及直线和平面之间的位置关系，这些关系我们常可以用它们的交角来说明.

2.4.1 两平面间的位置关系

由平面的方程可以判断两个平面之间的相互位置关系. 为此，我们首先考察两个平面的夹角. 平面

$$\left.\begin{aligned} \pi_1: A_1x+B_1y+C_1z+D_1=0, \\ \pi_2: A_2x+B_2y+C_2z+D_2=0 \end{aligned}\right\} \tag{2.22}$$

的法向量分别为 $\boldsymbol{n}_1=(A_1,B_1,C_1)$，$\boldsymbol{n}_2=(A_2,B_2,C_2)$.

当两平面相交时，它们所构成的两个相邻且互补的二面角都叫做两个平面的夹角. 这两个角中的一个等于向量 $\boldsymbol{n}_1$ 与 $\boldsymbol{n}_2$ 的夹角$\langle \widehat{\boldsymbol{n}_1,\boldsymbol{n}_2}\rangle$，另一个是这角的补角(图 2-7). 因此按公式(1.39)，得

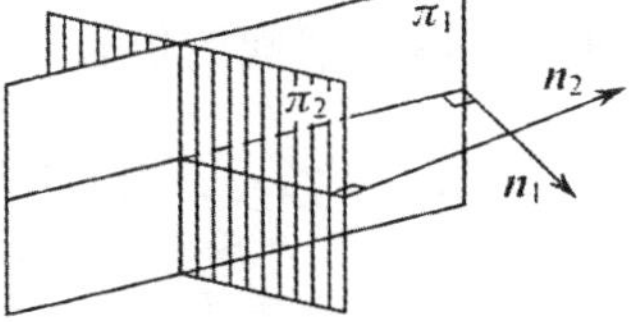

图 2-7

$$\cos\langle \widehat{\boldsymbol{n}_1,\boldsymbol{n}_2}\rangle=\frac{A_1A_2+B_1B_2+C_1C_2}{\sqrt{A_1^2+B_1^2+C_1^2}\cdot\sqrt{A_2^2+B_2^2+C_2^2}}. \tag{2.23}$$

这就是计算两个平面夹角的公式.

两个平面垂直的充要条件是

$$\pi_1 \perp \pi_2: \quad A_1A_2+B_1B_2+C_1C_2=0. \tag{2.24}$$

两个平面平行的充要条件是

$$\pi_1 \parallel \pi_2: \quad \frac{A_1}{A_2}=\frac{B_1}{B_2}=\frac{C_1}{C_2}. \tag{2.25}$$

两个平面重合的充要条件是

$$\pi_1 \equiv \pi_2: \quad \frac{A_1}{A_2}=\frac{B_1}{B_2}=\frac{C_1}{C_2}=\frac{D_1}{D_2}, \tag{2.26}$$

因为这条件正是(2.22)式中两个方程为同解方程的条件，也就是凡满足这两个方程其中一个的解必满足另一个方程. 此外两个平面相交的条件就是(2.25)式不成立.

例 1 求两个平面 $2x-y+z-6=0$，$x+y+2z-5=0$ 的夹角.

解 $$\cos\theta=\frac{2\times1+(-1)\times1+1\times2}{\sqrt{2^2+1+1}\ \sqrt{1+1+2^2}}=\frac{3}{6}=\frac{1}{2},$$

所以 $\theta=\frac{\pi}{3}$，即所给两平面的夹角为 60°.

例 2 两平面 $x-y-z=1$ 和 $x-y+2z+5=0$ 是否垂直?

解 这里 $\boldsymbol{n}_1=(1,-1,-1)$，$\boldsymbol{n}_2=(1,-1,2)$，由于

$$\boldsymbol{n}_1\boldsymbol{n}_2=1\times1+(-1)(-1)+(-1)\times2=0,$$

所以两平面是互相垂直的.

2.4.2 两直线间的位置关系

由点 $P_1(x_1,y_1,z_1)$及方向向量 $\boldsymbol{v}_1=(l_1,m_1,n_1)$所定的直线

$$L_1: \quad \frac{x-x_1}{l_1}=\frac{y-y_1}{m_1}=\frac{z-z_1}{n_1} \tag{2.27}$$

和由点 $P_2(x_2,y_2,z_2)$及方向向量 $\boldsymbol{v}_2=(l_2,m_2,n_2)$所定的直线

$$L_2: \quad \frac{x-x_2}{l_2}=\frac{y-y_2}{m_2}=\frac{z-z_2}{n_2} \tag{2.28}$$

之间的位置关系，完全可由向量$\overrightarrow{P_1P_2}$，$\boldsymbol{v}_1$，$\boldsymbol{v}_2$ 的相互关系确定.

直线 L_1 与 L_2 之间夹角可以取两个互补角中的一个，因此其中一个角等于方向向量 $\boldsymbol{v}_1$ 与 $\boldsymbol{v}_2$ 的夹角. 这样一来，两直线夹角计算公式为

$$\cos\langle \widehat{\boldsymbol{v}_1, \boldsymbol{v}_2} \rangle = \frac{l_1 l_2 + m_1 m_2 + n_1 n_2}{\sqrt{l_1^{\,2} + m_1^{\,2} + n_1^{\,2}}\ \sqrt{l_2^{\,2} + m_2^{\,2} + n_2^{\,2}}}. \tag{2.29}$$

两直线垂直的条件是

$$L_1 \perp L_2:\quad l_1 l_2 + m_1 m_2 + n_1 n_2 = 0. \tag{2.30}$$

两直线平行的条件是

$$L_1 \parallel L_2:\quad \frac{l_1}{l_2} = \frac{m_1}{m_2} = \frac{n_1}{n_2}. \tag{2.31}$$

同在一平面上的两直线叫做**共面直线**和不同在一平面上的两直线叫做**异面直线**. 显然，向量 $\overrightarrow{P_1P_2}, \boldsymbol{v}_1, \boldsymbol{v}_2$ 不共面或共面就是两直线不在同一平面或在同一平面上的条件. 因此 L_1 与 L_2 异面的条件是

$$\begin{vmatrix} x_2 - x_1 & y_2 - y_1 & z_2 - z_1 \\ l_1 & m_1 & n_1 \\ l_2 & m_2 & n_2 \end{vmatrix} \neq 0, \tag{2.32}$$

L_1 与 L_2 共面的条件是

$$\begin{vmatrix} x_2 - x_1 & y_2 - y_1 & z_2 - z_1 \\ l_1 & m_1 & n_1 \\ l_2 & m_2 & n_2 \end{vmatrix} = 0. \tag{2.33}$$

如果方程(2.27)与(2.28)所表示的两直线 L_1 和 L_2 共面，但不重合，那么它们确定一个平面，我们来写出这个平面的方程. 动点 $P(x,y,z)$ 的坐标所满足的方程正是 $\overrightarrow{P_1P}$ 与 $\boldsymbol{v}_1, \boldsymbol{v}_2$ 共面的条件：

$$\begin{vmatrix} x - x_1 & y - y_1 & z - z_1 \\ l_1 & m_1 & n_1 \\ l_2 & m_2 & n_2 \end{vmatrix} = 0. \qquad (2.34)_1$$

由于 L_1 与 L_2 不平行，$\boldsymbol{v}_1 \times \boldsymbol{v}_2 \neq \boldsymbol{0}$，可见以上方程一次项的系数不

为零，因此它确是一个平面的方程. 当 L_1 与 L_2 平行时，这个平面的方程为

$$\begin{vmatrix} x-x_1 & y-y_1 & z-z_1 \\ l_1 & m_1 & n_1 \\ x_2-x_1 & y_2-y_1 & z_2-z_1 \end{vmatrix}=0. \qquad (2.34)_2$$

例 3 求直线

$$\frac{x-1}{1}=\frac{y}{-4}=\frac{z+3}{1} \quad 和 \quad \frac{x}{2}=\frac{y+2}{-2}=\frac{z}{-1}$$

的夹角.

解 $\cos\langle \widehat{\boldsymbol{n}_1,\boldsymbol{n}_2}\rangle=\dfrac{1\times 2-4(-2)+1(-1)}{\sqrt{1^2+4^2+1^2}\times\sqrt{2^2+2^2+1^2}}$

$$=\frac{9}{\sqrt{18}\times\sqrt{9}}=\frac{1}{\sqrt{2}}=\frac{\sqrt{2}}{2}.$$

所以 $\langle \widehat{\boldsymbol{n}_1,\boldsymbol{n}_2}\rangle=\dfrac{\pi}{4}$，即两直线的夹角为 45°.

例 4 求过点 $P(4,-1,3)$ 且与直线 $\dfrac{x-3}{2}=y=\dfrac{z+1}{-5}$ 平行的直线的方程.

解 所求直线的方程为 $\dfrac{x-4}{2}=\dfrac{y+1}{1}=\dfrac{z-3}{-5}$.

例 5 求自原点向直线 $\dfrac{x-5}{4}=\dfrac{y-1}{3}=\dfrac{z+3}{-2}$ 所引垂直且相交的直线的方程.

解 方法 1. 先求垂足，再用两点式写出直线的方程.

过原点且与所给直线垂直的平面的方程为

$$4x+3y-2z=0.$$

容易求得这个平面与所给直线的交点为 $(1,-2,-1)$，于是过原点和这个交点的直线方程为 $\dfrac{x}{-1}=\dfrac{y}{2}=\dfrac{z}{1}$，这就是所要求的方程.

方法 2. 写出过所求直线的两个不同平面的方程，可得直线

的一般式方程. 通过原点和所给直线的平面方程为

$$\begin{vmatrix} x-5 & y-1 & z+3 \\ 4 & 3 & -2 \\ 5-0 & 1-0 & -3-0 \end{vmatrix}=0,$$

即 $7x-2y+11z=0$. 通过原点且垂直于所给直线的平面方程为

$$4x+3y-2z=0.$$

于是所求直线为

$$\begin{cases} 7x-2y+11z=0, \\ 4x+3y-2z=0. \end{cases}$$

将此式化为对称式，正是方法 1 中所得的结果.

例 6 证明:直线 L_1: $\frac{x}{1}=\frac{y}{2}=\frac{z}{3}$ 和

$$L_2: \quad \frac{x-1}{9}=\frac{y-1}{2}=\frac{z-1}{-5}$$

共面，并求出它们所在的平面的方程.

解 直线 L_1 通过点(0,0,0)而方向向量为 $\boldsymbol{v}_1=(1,2,3)$，直线 L_2 通过点(1,1,1)而方向向量为 $\boldsymbol{v}_2=(9,2,-5)$. 由于有

$$\begin{vmatrix} x_2-x_1 & y_2-y_1 & z_2-z_1 \\ l_1 & m_1 & n_1 \\ l_2 & m_2 & n_2 \end{vmatrix} = \begin{vmatrix} 1-0 & 1-0 & 1-0 \\ 1 & 2 & 3 \\ 9 & 2 & -5 \end{vmatrix}=0,$$

所以直线 L_1 和 L_2 是共面的. 由于 $\boldsymbol{v}_1 \nparallel \boldsymbol{v}_2$，这两直线是相交的. 它们所在平面的方程按(2.34)式为

$$\begin{vmatrix} x & y & z \\ 1 & 2 & 3 \\ 9 & 2 & -5 \end{vmatrix}=0,$$

即 $-16x+32y-16z=0$，也即 $x-2y+z=0$.

2.4.3 直线与平面间的位置关系

一条不在平面上的直线若和平面相交但不垂直，那么这条直

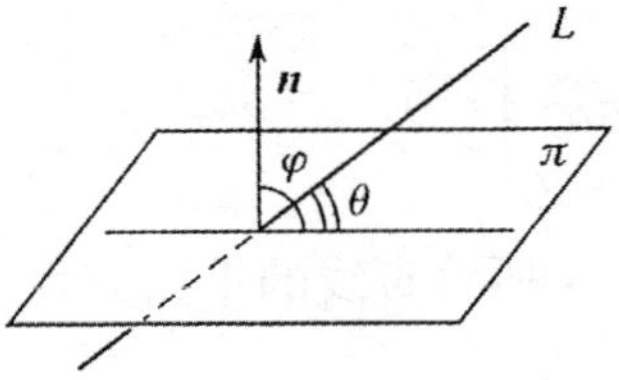

图 2-8

线和它在平面上的射影所成的锐角 θ（图 2-8）就定义为这条直线和平面的夹角．当直线和平面垂直时，它垂直于平面上所有直线，这时认为直线和平面的夹角为直角．当直线平行于平面或在平面上时，认为直线和平面的夹角为零．

直线 L 和平面 π 分别由方程

$$L:\quad \frac{x-x_0}{l}=\frac{y-y_0}{m}=\frac{z-z_0}{n} \tag{2.35}$$

和

$$\pi:\quad Ax+By+Cz+D=0 \tag{2.36}$$

给定，记平面法向量 $\boldsymbol{n}=(A,B,C)$ 和直线的方向向量 $\boldsymbol{v}=(l,m,n)$ 之间的夹角为 $\varphi\ (0\leqslant\varphi\leqslant\pi)$，那么有 $\varphi=\frac{\pi}{2}\pm\theta$．因为

$$\cos\varphi=\cos\left(\frac{\pi}{2}\pm\theta\right)=\mp\sin\theta,$$

由于规定了角 θ 为锐角，于是可以取

$$\sin\theta=|\cos\varphi|=|\cos\langle\widehat{\boldsymbol{n},\boldsymbol{v}}\rangle|,$$

利用两向量夹角公式，得

$$\sin\theta=\frac{|Al+Bm+Cn|}{\sqrt{A^2+B^2+C^2}\cdot\sqrt{l^2+m^2+n^2}}, \tag{2.37}$$

于是直线和平面平行的充要条件是

$$L\parallel\pi:\quad Al+Bm+Cn=0, \tag{2.38}$$

垂直的充要条件是

$$L\perp\pi:\quad \frac{A}{l}=\frac{B}{m}=\frac{C}{n}. \tag{2.39}$$

例 7 求直线 $\frac{x-1}{-2}=\frac{y}{-1}=\frac{z-5}{2}$ 和平面 $x+y+5=0$ 的夹角．

解

$$\sin\theta=\frac{|(-2)\cdot 1+(-1)\cdot 1|}{\sqrt{(-2)^2+1^2+2^2}\cdot\sqrt{1^2+1^2}}=\frac{1}{\sqrt{2}},$$

即 $\theta=\frac{\pi}{4}$.

例 8 求过直线 $x+y=0,x-y+z-2=0$ 且与直线 $x=y=z$ 平行的平面方程.

解 设所求平面的方程为 $x-y+z-2+k(x+y)=0$，即

$$(k+1)x+(k-1)y+z-2=0.$$

根据(1.61)我们有 $k+1+k-1+1=0$，即 $k=-\frac{1}{2}$，因此所求方程为 $x-3y+2z-4=0$.

例 9 求过点$(-2,3,2)$且与两平面 $x-z=0$，$3x-y+z=0$ 平行的直线的方程.

解 所求直线的方向向量可取为两个已知平面法向量的外积

$$\boldsymbol{v}=\boldsymbol{n}_1\times\boldsymbol{n}_2=(1,0,-1)\times(3,-1,1)=(-1,-4,-1),$$

因此所求的直线方程为$\frac{x+2}{1}=\frac{y-3}{4}=\frac{z-2}{1}$.

例 10 求证：直线$\frac{x-a}{l}=\frac{y-b}{m}=\frac{z-c}{n}$在平面 $Ax+By+Cz+D=0$ 上的条件是

$$Aa+Bb+Cc+D=0,\quad Al+Bm+Cn=0.$$

证 因为直线在平面上，所以平面过点(a,b,c)，并且与直线平行，因此上面两个条件成立.

例如：直线$\frac{x-13}{8}=\frac{y-1}{2}=\frac{z-4}{3}$在平面 $x+2y-4z+1=0$ 上，因为

$$Aa+Bb+Cc+D=13+2-16+1=0,$$
$$Al+Bm+Cn=8+4-12=0.$$

例 11 求通过点 $P_1(1,-2,3)$且和直线 $\frac{x-1}{4}=\frac{y+5}{-2}=\frac{z-3}{5}$

垂直的平面.

解 直线的方向向量 $\boldsymbol{v}=(4,-2,5)$ 就是所求平面的法向量，因此所求平面的方程按点法式是

$$4(x-1)-2(y+2)+5(z-3)=0,$$

化简后就是 $4x-2y+5z-23=0$.

例 12 求直线 $\frac{x-3}{-2}=\frac{y-5}{-7}=\frac{z+3}{3}$ 和平面 $4x-2y-2z=0$ 的交点.

解 将直线方程写为参数式：

$$x=3-2t,\quad y=5-7t,\quad z=-3+3t,$$

代入平面的方程中，$4(3-2t)-2(5-7t)-2(-3+3t)=0$，即

$$8+0\cdot t=0.$$

可见对 t 无解. 因此所给直线和平面没有交点，也就是说，它们是平行的. 用条件(1.61)可以验证，这直线和平面是平行的.

2.4.4 点到直线的距离，两异面直线间的距离

1. 点到直线的距离

已知通过点 $P_0(x_0,y_0,z_0)$ 而方向向量为 $\boldsymbol{v}=(l,m,n)$ 的直线

$$L:\quad \frac{x-x_0}{l}=\frac{y-y_0}{m}=\frac{z-z_0}{n},$$

和点 $P_1(x_1,y_1,z_1)$，求点 P_1 到直线 L 的距离.

如图 2-9，记 P_1 到 L 的距离为 d. 以 $\overrightarrow{P_0P_1}$，$\boldsymbol{v}$ 为邻边的平行四边形的面积显然是 $|\boldsymbol{v}|\cdot d$. 另一方面，按外积长度的几何意义，这面积又是 $|\boldsymbol{v}\times\overrightarrow{P_0P_1}|$，于是有

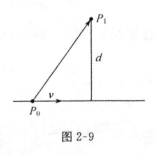

$$|\boldsymbol{v}|\cdot d=|\boldsymbol{v}\times\overrightarrow{P_0P_1}|,$$

所以

$$d=\frac{|\boldsymbol{v}\times(\boldsymbol{r}_1-\boldsymbol{r}_0)|}{|\boldsymbol{v}|},\qquad (2.40)$$

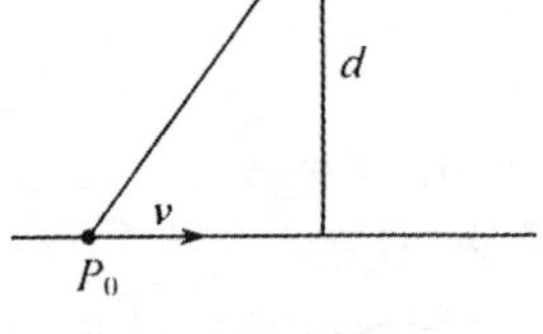

图 2-9

即

$$d=\frac{\sqrt{\begin{vmatrix} y_1-y_0 & z_1-z_0 \\ m & n \end{vmatrix}^2+\begin{vmatrix} z_1-z_0 & x_1-x_0 \\ n & l \end{vmatrix}^2+\begin{vmatrix} x_1-x_0 & y_1-y_0 \\ l & m \end{vmatrix}^2}}{\sqrt{l^2+m^2+n^2}}. \tag{2.40$'$}$$

这就是计算点到直线的距离公式.

2. 两异面直线间的距离

设由方程(2.27)和(2.28)所给定的直线 L_1 和 L_2 是异面的，因此 $\boldsymbol{v}_1\times\boldsymbol{v}_2\neq\boldsymbol{0}$. 这两直线间的距离就是它们的公垂线 L 与它们的交点之间的距离. 因为 L 同时与 L_1,L_2 垂直，所以 $\boldsymbol{v}=\boldsymbol{v}_1\times\boldsymbol{v}_2$ 是 L 的方向向量. 设 L 在 L_1 和 L_2 上的交点分别为 N_1 和 N_2，如图 2-10，长度 N_1N_2 为向量 $\overrightarrow{P_1P_2}$ 在方向 $\boldsymbol{v}$ 上的投影的绝对值，投影可用内积来计算，按 1.5 节中公式(1.32)，有

$$d=|\mathrm{Prj}_{\boldsymbol{v}}\overrightarrow{P_1P_2}| =\left|\frac{\boldsymbol{v}}{|\boldsymbol{v}|}\cdot\overrightarrow{P_1P_2}\right|,$$

这里 $\boldsymbol{v}=\boldsymbol{v}_1\times\boldsymbol{v}_2$，所以有

$$d=\frac{|(\boldsymbol{v}_1,\boldsymbol{v}_2,\boldsymbol{r}_2-\boldsymbol{r}_1)|}{|\boldsymbol{v}_1\times\boldsymbol{v}_2|}. \tag{2.41}$$

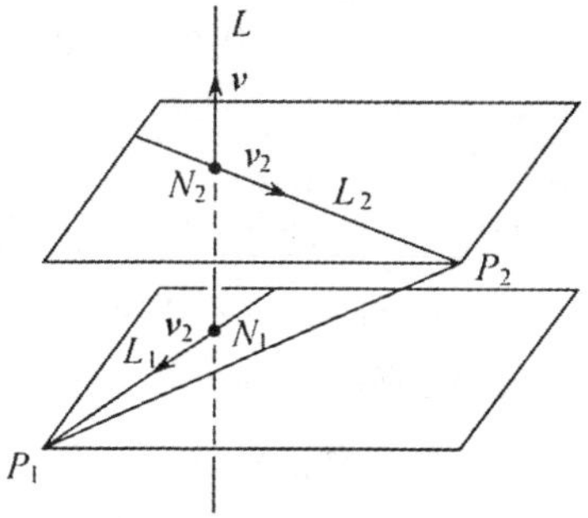

图 2-10

改用坐标表示就是

$$d=\frac{\begin{vmatrix} x_2-x_1 & y_2-y_1 & z_2-z_1 \\ l_1 & m_1 & n_1 \\ l_2 & m_2 & n_2 \end{vmatrix}}{\sqrt{\begin{vmatrix} m_1 & n_1 \\ m_2 & n_2 \end{vmatrix}^2+\begin{vmatrix} n_1 & l_1 \\ n_2 & l_2 \end{vmatrix}^2+\begin{vmatrix} l_1 & m_1 \\ l_2 & m_2 \end{vmatrix}^2}}\text{的绝对值}, \tag{2 41$'$}$$

这里 $P_1(x_1,y_1,z_1),P_2(x_2,y_2,z_2)$分别是 L_1,L_2 上的任意点，而

$\boldsymbol{v}_1=(l_1,m_1,n_1)$，$\boldsymbol{v}_2=(l_2,m_2,n_2)$分别是它们的方向向量. (2.41)′就是计算两异面直线的距离公式.

例 12 求下面两直线之间的距离：

$$L_1:\begin{cases}x+y+2=0,\\ x-2z+2=0,\end{cases}\quad L_2:\frac{x-1}{4}=\frac{y-3}{2}=\frac{z+1}{-1}.$$

解 方法 1. 假设过 L_1 的平面方程为 $x+y+2+k(x-2z+2)=0$，即

$$(1+k)x+y-2kz+2(1+k)=0.$$

如果它又与 L_2 平行，我们就有

$$4(1+k)+2+2k=0,$$

得 $k=-1$. 于是过 L_1 而与 L_2 平行的平面 π 的方程为

$$y+2z=0.$$

L_2 上的点$(1,3,-1)$与平面 π 之间的距离为

$$\frac{|0\times1+1\times3+2(-1)|}{\sqrt{1+4}}=\frac{\sqrt{5}}{5},$$

这就是所求的距离.

方法 2. 直线 L_1 的方向向量

$$\boldsymbol{v}_1=(1,1,0)\times(1,0,-2)=(-2,2,-1),$$

直线 L_2 的方向向量 $\boldsymbol{v}_2=(4,2,-1)$. 计算

$$\boldsymbol{v}_1\times\boldsymbol{v}_2=(-2,2,-1)\times(4,2,-1)=6(0,1,2).$$

再在 L_1 上找一点$(0,-2,1)$，及 L_2 上一点$(1,3,-1)$，利用公式(2.41)，可得两直线之间的距离

$$d=\frac{|\boldsymbol{v}_1\times\boldsymbol{v}_2\cdot(1-0,3-(-2),-1-1)|}{|\boldsymbol{v}_1\times\boldsymbol{v}_2|}$$

$$=\frac{6(0\times1+1\times5-2\times2)}{6\sqrt{1+4}}=\frac{\sqrt{5}}{5}.$$

例 13 求两异面直线 $L_1:\dfrac{x-x_1}{l_1}=\dfrac{y-y_1}{m_1}=\dfrac{z-z_1}{n_1}$和

$$L_2:\frac{x-x_2}{l_2}=\frac{y-y_2}{m_2}=\frac{z-z_2}{n_2}$$

的公垂线方程.

解 两异面直线的公垂线的方向向量为

$$\boldsymbol{n}=\boldsymbol{v}_1\times\boldsymbol{v}_2=(l_1,m_1,n_1)\times(l_2,m_2,n_2)=(l,m,n).$$

通过直线 L_1 且平行于 $\boldsymbol{n}$ 的平面为 π_1: $(\boldsymbol{r}-\boldsymbol{r}_1,\boldsymbol{v}_1,\boldsymbol{n})=0$, 即

$$\begin{vmatrix} x-x_1 & y-y_1 & z-z_1 \\ l_1 & m_1 & n_1 \\ l & m & n \end{vmatrix}=0,$$

通过直线 L_2 且平行于 $\boldsymbol{n}$ 的平面为 π_2: $(\boldsymbol{r}-\boldsymbol{r}_2,\boldsymbol{v}_2,\boldsymbol{n})=0$, 即

$$\begin{vmatrix} x-x_2 & y-y_2 & z-z_2 \\ l_2 & m_2 & n_2 \\ l & m & n \end{vmatrix}=0,$$

于是所求公垂线的方程为

$$\begin{cases} \begin{vmatrix} x-x_1 & y-y_1 & z-z_1 \\ l_1 & m_1 & n_1 \\ l & m & n \end{vmatrix}=0, \\ \begin{vmatrix} x-x_2 & y-y_2 & z-z_2 \\ l_2 & m_2 & n_2 \\ l & m & n \end{vmatrix}=0. \end{cases}$$

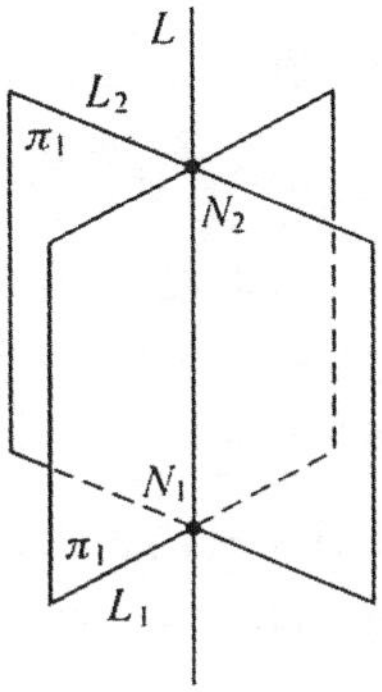

图 2-11

如图 2-11.

习 题 2.4

1. 求下列两平面间的夹角:

(1) $x+y-11=0$ 和 $3x+8=0$;

(2) $y-\sqrt{3}x-7=0$ 和 $y=0$.

2. 求用法式方程表示的两个平面 $x\cos\alpha_1+y\cos\beta_1+z\cos\gamma_1-p_1=0$ 与 $x\cos\alpha_2+y\cos\beta_2+z\cos\gamma_2-p_2=0$ 之间的夹角.

3. 判别下列每组中两个平面是否平行、垂直、重合或相交:

(1) $2x-y+z-7=0$，$x+y+2z-11=0$；

(2) $4x-3y+5z-8=0$，$2x+3y-z-3=0$；

(3) $2x+4y-3z=0$，$10x+19y+32z+26=0$；

(4) $x-2y+3z-1=0$，$2x-4y+6z+1=0$；

(5) $x-2y+4z+1=0$，$2x-4y+8z+2=0$.

4. 求通过点 $A(1,-2,3)$ 且平行于平面 $x-3y+z-4=0$ 的平面.

5. 求 3 个平面 $x-y+z=0$，$x+2y-1=0$ 和 $x+y-z+2=0$ 的交点.

6. 通过 z 轴作与平面 $2x+y-\sqrt{5}z-7=0$ 的夹角为 $\frac{\pi}{3}$ 的平面.

7. 求通过点 $A_1(x_1,y_1,z_1)$ 和 $A_2(x_2,y_2,z_2)$ 并且垂直于 Oxy 平面的平面方程.

8. 求通过原点且垂直于平面 $A_1x+B_1y+C_1z+D_1=0$ 和 $A_2x+B_2y+C_2z+D_2=0$ 的平面方程.

9. 判定下列每组中两直线是否共面，若共面并求出它们所在平面的方程：

(1) $\begin{cases} x=1+2t, \\ y=2-2t, \\ z=-t \end{cases}$ 和 $\begin{cases} x=-2t, \\ y=-5+3t, \\ z=4; \end{cases}$

(2) $\begin{cases} x+z-1=0, \\ x-2y+3=0 \end{cases}$ 和 $\begin{cases} 3x+y-z+13=0, \\ y+2z-8=0; \end{cases}$

(3) $\begin{cases} x+y+z-1=0, \\ 2x+3y+6z-6=0 \end{cases}$ 和 $\begin{cases} y+4z=0, \\ 3x+4y+7z=0. \end{cases}$

10. 判定下列各组中直线是否与平面相交或是直线在平面上，若相交求出交点：

(1) 直线 $\frac{x-12}{4}=\frac{y-9}{3}=\frac{z-1}{1}$ 和平面 $3x+5y-z-2=0$；

(2) 直线$\frac{x-13}{8}=\frac{y-1}{2}=\frac{z-4}{3}$和平面 $x+2y-4z+1=0$；

(3) 直线$\begin{cases}2x+3y+6z-10=0,\\x+y+z+5=0\end{cases}$和平面 $y+4z+17=0$；

(4) 直线$\begin{cases}x+2y+3z+8=0,\\5x+3y+z-16=0\end{cases}$和平面 $2x-y-4z-24=0$.

11. 求通过点 $A(-3,1,0)$和直线$\begin{cases}x+2y-z+4=0,\\3x-y+2z-1=0\end{cases}$的平面.

12. 通过平面 $6x-y+z=0$ 和 $5x+3z-10=0$ 交线作平行于 x 轴的平面.

13. 求通过直线$\begin{cases}2x-z=0,\\x+y-z+5=0\end{cases}$且垂直于平面 $7x-y+4z-3=0$ 的平面.

14. 求通过平面 $2x+y-3z+2=0$ 和 $5x+5y-4z+3=0$ 的交线，而又互相垂直的两个平面的方程，且已知其中一个平面过点 $A(4,-3,1)$.

15. 求通过三平面

$$x-y=0,\ x+y-2z+1=0,\ 2x+z-4=0$$

的交点，且满足下列性质之一的平面：

(1) 通过 y 轴； (2) 平行于 Ozx 平面；

(3) 通过坐标原点和点 $A(2,1,7)$.

16. 求通过点 $A(1,-2,1)$且垂直于直线

$$\begin{cases}x-2y+z-3=0,\\x+y-z+2=0\end{cases}$$

的平面.

17. 求点 $A(2,-1,3)$在直线

$$\begin{cases}x=3t,\\y=5t-7,\\z=2t+2\end{cases}$$

上的投影点.

18. 求点 $A(2,2,12)$ 关于直线 $\begin{cases}x-y-4z+12=0,\\2x+y-2z+3=0\end{cases}$ 为对称的点.

19. 求下列直线间的夹角:

(1) $\frac{x-1}{3}=\frac{y+2}{6}=\frac{z-5}{2}$ 和 $\frac{x}{2}=\frac{y-3}{9}=\frac{z+1}{6}$;

(2) $\begin{cases}3x-4y-2z=0,\\2x+y-2z=0\end{cases}$ 和 $\begin{cases}4x+y-6z-2=0,\\y-3z+2=0.\end{cases}$

20. 求直线 $x=5+6t$, $y=1-3t$, $z=2+t$ 与平面 $7x+2y-3z+5=0$ 的夹角.

21. 求由点 $A(x_0,y_0,z_0)$ 向平面 $Ax+By+Cz+D=0$ 所引垂线的方程.

22. 如果直线与 3 个坐标平面的交角为 α,β,γ, 证明:

$$\cos^2\alpha+\cos^2\beta+\cos^2\gamma=2.$$

23. 求直线 $\frac{x+2}{3}=\frac{y-2}{-1}=\frac{z+1}{2}$ 和平面 $2x+3y+3z-8=0$ 的交点.

24. 求点 $A(1,2,3)$ 和直线 $\begin{cases}x+y-z-1=0,\\2x+z-3=0\end{cases}$ 的距离.

25. 求两直线 $\begin{cases}x+y-z-1=0,\\2x+z-3=0\end{cases}$ 和 $x=y=z-1$ 的距离.

26. 求两直线

$$\frac{x-1}{2}=\frac{y-2}{3}=\frac{z-3}{4} \quad 和 \quad \frac{x-2}{3}=\frac{y-4}{4}=\frac{z-5}{5}$$

的公垂线方程.

27. 求 z 轴与直线 $\begin{cases}A_1x+B_1y+C_1z+D_1=0,\\A_2x+B_2y+C_2z+D_2=0\end{cases}$ 之间的距离.

28. 求通过点 $A(x_0,y_0,z_0)$ 且平行于直线

$$\frac{x-x_1}{l_1}=\frac{y-y_1}{m_1}=\frac{z-z_1}{n_1} \quad 和 \quad \frac{x-x_2}{l_2}=\frac{y-y_2}{m_2}=\frac{z-z_2}{n_2}$$

的平面方程，这里设两条已知直线不平行.

29. 求通过点 $A(x_0,y_0,z_0)$ 和直线 $\frac{x-x_1}{l}=\frac{y-y_1}{m}=\frac{z-z_1}{n}$ 的平面方程，这里点 A 不在已知直线上.

30. 试证明：通过点 $A(x_0,y_0,z_0)$ 且与直线

$$\frac{x-x_1}{l}=\frac{y-y_1}{m}=\frac{z-z_1}{n}$$

垂直相交的直线方程为

$$\begin{cases} l(x-x_0)+m(y-y_0)+n(z-z_0)=0, \\ \begin{vmatrix} x-x_0 & y-y_0 & z-z_0 \\ x_1-x_0 & y_1-y_0 & z_1-z_0 \\ l & m & n \end{vmatrix}=0, \end{cases}$$

这里 A 不在已知直线上.

31. 试证明：通过点 $A(x_0,y_0,z_0)$ 且与平面 $Ax+By+Cz+D=0$ 平行又和直线

$$\begin{cases} A_1x+B_1y+C_1z+D_1=0, \\ A_2x+B_2y+C_2z+D_2=0 \end{cases}$$

相交的直线方程为

$$\begin{cases} A(x-x_0)+B(y-y_0)+C(z-z_0)=0, \\ \begin{vmatrix} A_1x+B_1y+C_1z+D_1 & A_2x+B_2y+C_2z+D_2 \\ A_1x_0+B_1y_0+C_1z_0+D_1 & A_2x_0+B_2y_0+C_2z_0+D_2 \end{vmatrix}=0, \end{cases}$$

这里点 A 不在已知直线上，且已知直线与已知平面不平行.

小　结

在这章里我们研究了空间直角坐标 x,y,z 的一次方程表示的几何图形. 用一个这样方程代表的是平面，而两个这样方程联

立表示的是直线. 在处理平面与直线的问题时，平面要抓住它的法方向向量，直线要抓住它的方向向量.

首先要掌握平面与直线各种格式的方程及它们之间如何互相转化. 平面方程有一般式、点法式、法式，还有截距式、三点式、参数式等；直线方程有一般式、对称式、两点式、参数式等.

其次还要明了空间的点、直线、平面之间的一些相互关系以及由此产生的一些几何量的计算公式，点在直线上或在平面上的条件以及点到直线或到平面的距离公式. 平面与平面、直线与直线、直线与平面之间的相互位置关系主要用平面的法向量与直线的方向向量来描述. 对于两条异面直线，还有由一个长度来表示的几何量，这就是它们之间的距离.

第 3 章　特殊的曲面

前一章研究了空间直角坐标系中用一次方程表示的几何图形——直线与平面. 在以下两章里将主要讨论空间直角坐标系中用二次方程表示的几何图形——二次曲面，同时也涉及一般柱面、锥面和旋转曲面. 本章首先介绍一般柱面、锥面和旋转曲面的概念，并分别引出二次柱面、二次锥面和二次旋转曲面的概念，再用标准方程介绍各种基本类型的二次曲面，并讨论它们的几何性质. 在下一章里，我们将研究一般的二次曲面，并完成它们的分类工作. 各种二次曲面在生产实践与日常生活中较为常见，熟悉它们的方程与图形对进一步学习高等数学和其他学科都是十分必要的.

3.1　空间曲线与曲面的参数方程

前面研究了空间曲线或曲面可用关于坐标 x, y, z 的两个方程或一个方程表示. 而在研究空间的直线与平面时，我们曾使用过它们的参数方程. 一般空间的曲线与曲面也可以用参数方程表示. 对空间的曲线需引用一个参数，而对曲面则需引用两个参数. 这一节将给出曲线与曲面的参数方程的定义，并讨论曲线与曲面的参数方程.

3.1.1　空间曲线的参数方程

任何一条空间曲线，都可看做一个质点沿此曲线运动时所画出的轨迹. 在运动的不同时刻 t，质点处在不同位置，每个位置都确定曲线上的一个点. 因此，曲线上的点的位置，从而它的坐标，完全由 t 确定. 这样一来，曲线上点的坐标 x,y,z 可表示为 t 的函数. 这就是曲线用参数方程表示的思想.

定义 在空间直角坐标系中，我们说曲线 C 用**参数方程**

$$\begin{cases}x=f(t),\\ y=g(t), \quad (a\leqslant t\leqslant b)\\ z=h(t)\end{cases} \tag{3.1}$$

来表示，如果

1) 对于每一个参数 t ($a\leqslant t\leqslant b$)，由(3.1)式所确定的点 $M(f(t),g(t),h(t))$都在曲线 C 上;

2) 曲线 C 上的任意一点 $A(x,y,z)$，其坐标都可以用参数 t ($a\leqslant t\leqslant b$)的某个值代入(3.1)式得到.

这里的 t 称为**参变数或参数**. (3.1)式中括号内的不等式表示参数 t 的取值范围.

参数方程(3.1)也可写成向量的形式，如果记

$$\boldsymbol{r}=(x,y,z),\quad \boldsymbol{r}(t)=(f(t),g(t),h(t)),$$

则(3.1)式可改写为

$$\boldsymbol{r}=\boldsymbol{r}(t)\quad (a\leqslant t\leqslant b). \tag{3.2}$$

例 1 前面所学的直线的参数方程

$$\begin{cases}x=x_0+tl,\\ y=y_0+tm, \quad (-\infty<t<+\infty)\\ z=z_0+tn\end{cases} \tag{3.3}$$

表示通过点 $M_0(x_0,y_0,z_0)$、方向向量为 $\boldsymbol{v}=(l,m,n)$的直线. 如果方向向量换为单位向量 $\boldsymbol{e}=(\cos\alpha,\cos\beta,\cos\gamma)$，参数 t 的绝对值表示动点(x,y,z)到点 M_0 的距离. 参数 t 取满$-\infty$到$+\infty$之间一切值时才相应地画完整个直线. (3.3)式改写为向量形式是

$$\boldsymbol{r}=\boldsymbol{r}_0+t\boldsymbol{v}\quad (-\infty<t<+\infty), \tag{3.4}$$

式中 $\boldsymbol{r}_0=(x_0,y_0,z_0)$.

对于同一条曲线，除了 1.2.2 节介绍的表示方法外，还可用

参数方程表示. 在解决具体问题时，这两种方程各有所长，因此，必须学会它们之间的互相转化.

设曲线 C 用普通方程

$$\begin{cases}F(x,y,z)=0,\\G(x,y,z)=0\end{cases}\tag{3.5}$$

表示. 从(3.5)式中解出两个坐标，比如，用坐标 z 来表示坐标 x,y，得

$$\begin{cases}x=\varphi(z),\\y=\psi(z).\end{cases}$$

再令 z 为 t 的某个单值函数 $z=h(t)$，代入上式，得曲线 C 的参数方程

$$\begin{cases}x=\varphi(h(t))\equiv f(t),\\y=\psi(h(t))\equiv g(t),\\z=h(t).\end{cases}$$

由于 $h(t)$ 的选取有一定的任意性（例如：可以选取 $h(t)\equiv t$），所以曲线的参数方程并非惟一.

反之，如果已知曲线 C 的参数方程(3.1)，现从中取出某个方程，如 $z=h(t)$，解出 $t=k(z)$，代入(3.1)中前两式，可得曲线的普通方程

$$\begin{cases}x-f(k(z))=0,\\y-g(k(z))=0.\end{cases}\tag{3.6}$$

例 2 在圆的方程

$$\begin{cases}x^2+y^2+z^2=R^2,\\z=a\quad(a<R)\end{cases}\tag{3.7}$$

中，选取 $x=r\cos t$（$r=\sqrt{R^2-a^2}$ 为圆的半径，$0\leqslant t<2\pi$），代入(3.7)中第一式，得 $y=r\sin t$. 于是圆的参数方程为

$$\begin{cases}x=r\cos t,\\y=r\sin t,\quad(0\leqslant t<2\pi).\\z=a\end{cases}\tag{3.8}$$

例 3（圆柱螺线） 设想一动点在圆螺丝钉的边缘螺纹线上运动．它一方面绕螺钉轴作圆周运动，另一方面沿着轴线的方向前进．显然它与螺钉轴保持距离 a（>0）不变，即在一以螺钉轴为轴线的圆柱面上．像这样绕一轴线旋转，同时又沿着该轴线方向运动的点的轨迹是圆柱面上的一条曲线，叫做**圆柱螺线**．

下面我们来导出圆柱螺线的参数方程．令圆柱螺线的轴为 z 轴(图 3-1)，设动点从初始时刻的位置 $M_0(a,0,0)$开始，以等角速度 ω（即匀速运动)绕 z 轴旋转，同时又以等线速度 v 沿 z 轴的正向前进．因此，在时刻 t 动点的位置 $M(x,y,z)$由

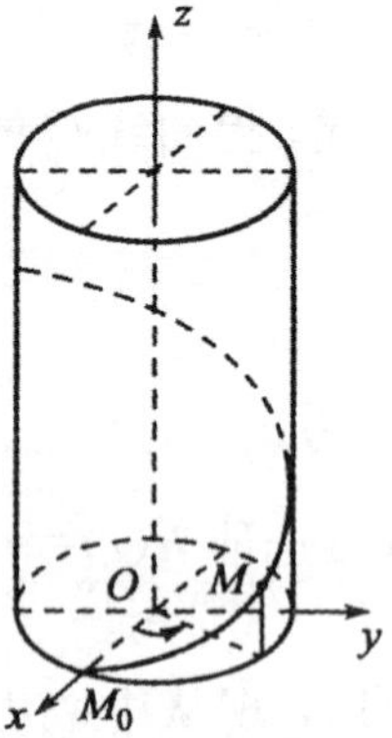

图 3-1

$$\begin{cases} x=a\cos\omega t, \\ y=a\sin\omega t, \quad (0\leqslant t<+\infty) \\ z=vt \end{cases} \tag{3.9}$$

确定，这就是圆柱螺线的参数方程．从(3.9)式中消去参数 t，得普通方程

$$\begin{cases} x^2+y^2=a^2, \\ x=a\cos\dfrac{\omega z}{v}. \end{cases} \tag{3.10}$$

(3.10)中第一式为曲线所在的圆柱面方程；第二式较复杂，因此，仅从普通方程(3.10)不容易看清曲线的形状，而借助于参数方程(3.9)却较容易了解曲线的图形．

3.1.2 曲面的参数方程

为了引出曲面的参数表示法，我们先来看下面两个例子．

例 4 我们已熟知的平面的参数方程(见 2.1 节(2.6)式)

$$\begin{cases} x=x_0+ul_1+vl_2, \\ y=y_0+um_1+vm_2, \quad (-\infty<u,v<+\infty) \\ z=z_0+un_1+vn_2 \end{cases} \tag{3.11}$$

表示通过点 $M_0(x_0, y_0, z_0)$、平行于向量 $\boldsymbol{v}_1=(l_1, m_1, n_1)$ 与 $\boldsymbol{v}_2=(l_2, m_2, n_2)$ 的平面. 对于两个参数 u 与 v 的每一组值由方程(3.11)得到平面上一点 $M(x, y, z)$. 方程(3.11)的向量形式是

$$\boldsymbol{r}=\boldsymbol{r}_0+u\boldsymbol{v}_1+v\boldsymbol{v}_2 \quad (-\infty<u, v<+\infty).$$

下面再来看球面的点用两个参数表示的例子.

例 5（球面的参数方程） 地球表面也可以近似地看做一个球面，通常是用经度和纬度两个数来确定地球表面上点的位置. 现在用相当于经、纬度的两个参数来表示球面的方程. 设球心在坐标原点，球的半径为 R，球面上的动点为 $M(x, y, z)$（图 3-2）. 从 M 向 Oxy 平面引垂线，得垂足 N. 设从 x 轴到 $\overrightarrow{ON}$ 的角为 φ（按 x 轴经 $\frac{\pi}{2}$ 角到 y 轴的方向为正向），从 $\overrightarrow{ON}$ 到 $\overrightarrow{OM}$ 的角为 θ（按 $\overrightarrow{ON}$ 经 $\frac{\pi}{2}$ 角到 z 轴的方向为正向），那么点 M 的位置完全可由角 φ, θ 确定，从而点 M 的坐标可用它们表示.

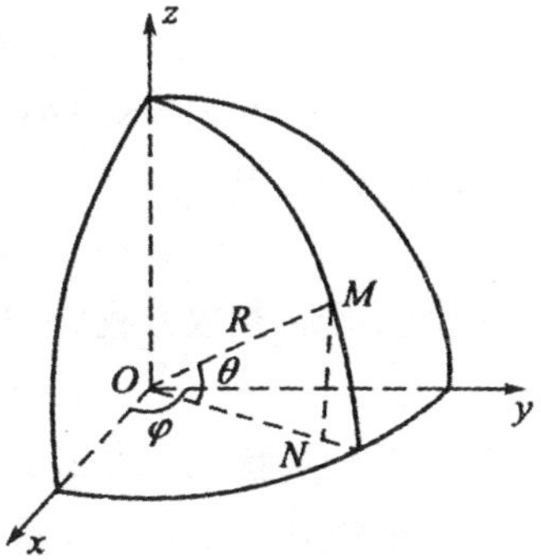

图 3-2

由图 3-2 不难看出

$$\begin{cases} x=R\cos\varphi\cos\theta, \\ y=R\sin\varphi\cos\theta, \\ z=R\sin\theta, \end{cases} \quad 0\leqslant\varphi<2\pi,\ -\frac{\pi}{2}\leqslant\theta\leqslant\frac{\pi}{2}. \tag{3.12}$$

这就是球面上的点用相当于经度(φ)和纬度(θ)作参数写出的方程，称为球面的参数方程.

定义 在空间直角坐标系中，我们说曲面 S 可用**参数方程**

$$\begin{cases} x=f(u, v), \\ y=g(u, v), \\ z=h(u, v), \end{cases} \quad a\leqslant u\leqslant b,\ c\leqslant v\leqslant d \tag{3.13}$$

来表示，如果：

1）对于(3.13)式中所给范围内的每一对参数(或参变数)值(u,v)，由(3.13)式所确定的点$M(f(u,v),g(u,v),h(u,v))$都在曲面S上；

2）对曲面S上的任意一点$A(x,y,z)$，其坐标都可以由参数(u,v)的某一对值代入(3.13)式得到.

式(3.13)中u,v的取值范围可以看做参数平面Ouv上的一个矩形. 在例5中，参变数φ,θ的取值范围是$O\varphi\theta$平面上的一个边长为2π和π的矩形.

参数方程(3.13)也可用向量的形式表示. 记

$$\boldsymbol{r}=(x,y,z),$$

$$\boldsymbol{r}(u,v)=(f(u,v),g(u,v),h(u,v)),$$

于是(3.13)式化为

$$\boldsymbol{r}=\boldsymbol{r}(u,v)\quad(a\leqslant u\leqslant b,\ c\leqslant v\leqslant d).\tag{3.14}$$

一个曲面的参数方程(3.13)与其普通方程

$$F(x,y,z)=0\tag{3.15}$$

之间也可以相互转化. 为了从普通方程(3.15)得到(3.13)，只需从(3.15)中将某个坐标(例如z)解出，得$z=\varphi(x,y)$. 再取某两个适当的u,v的函数$x=f(u,v)$，$y=g(u,v)$（特别地可取$x=u$，$y=v$)，得曲面的参数方程

$$\begin{cases}x=f(u,v),\\ y=g(u,v),\\ z=\varphi(f(u,v),g(u,v))\equiv h(u,v).\end{cases}$$

反过来，如果已知曲面的参数方程(3.13)，从其中的某两个方程中解出u,v，例如：从第一、二式中解出

$$u=k(x,y),\quad v=l(x,y),$$

代入第三式，即得曲面的普通方程

$$z-h(k(x,y),l(x,y))=0.$$

例6（圆柱面的参数方程） 设圆柱面的半径为a（>0)，选

取坐标系使 z 轴重合于圆柱面的轴. 设圆柱面上任一点 $M(x,y,z)$ 和轴所决定的平面与 Oxz 之间的夹角为 φ（图 3-3），如取 $v=z$，那么圆柱面可用参数 (φ,v) 来表示：

$$\begin{cases} x=a\cos\varphi, \\ y=a\sin\varphi, \\ z=v, \end{cases}$$

其中 $0\leqslant\varphi<2\pi$，$-\infty<v<+\infty$.

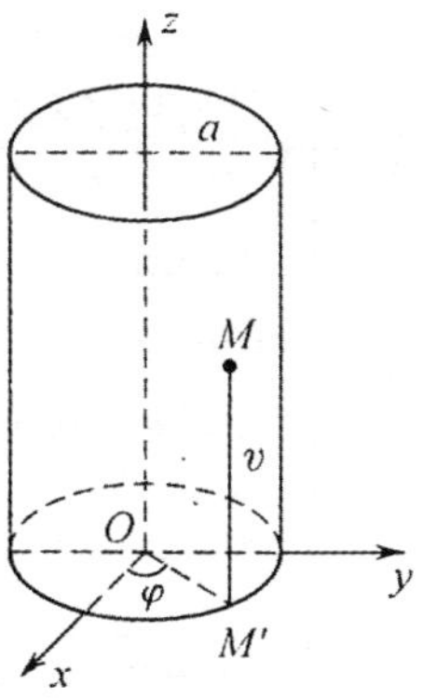

图 3-3

习　题　3.1

1. 写出下列曲线的一种参数方程：

(1) $\begin{cases} y^2=2px, \\ z=kx; \end{cases}$　　(2) $\begin{cases} y^2\sqrt{1+z^2}=1, \\ xy=1; \end{cases}$

(3) $\begin{cases} \dfrac{x^2}{a^2}+\dfrac{y^2}{b^2}=1, \\ z=c; \end{cases}$　　(4) $\begin{cases} \dfrac{x^2}{a^2}-\dfrac{y^2}{b^2}=1, \\ z=c. \end{cases}$

2. 设有一条起点在 z 轴上且和 z 轴垂直的动射线，一方面它的起点从坐标原点出发以等线速度 a 沿 z 轴正向运动，另一方面射线以等角速度 ω 绕 z 轴旋转. 射线上有一质点从射线起点开始，以等线速度 b 向射线所指的方向前进. 求这个质点的运动轨迹（叫做圆锥螺线）的方程.

3. 求下列曲面的一种参数方程：

(1) 双曲柱面：$\dfrac{x^2}{a^2}-\dfrac{y^2}{b^2}=1$；

(2) 椭圆抛物面：$\dfrac{x^2}{a^2}+\dfrac{y^2}{b^2}=2z$.

4. 消去下列曲面方程的参数，得出曲面的普通方程：

(1) $\begin{cases} x=a\cos\varphi\cos\theta, \\ y=b\cos\varphi\sin\theta, \quad -\frac{\pi}{2}\leqslant\varphi\leqslant\frac{\pi}{2},\ -\pi\leqslant\theta\leqslant\pi; \\ z=c\sin\varphi, \end{cases}$

(2) $\begin{cases} x=a(u+v), \\ y=b(u-v), \quad -\infty<u<+\infty,\ -\infty<v<+\infty. \\ z=uv, \end{cases}$

3.2 柱面、锥面、二次柱面与二次锥面

这一节先研究一般柱面与一般锥面以及它们的方程，再由此引出二次柱面与二次锥面.

3.2.1 柱面

在日常生活中常可看到物体表面是柱面的例子. 如机器上轴的表面、管子的侧面、梁柱的表面、罐头盒的侧面等，一般多是圆柱面. 激光发生器的共振腔体的内表面有的做成椭圆柱面.

定义 1 假设给定一条空间曲线 C 和通过它上面某一点的一条直线 L. 当直线 L 沿曲线 C 平行移动时所画出的曲面叫做**柱面**（图 3-4（a））. 换句话说，柱面是由一族平行直线所形成的

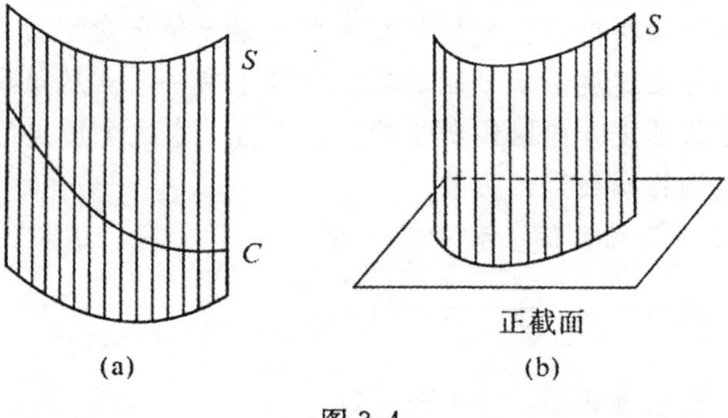

图 3-4

曲面. 曲线 C 叫做柱面的**准线**，柱面上的每一条直线都叫做柱面的**母线**.

给定了一条准线和母线的方向就可以确定一个柱面. 对于一个柱面，它的准线并不是惟一的. 每一条和所有的母线都相交的曲线都可以充当准线. 我们经常用一个和母线垂直的平面（叫做**柱面的正截面**）去截柱面，以截得的那一条平面曲线（叫做**柱面的正截口**）作准线（图 3-4（b)）.

为了写出柱面的方程，如果可能的话，我们总选取某个坐标轴与柱面的母线平行. 设柱面的母线与 z 轴平行，当柱面上的点平行于 z 轴移动时，仍然保留在柱面上. 这就是说，柱面方程中动点的坐标 z 可以任意变动. 因此，柱面的方程不包含 z，也就是说它的方程为

$$F(x,y)=0. \tag{3.16}$$

反之，一个不含坐标 z 的方程是否表示一个母线平行于 z 轴的柱面？答案是肯定的，我们有

定理 3.1 在空间直角坐标系中，不含坐标 z 的方程(3.16)表示一个柱面 S，它具有如下两条性质：

1）S 的母线平行于 z 轴；

2）S 的准线是 Oxy 平面上的曲线

$$C:\quad \begin{cases} F(x,y)=0, \\ z=0. \end{cases} \tag{3.17}$$

证 根据曲面的定义，要从下面两方面证明.

首先要证明：在有上述两条性质的柱面 S 上，任意点 $M(x,y,z)$ 的坐标满足(3.16). 因为 M 在坐标平面 Oxy 上的投影点是 $M'(x,y,0)$，由性质 1)，M' 在 S 的准线上. 又由性质 2)，准线上的点 M' 的坐标满足方程(3.17). 因为方程(3.16)中不含 z，所以 M 的坐标 x,y,z 满足方程(3.16).

其次要证明：坐标满足方程(3.16)的任意点 $M(x,y,z)$，都

在有上述两条性质的柱面 S 上. 设点 M 投影到平面 Oxy 上的点为 M'，如图 3-5，因为 M 的坐标 x,y,z 满足方程(3.16)，所以 M' 的坐标满足方程(3.17)，即 M' 在曲线 C 上. 因此 M 在过 C 上点 M' 且与 z 轴平行的直线上，即 M 在一个以 C 为准线、母线平行于 z 轴的柱面 S 上. 证毕.

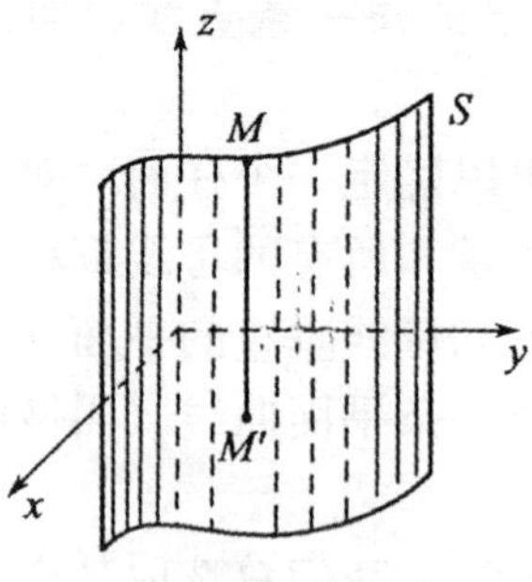

图 3-5

同样可证，形如

$$G(y,z)=0 \quad 和 \quad H(z,x)=0$$

的方程分别表示母线平行于 x 轴和 y 轴的柱面. 总之，在空间直角坐标系中，一个变数不出现的方程表示母线平行于相应坐标轴的柱面.

例如：平面 $x+y=0$ 也是一个柱面，它的母线平行于 z 轴，准线是 Oxy 平面上的直线

$$\begin{cases} x+y=0, \\ z=0. \end{cases}$$

注意，在平面解析几何中，方程(3.16)表示一条曲线，但在空间解析几何中，(3.16)却表示一个柱面. 只包含一个方程的(3.16)式在空间中一般不能表示曲线，对于空间中一条曲线，需用两个方程来表示. 例如：Oxy 平面上的曲线用方程组

$$\begin{cases} F(x,y)=0, \\ z=0 \end{cases}$$

表示. 由此可知，方程 $F(x,y)=0$ 代表的图形在空间直角坐标系中是一个柱面，在平面直角坐标系中是一条曲线，两者是不同的.

利用曲线和曲面的参数方程，我们可以求出母线不平行于坐标轴的柱面方程. 设柱面的准线是一条空间曲线 C，它用参数方程

$$\begin{cases} x=f(t), \\ y=g(t), \quad (a\leqslant t\leqslant b) \\ z=h(t) \end{cases} \tag{3.17'}$$

给出，母线的方向向量为(l,m,n)，现在来写出柱面的参数方程.

对应于所给范围的某一个$t=t_0$，准线C上有一点$M_0(f(t_0),g(t_0),h(t_0))$，过$M_0$、以$(l,m,n)$为方向的直线为

$$\begin{cases} x=f(t_0)+ul, \\ y=g(t_0)+um, \quad (-\infty<u<+\infty). \\ z=h(t_0)+un \end{cases}$$

这就是柱面上的一条母线. 当t取所给范围的各个值时，所得各母线就构成了柱面. 因此将上式中t_0（记作t）和u同样作为参变数，即得柱面方程

$$\begin{cases} x=f(t)+ul, \\ y=g(t)+um, \quad (a\leqslant t\leqslant b,-\infty<u<+\infty). \\ z=h(t)+un \end{cases}$$

如果准线不是用参数方程(3.17)$'$而是用一般方程

$$\begin{cases} F(x,y,z)=0, \\ G(x,y,z)=0 \end{cases} \tag{3.17''}$$

给出的，母线方向向量为(l,m,n)，则可以用如下方法得到柱面方程.

设柱面的准线C上的一点为$M_0(x_0,y_0,z_0)$，于是由(3.17)$''$有

$$\begin{cases} F(x_0,y_0,z_0)=0, \\ G(x_0,y_0,z_0)=0. \end{cases} \tag{3.17$''_0$}$$

设点M_0所对应的直母线上的动点为$M(x,y,z)$，则有

$$\frac{x-x_0}{l}=\frac{y-y_0}{m}=\frac{z-z_0}{n}=t,$$

由(3.17)$''_0$与上面各式联立消去x_0,y_0,z_0,t，得到关于x,y,z的方程即为所求柱面的方程.

3.2.2 二次柱面

根据定理 3.1，在空间直角坐标系中，方程

$$\frac{x^2}{a^2}+\frac{y^2}{b^2}=1, \tag{3.18}$$

$$\frac{x^2}{a^2}-\frac{y^2}{b^2}=1, \tag{3.19}$$

$$y^2=2px \tag{3.20}$$

都表示母线平行于 z 轴的柱面. 由于这些柱面与 Oxy 面的交线，即它们的正截口，分别是椭圆、双曲线和抛物线，因此分别称之为**椭圆柱面**、**双曲柱面**和**抛物柱面**，这三种类型的柱面统称为**二次柱面**(图 3-6).

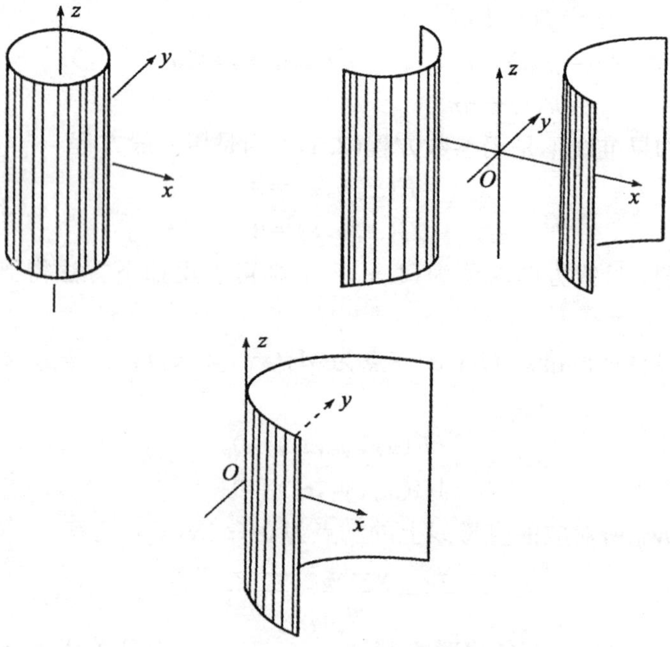

图 3-6

若方程(3.18)中有 $a=b=R$，就得到常见的圆柱面方程

$$x^2+y^2=R^2. \tag{3.21}$$

3.2.3 投影柱面

我们知道表示空间曲线

$$C:\quad \begin{cases} F(x,y,z)=0, \\ G(x,y,z)=0 \end{cases} \tag{3.22}$$

的方程并不是惟一的，利用方程中缺少一个变数表示柱面的事实，我们常常将方程组(3.22)转换为等价的方程组

$$\begin{cases} F_1(x,y)=0, \\ G_1(x,z)=0. \end{cases}$$

这里第一个方程不含坐标 z，第二个方程不含坐标 y. 于是曲线 C 表示两个柱面

$$S_1:F_1(x,y)=0 \quad 和 \quad S_2:G_1(x,z)=0$$

的交线. 这两个柱面都称为曲线 C 的**投影柱面**. 显然，利用投影柱面 S_1 和 S_2 来作曲线 C 的图形，比直接通过(3.22)式要容易且清楚得多.

例 1 讨论曲线 $\begin{cases} x^2+y^2+z^2=1, \\ x^2+y^2=1 \end{cases}$ 的图形.

将方程组化为等价的方程组

$$\begin{cases} x^2+y^2=1, \\ z=0. \end{cases}$$

容易看出，所讨论的曲线是：Oxy 平面上，以坐标原点为圆心的单位圆.

例 2 讨论曲线 $\begin{cases} 2x^2+z^2+4y=4z, \\ 2x^2+3z^2-4y=12z \end{cases}$ 的图形.

将方程组化为等价的方程组

$$\begin{cases} x^2+z^2-4z=0, \\ x^2+4y=0. \end{cases}$$

第一个方程表示准线为 Oxz 平面上的圆 $x^2+(z-2)^2=2^2$、母线平行于 y 轴的圆柱面，第二个方程表示母线平行于 z 轴的抛物柱面. 如图 3-7 所示.

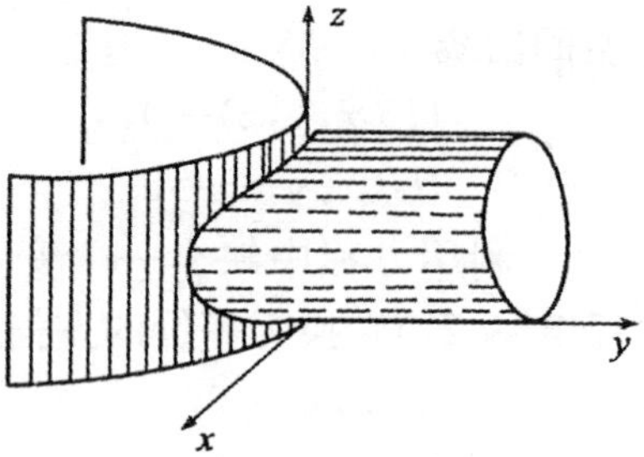

图 3-7

3.2.4 锥面

锥面也是日常生活中经常见到的，例如：车床上的顶尖、实验室的漏斗、禾场的草垛、家用雨伞等的表面. 下面给出一般锥面的定义.

定义 2 设空间中有一定点 A 和一条曲线 C. 通过点 A 且与曲线 C 相交的所有直线画出的曲面称为**锥面**. 点 A 称为锥面的**顶点**，曲线 C 为锥面的**准线**，锥面上过顶点的直线称为锥面的**母线**. 显然，任一与所有母线都相交的曲线均可作为锥面的准线，如图 3-8. 因此锥面的准线不是惟一的.

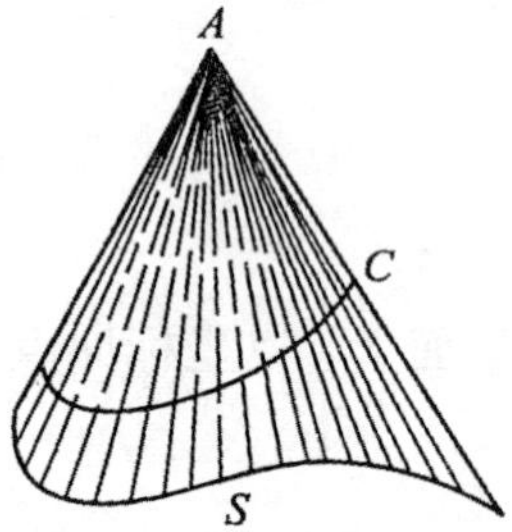

图 3-8

为了探讨一般锥面的方程. 我们先来看有关圆锥面的例子.

例 3 求圆锥面的方程.

解 选取锥面的顶点为坐标原点，锥面的轴为 z 轴，如图

3-9，圆锥面上动点 $M(x,y,z)$ 在 z 轴上的投影是 $M'(0,0,z)$，于是

$$|MM'|=\sqrt{x^2+y^2},$$
$$|OM'|=|z|.$$

从而顶锥角之半 θ 的正切

$$\tan\theta=\frac{\sqrt{x^2+y^2}}{|z|},$$

即

$$x^2+y^2-z^2\tan^2\theta=0. \quad (3.23)$$

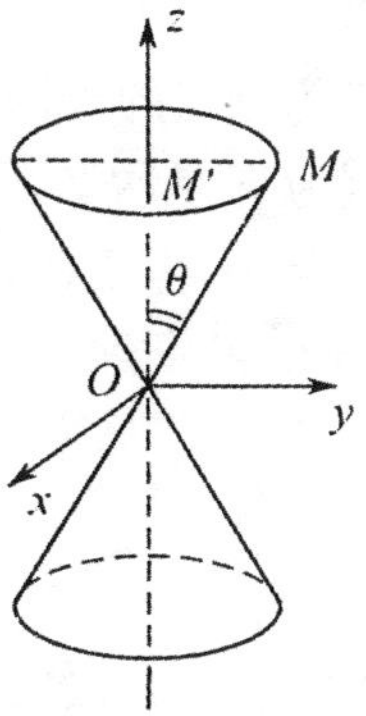

图 3-9

反之，满足(3.23)式的点必在所给圆锥面上. 因此(3.23)式为顶点在原点、轴为 z 轴、锥顶角为 2θ 的圆锥面方程.

在方程(3.23)的左边，x,y,z 都以二次形式出现，因此(3.23)的左边是二次齐次函数. 一般的齐次函数的定义如下：

定义 3 在函数 $F(x,y,z)$ 中，如果以 tx,ty,tz 代替 x,y,z，有

$$F(tx,ty,tz)=t^nF(x,y,z), \qquad (3.24)$$

则称 $F(x,y,z)$ 为 n **次齐次函数**，这里 t 是任意一个实数.

例如下列函数是次数分别为 1,2,−1 的齐次函数：

$$F(x,y,z)=ax+by+cz,$$
$$F(x,y,z)=ax^2+by^2+cz^2+2exy+2fyz+2gzx,$$
$$F(x,y,z)=\frac{1}{x}+\frac{1}{y-z}\tan\frac{2z}{x-y}.$$

圆锥面方程(3.23)的左边是齐次函数. 是否齐次函数 $F(x,y,z)$ 对应的方程 $F(x,y,z)=0$ 所表示的曲面都是锥面？我们有

定理 3.2 当 $F(x,y,z)$ 是齐次函数(次数 $n>0$)时，方程

$$F(x,y,z)=0 \qquad (3.25)$$

表示以原点为顶点的锥面.

证 假定方程(3.25)表示的曲面为 S，下面我们来证明 S 是以原点为顶点的锥面.

因为 F 是次数为正的齐次函数，在(3.24)式中令 $t=0$，由于 $n>0$，$t^n=0$，得 $F(0,0,0)=0$. 所以 S 过原点 O. 取 S 与平面 $z=z_0$ $(z_0\neq 0)$ 的交线

$$C:\ \begin{cases} F(x,y,z)=0, \\ z=z_0, \end{cases} \qquad (3.26)$$

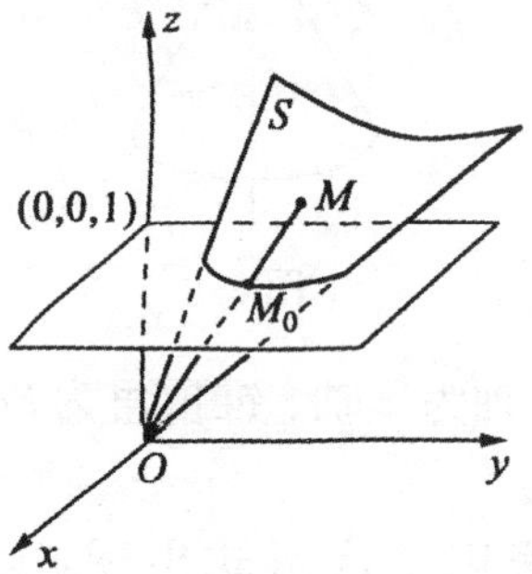

图 3-10

例如 $z_0=1$ 时，就是图 3-10 所示的情况. 在 C 中任取一点，例如 $M_0(x_0,y_0,z_0)$. 于是，直线 OM_0 上任意点 M 的坐标可以写成 (tx_0,ty_0,tz_0). 根据齐次函数的性质，得

$$F(tx_0,ty_0,tz_0)=t^nF(x_0,y_0,z_0)=0,$$

这说明 M 在曲面 S 上. 所以直线 OM_0 在曲面 S 上. 我们容易证明过原点与 S 上任意点 (x_1,y_1,z_1) 的直线与 C 相交于点 (hx_1, hy_1,hz_1)，这里 $h=\dfrac{z_0}{z_1}$，因此 S 上任意点是在过原点与 C 上某点的直线上. 所以曲面 S 是以原点为顶点、C 为准线的锥面. 证毕.

例如：平面 $x+y+z=0$ 也是一个顶点为原点的锥面.

利用曲线与曲面的参数方程可以写出以方程(3.17)′为准线、以任意点 M_0 为顶点的锥面方程.

设锥面顶点为 $M_0(x_0,y_0,z_0)$，准线为用方程(3.17)′表示的空间曲线 C. 连接点 M_0 与曲线 C 上的某一点 $(f(t_0),g(t_0), h(t_0))$ 的直线在锥面上，其方程为

$$\begin{cases} x=x_0+u[f(t_0)-x_0], \\ y=y_0+u[g(t_0)-y_0], \\ z=z_0+u[h(t_0)-z_0] \end{cases} \quad (-\infty<u<+\infty).$$

当 t 在所允许的范围内变化时，这些直线就构成了锥面. 因此，锥面的参数方程为

$$\begin{cases} x=x_0+u[f(t)-x_0], \\ y=y_0+u[g(t)-y_0], \\ z=z_0+u[h(t)-z_0] \end{cases} \quad (a\leqslant t\leqslant b,\ -\infty<u<+\infty).$$

3.2.5 二次锥面

根据定理 3.2，二次齐次方程

$$\frac{x^2}{a^2}+\frac{y^2}{b^2}-\frac{z^2}{c^2}=0 \tag{3.27}$$

表示锥面，称为**二次锥面**.

取平面 $z=c$ 截二次锥面，就得到锥面的准线

$$\begin{cases} \dfrac{x^2}{a^2}+\dfrac{y^2}{b^2}-\dfrac{z^2}{c^2}=0, \\ z=c, \end{cases}$$

即

$$\begin{cases} \dfrac{x^2}{a^2}+\dfrac{y^2}{b^2}=1, \\ z=c. \end{cases}$$

它表示在平面 $z=c$ 上的一个椭圆. 如图 3-11.

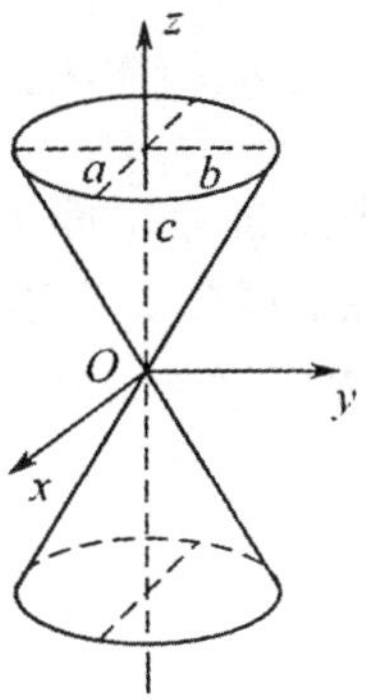

图 3-11

柱面和锥面都有母线、准线，所不同的是前者的母线彼此平行，而后者的母线都过一定点. 假如把这定点移向无穷，那么相交的母线就成为平行的母线，因此锥面也就成为柱面了.

由于方程(3.27)中各坐标仅以平方项出现，所以当点 $M(x,y,z)$ 在曲面上，它关于 Oxy 平面对称的点 $M_1(x,y,-z)$ 也在曲面上，关于 z 轴对称的点 $M_2(-x,-y,z)$ 以及关于原点 O 对称的点 $M_3(-x,-y,-z)$ 都在曲面上. 总之，此锥面关于各坐标平

面、坐标轴与坐标原点都是对称的，具有这种性质的图形我们只要研究它在某一卦限的形状即可.

在平面上的曲线我们通常用描点法可以得到它的大致形状. 对于空间曲面，单靠它上面的一些点是难以看出它的形状的. 代替描点法的是“截口法”，即用一组平行的平面去截曲面，从得到的交线（截口）的形状，就可以大体明了曲面的形状. 这样一来，我们就把复杂问题（曲面形状）化为简单的问题（平面曲线）来认识. 为了便于了解截口的形状，通常以平行于坐标平面的平面去截曲面.

用与 Oxy 平面平行的平面 $z=h$ 去截曲面(3.27)，得截口

$$\begin{cases}\dfrac{x^2}{a^2}+\dfrac{y^2}{b^2}-\dfrac{z^2}{c^2}=0,\\ z=h,\end{cases}\quad \text{即}\begin{cases}\dfrac{x^2}{a'^2}+\dfrac{y^2}{b'^2}=1,\\ z=h,\end{cases}$$

其中 $a'=\dfrac{a|h|}{c}$, $b'=\dfrac{b|h|}{c}$. 它是平面 $z=h$ 与椭圆柱面 $\dfrac{x^2}{a'^2}+\dfrac{y^2}{b'^2}=1$ 的交线，即是平面 $z=h$ 上，半轴长分别为 a' 和 b' 的椭圆. 对于不同的 h，得到大小不同的相似椭圆，且半轴长 a' 和 b' 随着 $|h|$ 的增大而逐渐增大，当 $h\to 0$ 时，椭圆收缩为锥顶一点.

习 题 3.2

1. 下列方程代表什么曲面，并作出图形：

(1) $\dfrac{x^2}{9}+\dfrac{y^2}{4}=1$；　　(2) $\dfrac{y^2}{4}-\dfrac{z^2}{2}=1$；

(3) $z^2=8x$；　　(4) $9x^2-4z^2=0$；

(5) $y^2=4$；　　(6) $y^2+(z-2)^2=9$.

2. 求椭圆柱面 $\dfrac{x^2}{100}+\dfrac{(z-1)^2}{36}=1$ 的焦轴方程. 通过椭圆柱面正截口椭圆焦点且平行于柱面母线的直线称为其焦轴.

3. 用投影柱面的方法绘出下列曲线：

(1) $\begin{cases}x^2+y^2=4a^2,\\ x^2+2y^2+z^2=5a^2;\end{cases}$ (2) $\begin{cases}x^2+y^2+z^2=4,\\ x^2+(y-3)^2+z^2=4.\end{cases}$

4. 求球面 $x^2+y^2+z^2=4a^2$ 与柱面 $x^2+y^2-2ax=0$ 的交线在各坐标平面上的投影曲线，并绘出图形.

5. 已知母线平行于 z 轴的柱面的准线为

$$\begin{cases}x^2+2xy+y^2+3z^2+2xz+5yz-7=0,\\ z=3,\end{cases}$$

求柱面的方程.

6. 求曲线 $\begin{cases}z=x^2+y^2,\\ z=2-(x^2+y^2)\end{cases}$ 在 Oxy 平面上的投影曲线，并作出图形.

7. 求曲线 $\begin{cases}x^2+y^2+z^2=4a^2,\\ x^2+y^2=2az\end{cases}$ 在 Oxy 和 Ozx 平面上的投影曲线，并作出图形.

8. 求曲线

$$\begin{cases}-9y^2+6xy-2xz+24x-9y+3z-63=0,\\ 2x-3y+z-9=0\end{cases}$$

在 Oxy 平面上的投影曲线.

9. 试把曲线 $\begin{cases}2y^2+z^2+4x=4z,\\ y^2+3z^2-8x=12z\end{cases}$ 的方程换成母线分别平行于 x 轴和 z 轴的投影柱面交线的方程，并作图形.

10. 选取一个适当平面上的截口作准线，作出下列锥面的图形：

(1) $\dfrac{x^2}{9}+\dfrac{y^2}{4}-z^2=0$; (2) $\dfrac{x^2}{4}-\dfrac{y^2}{2}+\dfrac{z^2}{3}=0.$

11. 锥面顶点在坐标原点，准线为椭圆

$$\begin{cases}\dfrac{x^2}{a^2}+\dfrac{y^2}{b^2}=1,\\ z=c\ (c\neq 0),\end{cases}$$

写出锥面的方程.

12. 锥面顶点在坐标原点，其准线为

$$\begin{cases}Ax^2+2Bxy+Cy^2+2Dx+2Ey+F=0,\\ z=h\ (h\neq 0),\end{cases}$$

求锥面的方程.

13. 分别用 1) 3 个坐标平面；2) 与 3 个坐标平面平行的平面去截下列曲面，并作出图形：

(1) $\frac{x^2}{9}+\frac{y^2}{4}-\frac{z^2}{25}=0$；　　(2) $\frac{x^2}{4}-\frac{y^2}{1}+\frac{z^2}{16}=0$.

3.3 旋转曲面、二次旋转曲面

在立体几何中我们有旋转体的概念，它的表面就是旋转曲面. 在生产实践与日常生活中，常可碰到以旋转曲面为表面的物体，如轮胎、反应塔、花瓶等. 这一节讨论由曲线生成的一般旋转曲面方程，并给出二次旋转曲面概念，从而引出一般性的二次曲面.

3.3.1 旋转曲面

先给出旋转曲面的一般定义.

定义 1 空间中一条曲线 C 绕另一条直线 L 旋转所生成的曲面称为**旋转曲面**. 直线 L 称为旋转曲面的**轴**，曲线 C 称为旋转曲面的**生成曲线**. 通过轴线的平面与旋转曲面相截所得的平面曲线，叫做旋转曲面的**子午线**.

注意，按定义，一般说来，生成曲线可以是该旋转曲面上的任意空间曲线，但子午线一定是平面曲线. 显然，任意一条子午线都可以当做这个旋转曲面的生成线. 为简便起见，我们取一条子午线作为生成曲线来推导旋转曲面的方程.

设生成曲线 C 是 Oyz 平面上由方程

$$\begin{cases} F(Y,Z)=0, \\ X=0 \end{cases} \qquad (3.28)$$

所给的曲线，将它绕 y 轴旋转，得到曲面 S. 任取曲面 S 上的一动点 $M(x,y,z)$，设它是由曲线 C 上点 $A(0,Y,Z)$ 旋转而得到的(图 3-12)，点 A 的坐标 Y,Z 满足(3.28)式. 现在来考查点 M 与 A 的坐标之间的关系.

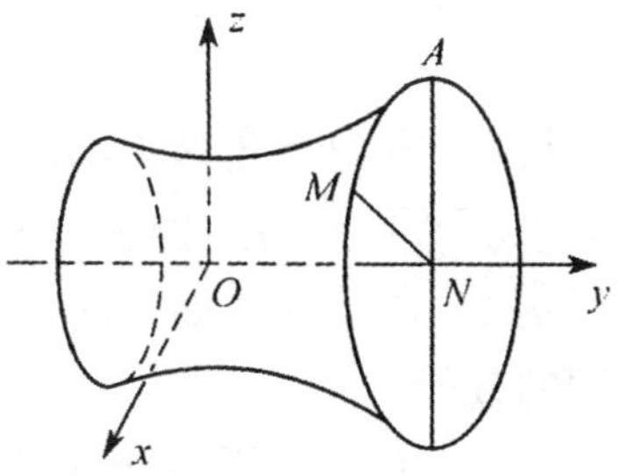

图 3-12

首先，点 A 与 M 在同一个垂直于 y 轴的平面上，该平面与 y 轴交于 N 点. 于是 $Y=y$. 其次，点 A 与 M 同在一个以 y 轴上点 N 为圆心的圆周上，因此 $|AN|=|MN|$. 而

$$|AN|=|Z|, \quad |MN|=\sqrt{x^2+z^2},$$

因此 $Z=\pm\sqrt{x^2+z^2}$. 于是得到

$$Y=y, \quad Z=\pm\sqrt{x^2+z^2}.$$

将这两式代入 Y,Z 所满足的(3.28)式，得到

$$F(y,\pm\sqrt{x^2+z^2})=0. \qquad (3.29)$$

这就是旋转曲面 S 上动点 M 的坐标所满足的方程，于是有

定理 3.3 设 Oyz 平面上曲线 C 由方程(3.28)给出，那么它绕 y 轴旋转所生成的曲面 S 可用方程(3.17)表示.

这里只要将(3.28)式中坐标 Y 换成 S 上的动点坐标 y，而 Z 换成动点的另外两个坐标平方和的平方根 $\pm\sqrt{x^2+z^2}$(前面附有 +、一号)就可以得到(3.29).

不难类似证明，将 Ozx 平面和 Oxy 平面上的曲线

$$F(Z,X)=0 \quad 和 \quad F(X,Y)=0$$

分别绕 z 轴和 x 轴旋转所得曲面的方程为

$$F(z,\pm\sqrt{x^2+y^2})=0 \quad 和 \quad F(x,\pm\sqrt{y^2+z^2})=0. \tag{3.30}$$

例 1 将 Oyz 平面上的直线 $z=R$ 绕 y 轴旋转一周，得到圆柱面 $\pm\sqrt{x^2+z^2}=R$，即 $x^2+z^2=R^2$.

例 2 将 Oyz 平面上的直线 $y=z\tan\theta$ 绕 z 轴旋转，求所得圆锥面的方程.

解 保留方程中与旋转轴同名的坐标 z，将另一个坐标 y 改为 $\pm\sqrt{x^2+y^2}$，得到 $\pm\sqrt{x^2+y^2}=z\tan\theta$. 两边平方，得

$$x^2+y^2=z^2\tan^2\theta,$$

这正是前一节中圆锥面方程(3.23).

例 3 把 Oxz 平面上的圆 $(x-b)^2+z^2=a^2\ (b>a>0)$ 绕 z 轴旋转，求所得曲面的方程(如图 3-13).

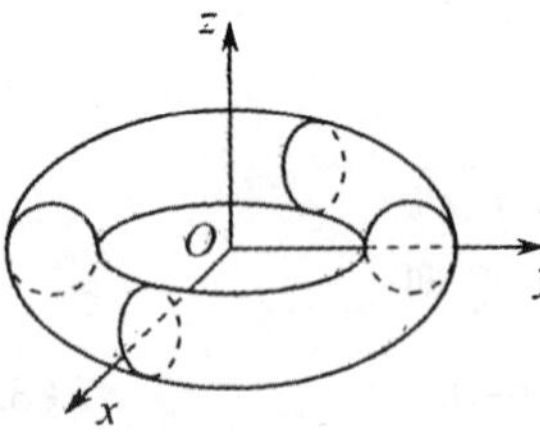

图 3-13

解 保留曲线方程中的坐标 z，换 x 为 $\pm\sqrt{x^2+y^2}$，得

$$(\pm\sqrt{x^2+y^2}-b)^2+z^2=a^2,$$

即

$$x^2+y^2+z^2+b^2-a^2=\pm 2b\sqrt{x^2+y^2},$$

或为

$$(x^2+y^2+z^2+b^2-a^2)^2=4b^2(x^2+y^2).$$

此曲面称为**圆环面**. 汽车轮胎的胆和救生圈的表面就是这种曲面.

如果生成曲线 C 由方程

$$\begin{cases} x=f(t), \\ y=g(t), \quad (a\leqslant t\leqslant b) \\ z=h(t) \end{cases} \tag{3.31}$$

给出，我们来导出它绕 z 轴旋转一周所得曲面的方程. 设曲面上动点 $M(x,y,z)$ 是由曲线 C 上的点 $M_0(f(t_0),g(t_0),h(t_0))$ 旋转

得到的(如图 3-14). M 和 M_0 在同一个圆周上，此圆周所在平面与 z 轴垂直，且中心在 z 轴上，其半径为

$$r=\sqrt{f^2(t_0)+g^2(t_0)}.$$

设点 M 在 Oxy 平面上的投影为 N，选取从 x 轴到 $\overrightarrow{ON}$ 的夹角 φ 为曲面的一个参变数（按 x 轴经 $\frac{\pi}{2}$ 角到 y 轴正向的方向），于是得到点 M 的前两个坐标 $x=r\cos\varphi$，$y=r\sin\varphi$. 用 r 值代入，即得

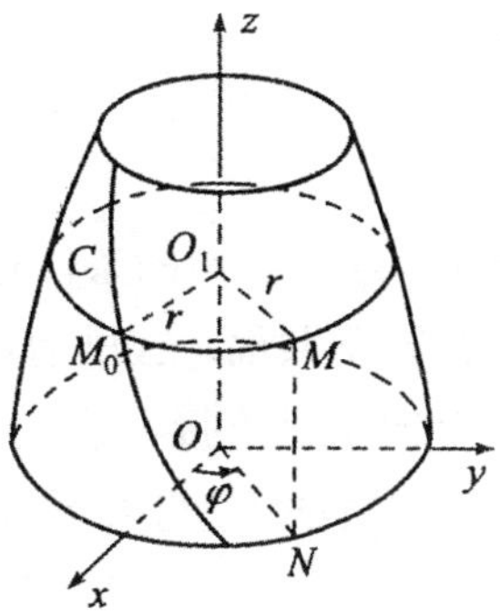

图 3-14

$$x=\sqrt{f^2(t_0)+g^2(t_0)}\cos\varphi,$$

$$y=\sqrt{f^2(t_0)+g^2(t_0)}\sin\varphi.$$

另外，点 M 与 M_0 具有相同的第 3 个坐标 $z=h(t_0)$. 现在让 t_0 变动，记作 t，当做曲面的另一个参变数，于是得到旋转曲面的参数方程

$$\begin{cases} x=\sqrt{f^2(t)+g^2(t)}\cos\varphi, \\ y=\sqrt{f^2(t)+g^2(t)}\sin\varphi, \\ z=h(t) \end{cases} \quad (0\leqslant\varphi<2\pi,\ a\leqslant t\leqslant b). \tag{3.32}$$

例 4 设有空间两异面直线 L_0 与 L，将 L 绕 L_0 旋转一周，求所得曲面的方程.

解 选取 z 轴与直线 L_0 重合，于是 L_0 的方向向量是(0,0,1). 设在此坐标系中直线 L 的方向向量为 $\boldsymbol{v}=(l,m,n)$. 如果 $n=0$，那么直线 L 与 L_0 垂直，所得旋转面为一平面，我们不予考虑. 故设 $n\neq0$，并且不妨改变 $\boldsymbol{v}$ 的长度和指向，使 $n=1$. 又设直线 L 与 Oxy 平面的交点为 $M_0(x_0,y_0,0)$. 因此直线 L 的方程可以写成

$$L:\begin{cases}x=x_0+tl,\\ y=y_0+tm,\\ z=t.\end{cases}\tag{3.33}$$

直线 L_0 与 L 异面的条件是 3 个向量$(0,0,1)$,$(l,m,1)$和$(x_0-0,y_0-0,0)$不共面. 这里前两个向量分别是 L_0,L 的方向向量，最后一个向量是连接 L 上的点$(x_0,y_0,0)$和 L_0 上的点$(0,0,0)$的向量. 于是直线 L_0 与 L 异面的条件为

$$\begin{vmatrix}0&0&1\\ l&m&1\\ x_0&y_0&0\end{vmatrix}\neq 0,\quad \text{即 } x_0m-y_0l\neq 0.\tag{3.34}$$

再利用绕 z 轴生成的旋转曲面方程(3.32)，写出以曲线(3.33)为生成线的旋转曲面方程

$$\begin{cases}x=\sqrt{(x_0+tl)^2+(y_0+tm)^2}\cos\varphi,\\ y=\sqrt{(x_0+tl)^2+(y_0+tm)^2}\sin\varphi,\\ z=t\end{cases}$$

$$(0\leqslant\varphi<2\pi,\ -\infty<t<+\infty).$$

由以上第一、二式消去 φ，再用第三式的 t 代入，得到曲面的普通方程

$$x^2+y^2-(l^2+m^2)z^2-2(x_0l+y_0m)z-(x_0{}^2+y_0{}^2)=0.$$

关于 z 的二次项和一次项配方，以上方程化简为

$$x^2+y^2-a^2(z+b)^2-c^2=0,\tag{3.35}$$

式中已令 $a^2=l^2+m^2$,

$$b=\frac{x_0l+y_0m}{l^2+m^2},\quad c^2=\frac{(x_0m-y_0l)^2}{l^2+m^2}.$$

根据条件(3.34)，方程(3.35)中 $c\neq 0$，于是所求曲面是旋转单叶双曲面. 因此，我们有结论：空间一条直线绕着与它异面但不垂直的直线旋转一周，生成旋转单叶双曲面. 至于一条直线绕着与它共面的直线旋转一周所得到的曲面，显然是圆锥面或圆柱面.

3.3.2 二次旋转曲面

现在我们来讨论由基本类型二次曲线——椭圆、双曲线和抛物线绕其对称轴旋转所生成的二次旋转曲面.

1. 旋转椭球面、椭球面

把 Oxz 平面上的椭圆

$$\frac{x^2}{a^2}+\frac{z^2}{c^2}=1$$

绕其对称轴 z 轴旋转，便得到曲面

$$\frac{x^2}{a^2}+\frac{y^2}{a^2}+\frac{z^2}{c^2}=1, \tag{3.36}$$

称为**旋转椭球面**. 对于 $a<c$ 和 $a>c$ 分别得到图 3-15 中(a),(b)两种不同形状的曲面.

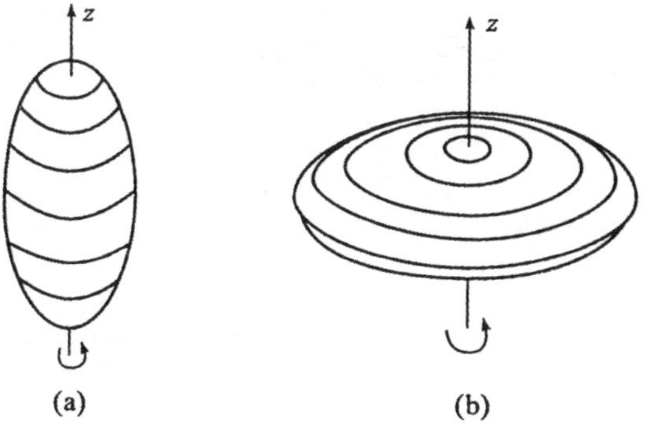

图 3-15

对比(3.36)式更一般的曲面，我们有如下定义：

定义 2 在直角坐标系中，由方程

$$\frac{x^2}{a^2}+\frac{y^2}{b^2}+\frac{z^2}{c^2}=1 \quad (a,b,c>0) \tag{3.37}$$

给出的曲面称为**椭球面**. 把方程(3.36)中 y^2 的系数$\frac{1}{a^2}$换为$\frac{1}{b^2}$（—

般 $b\neq a$)，即得方程(3.37).

地球表面近似于一个旋转椭球面，南北两极所在轴上的半轴较短，长为 6 357.91 公里，赤道平面上两个轴上的半轴较长，为 6 378.39 公里，两半轴长之差约为 20 公里. 因此这个椭球面的方程是

$$\frac{x^2+y^2}{6\,378.39^2}+\frac{z^2}{6\,357.91^2}=1.$$

2. 旋转双曲面、双曲面

在 Oxz 平面上，方程

$$\frac{x^2}{a^2}-\frac{z^2}{c^2}=1 \quad 与 \quad \frac{x^2}{a^2}-\frac{z^2}{c^2}=-1$$

是具有公共渐近线$\frac{x^2}{a^2}-\frac{z^2}{c^2}=0$ 的两条双曲线，将它们绕其对称轴 z 轴旋转得到两个曲面(图 3-16)：

$$\frac{x^2}{a^2}+\frac{y^2}{a^2}-\frac{z^2}{c^2}=1, \tag{3.38}$$

$$\frac{x^2}{a^2}+\frac{y^2}{a^2}-\frac{z^2}{c^2}=-1. \tag{3.39}$$

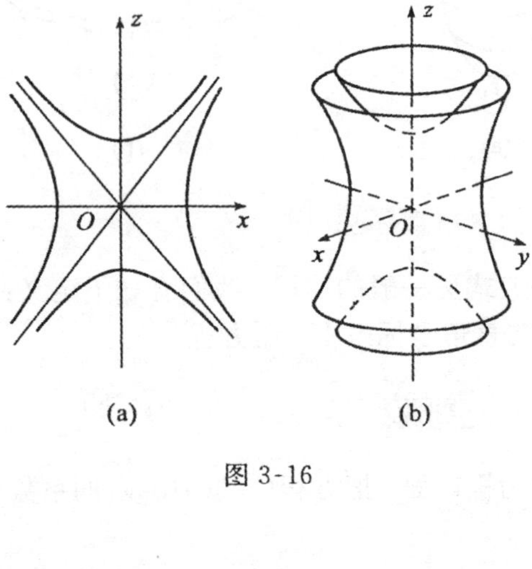

图 3-16

它们都称为**旋转双曲面**. 曲面(3.38)由一叶构成，称为**单叶旋转双曲面**，曲面(3.39)由两叶构成，称为**双叶旋转双曲面**.

如果方程(3.38)，(3.39)中 y^2 的系数$\frac{1}{a^2}$换为$\frac{1}{b^2}$，一般 $b\neq a$，分别得方程

$$\frac{x^2}{a^2}+\frac{y^2}{b^2}-\frac{z^2}{c^2}=1 \quad (a,b,c>0), \tag{3.40}$$

$$\frac{x^2}{a^2}+\frac{y^2}{b^2}-\frac{z^2}{c^2}=-1 \quad (a,b,c>0). \tag{3.41}$$

定义 3 在直角坐标系中，用方程(3.40)和(3.41)给出的曲面分别称为**单叶双曲面**和**双叶双曲面**.

3. *旋转抛物面、椭圆抛物面*

把 Ozx 平面上的抛物线

$$x^2=2pz \quad (p>0)$$

绕其对称轴 z 轴旋转所生成的曲面

$$x^2+y^2=2pz \tag{3.42}$$

称为**旋转抛物面**(图 3-17).

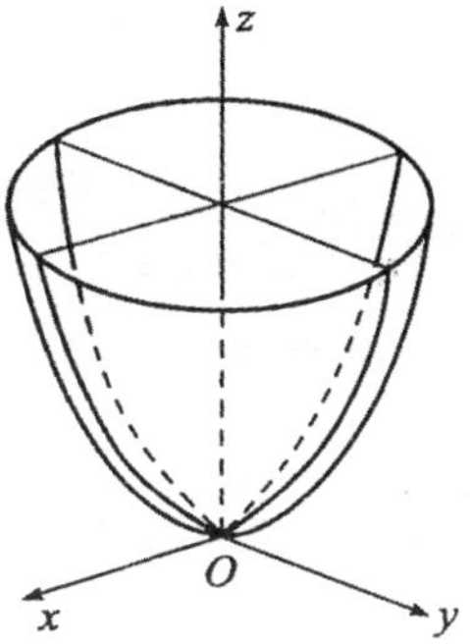

图 3-17

将(3.42)中 x^2，y^2 两项的系数分别换为$\frac{1}{a^2}$，$\frac{1}{b^2}$，一般 $a\neq b$，得方程(这时令 $p=1$)

$$\frac{x^2}{a^2}+\frac{y^2}{b^2}=2z \quad (a,b>0). \tag{3.43}$$

定义 4 在直角坐标系中用方程(3.43)给出的曲面称为**椭圆抛物面**.

注意，如果曲面不是由二次曲线绕其对称轴旋转所得的，其方程就不再是坐标 x,y,z 的二次方程了. 例如：将抛物线 $y^2=2pz$ 绕 y 轴旋转得到曲面

$$y^4=4p^2(x^2+z^2),$$

这个方程包含坐标的 4 次幂. 又如例 3 中的圆环面也不是二次曲

面.

综上所述，我们用 3 种基本类型的二次曲线，通过旋转曲面概念，适当改变方程的系数，定义了 4 种二次曲面，即椭球面(3.37)、单叶双曲面(3.40)、双叶双曲面(3.41)和椭圆抛物面(3.43).

习 题 3.3

1. 写出下列曲线绕指定轴旋转所得曲面的方程，并作图形：

(1) 曲线 $\begin{cases}\dfrac{z^2}{4}-\dfrac{y^2}{9}=1,\\ x=0\end{cases}$ 绕 z 轴；

(2) 曲线 $\begin{cases}x^2+y^2-2ax=0,\\ z=0\end{cases}$ 绕 x 轴；

(3) 曲线 $\begin{cases}x^2-6z=0,\\ y=0\end{cases}$ 绕 z 轴.

2. 分别用 3 个坐标平面去截下列曲面，研究所得的截口，并作图形：

(1) $\dfrac{x^2+y^2}{9}+\dfrac{z^2}{4}=1$；　　(2) $\dfrac{x^2}{3}+\dfrac{y^2+z^2}{10}=1$；

(3) $\dfrac{x^2+y^2}{4}-\dfrac{z^2}{16}=1$；　　(4) $\dfrac{y^2+z^2}{9}-\dfrac{x^2}{4}=1$；

(5) $x^2+z^2=6y$.

3. 求直线 $\dfrac{x}{\alpha}=\dfrac{y-\beta}{0}=\dfrac{z}{1}$ 绕 z 轴旋转所成的曲面方程，试按 α,β 取值的情况确定方程表示什么曲面.

4. 设一动点到两定点距离之比为一常数，求动点的轨迹.

5. 求柱面方程，已知准线为 $\begin{cases}x^2+y^2=25,\\ z=2\end{cases}$ 且母线平行于向量(5,3,2).

6. 柱面的母线平行于直线 $x=y=z$，准线为 $\begin{cases} x^2+y^2+z^2=1, \\ x+y+z=0, \end{cases}$ 求柱面的方程.

7. 柱面的准线为 $\begin{cases} x=y^2+z^2, \\ x=2z \end{cases}$ 而它的母线与这准线所在平面垂直，写出它的方程.

8. 求锥面方程，其顶点在原点，且在平面 $z=4$ 上的截口为

$$\begin{cases} x^2+y^2=8, \\ z=4. \end{cases}$$

9. 求以点(4,0,−3)为顶点、准线是椭圆

$$\begin{cases} \dfrac{y^2}{25}+\dfrac{z^2}{9}=1, \\ x=0 \end{cases}$$

的锥面方程.

10. 锥面的准线为 $\begin{cases} 3x^2+6y^2-z=0, \\ x+y+z=1, \end{cases}$ 顶点为(−3,0,0)，求其方程.

11. 先将 Oxy 平面上的圆 $x^2+(y-b)^2=a^2$ $(b>a>0)$ 写成参数方程，再写出此圆绕 x 轴旋转所得圆环面的参数方程.

3.4 基本类型二次曲面

在上两节里，讨论柱面、锥面和旋转曲面时，引出了 5 类二次曲面，它们是二次柱面、二次锥面、椭球面、双曲面和椭圆抛物面. 这 5 类中共有 8 种方程，都是基本类型二次曲面的标准方程. 另外还有一种基本类型的抛物面，它可以从椭圆抛物面的标准方程

$$\frac{x^2}{a^2}+\frac{y^2}{b^2}=2z$$

中改变 y^2 项的符号而得：

$$\frac{x^2}{a^2}-\frac{y^2}{b^2}=2z,$$

称为**双曲抛物面**. 总共有 9 种类型的二次曲面. 这节我们根据这 9 种标准方程来讨论它们的图形.

3.4.1 基本类型二次曲面的标准方程

在平面解析几何中，二次曲线除退化的和无轨迹的外，共有 3 种类型即椭圆、双曲线及抛物线. 而在空间解析几何中，二次曲面除退化为两平面、一直线、一点及无轨迹或虚图形外，只有上述 5 类共 9 种基本类型. 上述 9 种类型基本概括了所有非退化的二次曲面，我们讨论二次曲面时只讨论这 9 种的原因即在于此. 它的证明和平面中的一样，通过坐标变换把一般二次曲面方程化简，具体方法见第 5 章.

现列举这 9 种基本类型的二次曲面的名称及其标准方程如下(方程(3.44)～(3.52)式中的常数 a,b,c,p 皆为正数)：

1）椭球面

$$\frac{x^2}{a^2}+\frac{y^2}{b^2}+\frac{z^2}{c^2}=1. \tag{3.44}$$

2）双曲面

单叶双曲面 $$\frac{x^2}{a^2}+\frac{y^2}{b^2}-\frac{z^2}{c^2}=1, \tag{3.45}$$

双叶双曲面 $$\frac{x^2}{a^2}+\frac{y^2}{b^2}-\frac{z^2}{c^2}=-1. \tag{3.46}$$

3）抛物面

椭圆抛物面 $$\frac{x^2}{a^2}+\frac{y^2}{b^2}=2z, \tag{3.47}$$

双曲抛物面 $$\frac{x^2}{a^2}-\frac{y^2}{b^2}=2z. \tag{3.48}$$

4）二次柱面

椭圆柱面 $$\frac{x^2}{a^2}+\frac{y^2}{b^2}=1, \tag{3.49}$$

双曲柱面 $\frac{x^2}{a^2}-\frac{y^2}{b^2}=1,$ (3.50)

抛物柱面 $y^2=2px.$ (3.51)

5）二次锥面

$$\frac{x^2}{a^2}+\frac{y^2}{b^2}-\frac{z^2}{c^2}=0. \tag{3.52}$$

3.4.2 基本类型二次曲面的形状

我们用截口法来认识曲面的大致形状，即用一组平行的平面去截曲面，从截口的形状，可大体明了曲面的形状.

1. 椭球面

$$\frac{x^2}{a^2}+\frac{y^2}{b^2}+\frac{z^2}{c^2}=1. \tag{3.53}$$

如果点 $M(x,y,z)$满足方程(3.53)，那么点$(\pm x,\pm y,\pm z)$不管正负号如何选取都在曲面(3.53)上. 因此椭球面关于各坐标平面、各坐标轴和坐标原点都对称. 各坐标平面、各坐标轴是它的**对称平面**、**对称轴**. 坐标原点叫做它的**中心**(图 3-18).

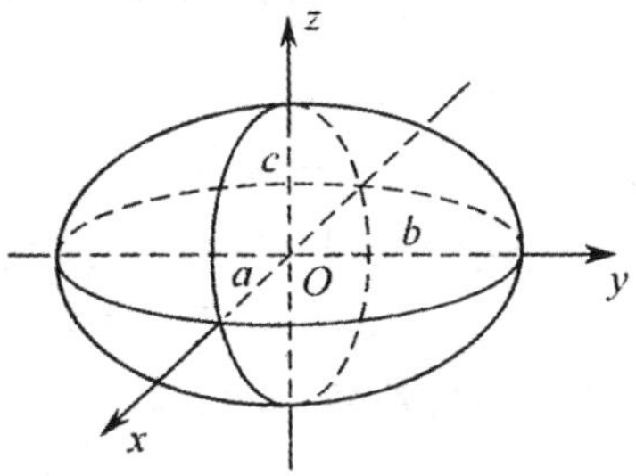

图 3-18

从方程(3.44)可知椭球面上的点满足

$$\frac{x^2}{a^2}\leqslant 1,\ \frac{y^2}{b^2}\leqslant 1,\ \frac{z^2}{c^2}\leqslant 1,$$

即

$$|x|\leqslant a,\ |y|\leqslant b,\ |z|\leqslant c.$$

这表明椭球面是有界图形，它上面所有的点都在平面

$$x=\pm a,\quad y=\pm b,\quad z=\pm c$$

所围成的长方体内. 点$(\pm a,0,0)$,$(0,\pm b,0)$,$(0,0,\pm c)$为椭球面的**顶点**，每条对称轴上两个顶点间的线段长的一半 a,b,c 为椭球面的**半轴的长**.

椭球面与平面相交时(如果有交线的话)，交线是椭圆(作为特例有时是圆). 试以平行于 Oxy 平面的平面 $z=h$，$|h|<c$，截椭球面(3.53)，它们的交线为

$$\begin{cases}\dfrac{x^2}{a'^2}+\dfrac{y^2}{b'^2}=1,\\ z=h,\end{cases}$$

其中 $a'=\dfrac{a}{c}\sqrt{c^2-h^2}$，$b'=\dfrac{b}{c}\sqrt{c^2-h^2}$，这显然是一椭圆. 方程组的第一个方程是以 $z=h$ 代入(3.53)并整理得到的. 当$|h|$越来越接近 c 时，椭圆半轴越来越短；当 $h=\pm c$ 时，截口就缩成为一点.

中心在点 $M_0(x_0,y_0,z_0)$、对称轴分别与坐标轴平行的椭球面方程为

$$\frac{(x-x_0)^2}{a^2}+\frac{(y-y_0)^2}{b^2}+\frac{(z-z_0)^2}{c^2}=1.$$

3 个半轴的长一般不等. 若有两个半轴长相等，就是旋转椭球面；若 3 个半轴长相等，就成了球面.

中心在点(x_0,y_0,z_0)、半径为 r 的球面方程是

$$(x-x_0)^2+(y-y_0)^2+(z-z_0)^2=r^2.$$

如果把这个方程去括弧，方程便成为

$$x^2+y^2+z^2+2fx+2gy+2hz+d=0.$$

这是一种特殊的二次方程：它没有混乘项 xy，yz 和 zx；而且平方项的系数都等于 1 (实际上，只要这三项的系数相同且不为 0，以这个数同除方程中各项，平方项的系数就都成为 1). 反过来，如果有上面的二次方程，可以用配成完全平方的方法，改写为

$$(x+f)^2+(y+g)^2+(z+h)^2=d',$$

其中 $d'=f^2+g^2+h^2-d$. 当 $d'>0$ 时，方程表示以$(-f,-g,-h)$为中心、$r=\sqrt{d'}$为半径的球面；当 $d'=0$ 时，表示点$(-f,-g,-h)$；当 $d'<0$ 时，无轨迹，也说成表示虚球面.

2. 双曲面

单叶双曲面 $$\frac{x^2}{a^2}+\frac{y^2}{b^2}-\frac{z^2}{c^2}=1, \tag{3.54}$$

双叶双曲面 $$\frac{x^2}{a^2}+\frac{y^2}{b^2}-\frac{z^2}{c^2}=-1. \tag{3.55}$$

和椭球面一样，双曲面方程(3.54)，(3.55)中，各坐标 x,y,z 以平方项出现，因此它们都以各坐标平面或各坐标轴为对称平面或对称轴，以坐标原点为对称中心. 下面分别讨论之.

1）单叶双曲面　曲面(3.54)与各坐标平面的交线为

$$\frac{x^2}{a^2}+\frac{y^2}{b^2}=1,\quad z=0;$$

$$\frac{x^2}{a^2}-\frac{z^2}{c^2}=1,\quad y=0;$$

$$\frac{y^2}{b^2}-\frac{z^2}{c^2}=1,\quad x=0.$$

即这曲面与 Oxy 平面相交于一个椭圆，与 Oxz 平面及 Oyz 平面都相交于双曲线(图 3-19). 它与平面 $z=h$ 相交于椭圆

$$\begin{cases}\dfrac{x^2}{a'^2}+\dfrac{y^2}{b'^2}=1,\\ z=h,\end{cases}$$

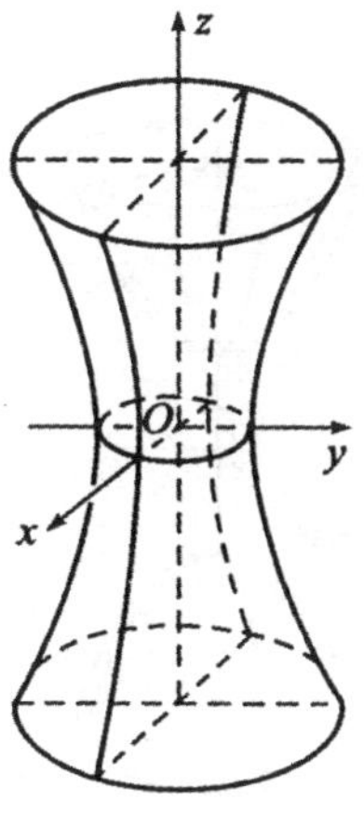

图 3-19

其中 $a'=\dfrac{a}{c}\sqrt{h^2+c^2}$，$b'=\dfrac{b}{c}\sqrt{h^2+c^2}$. h 越大，两个半轴越长，$h=0$ 时截口就是

$$\frac{x^2}{a^2}+\frac{y^2}{b^2}=1,\quad z=0.$$

曲面与平行于 Ozx 平面或平行于 Oyz 平面的平面一般相交于双曲线. 例如用 $y=h$ 去截曲面(3.54)，得截口：

当$|h|<b$ 时：$\dfrac{x^2}{a'^2}-\dfrac{z^2}{c'^2}=1$，$y=h$

$$\left(a'=\frac{a}{b}\sqrt{b^2-h^2},\ c'=\frac{c}{b}\sqrt{b^2-h^2}\right);$$

当 $|h|>b$ 时：$\dfrac{x^2}{a'^2}-\dfrac{z^2}{c'^2}=-1,\ y=h$

$$\left(a'=\frac{a}{b}\sqrt{h^2-b^2},\ c'=\frac{c}{b}\sqrt{h^2-b^2}\right);$$

当 $|h|=b$ 时：$\dfrac{x^2}{a^2}-\dfrac{z^2}{c^2}=0,\ y=\pm b.$

可见，除 $y=\pm b$ 时截口为两条相交直线外，其他都是双曲线.

2）双叶双曲面　曲面(3.55)与 Oxy 平面不相交，与 Ozx 平面或 Oyz 平面的交线都是双曲线(图3-20)：

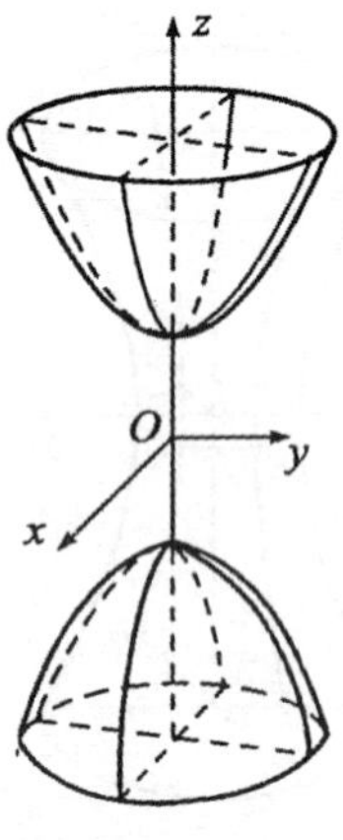

图 3-20

$$\frac{x^2}{a^2}-\frac{z^2}{c^2}=-1,\quad y=0;$$

$$\frac{y^2}{b^2}-\frac{z^2}{c^2}=-1,\quad x=0.$$

曲面与平面 $z=h$ 的相交情形：

当 $|h|>c$ 时：

$$\frac{x^2}{a'^2}+\frac{y^2}{b'^2}=1,\quad z=h$$

$$\left(a'=\frac{a}{c}\sqrt{h^2-c^2},\ b'=\frac{b}{c}\sqrt{h^2-c^2}\right)$$

为椭圆；h 越大，椭圆的两个半轴越长.

当 $|h|<c$ 时：无交点；

当 $|h|=c$ 时：截口成为点 $(0,0,\pm c)$.

这表明双叶双曲面(3.55)与平面 $z=h$ 的截口当 $|h|>c$ 时为一椭圆；当 $|h|<c$ 时无交点；当 $h=\pm c$ 时为一点.

曲面(3.55)与平面 $x=h$ 或 $y=h$ 的交线都是双曲线.

3. 抛物面

椭圆抛物面　　$$\frac{x^2}{a^2}+\frac{y^2}{b^2}=2z,\tag{3.56}$$

双曲抛物面 $$\frac{x^2}{a^2}-\frac{y^2}{b^2}=2z. \tag{3.57}$$

从方程(3.56),(3.57)可见，如果点(x,y,z)在抛物面上，那么$(\pm x,\pm y,z)$也在抛物面上，因此抛物面关于 Ozx 平面、Oyz 平面及 z 轴都对称. 它没有对称中心. 下面分别来讨论.

1) 椭圆抛物面　曲面(3.56)与平面 $z=h$ 的相交情形：

当 $h>0$ 时：$\frac{x^2}{a'^2}+\frac{y^2}{b'^2}=1$，$z=h$ $(a'=a\sqrt{2h}$，$b'=b\sqrt{2h})$为椭圆；

当 $h<0$ 时：无交点；

当 $h=0$ 时：为点$(0,0,0)$.

曲面(3.56)与平面 $x=h$ 或 $y=h$ 的交线都是抛物线(图 3-21). 我们以 $x=h$ 为例，交线是

$$\frac{y^2}{b^2}=2z-\frac{h^2}{a^2},\ x=h,$$

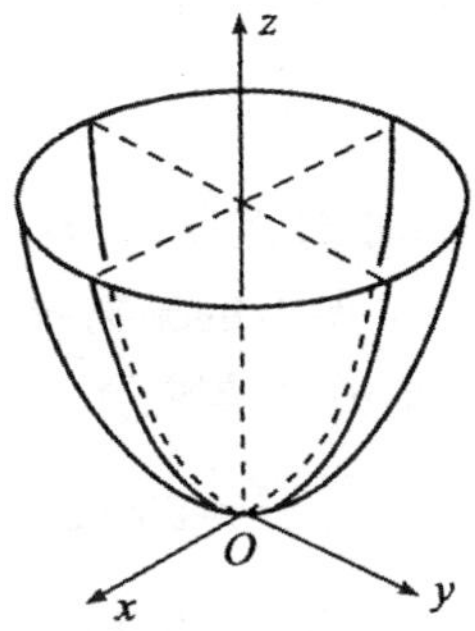

图 3-21

即

$$x=h,\ y^2=2b^2(z-z_0)\quad\left(z_0=\frac{h^2}{2a^2}\right).$$

这是在 $x=h$ 平面上，以$(h,0,z_0)$为顶点、对称轴平行于 z 轴、开口向上的抛物线.

对于不同的 h，所得抛物线是可以完全叠合的.

2) 双曲抛物面　用坐标平面 $z=0$ 去截曲面(3.57)得到一对直线

$$L_1:\begin{cases}\frac{x}{a}+\frac{y}{b}=0,\\ z=0\end{cases}\quad 与\quad L_2:\begin{cases}\frac{x}{a}-\frac{y}{b}=0,\\ z=0.\end{cases}$$

用平面 $z=h$ 去截曲面(3.57)，当 $h>0$ 时，得双曲线

$$\frac{x^2}{a'^2}-\frac{y^2}{b'^2}=1,\ z=h\quad(a'=a\sqrt{2h},\ b'=b\sqrt{2h}).$$

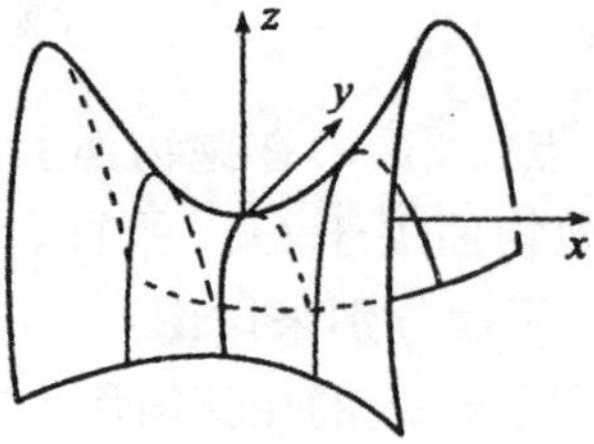

图 3-22

它的实轴平行于 x 轴，虚轴平行于 y 轴. 当 $h<0$ 时，得双曲线

$$\frac{x^2}{a'^2}-\frac{y^2}{b'^2}=-1,\ z=h$$

$$(a'=a\sqrt{-2h},\ b'=b\sqrt{-2h}).$$

它的实轴平行于 y 轴，虚轴平行于 x 轴(图 3-22).

平面 $x=h$ 与曲面(3.57)的截口是抛物线

$$x=h,\ y^2=-2b^2(z-z_0)\quad\left(z_0=\frac{h^2}{2a^2}\right).$$

这是对称轴过点$(h,0,z_0)$且平行于 z 轴开口向下的抛物线. 对于不同的 h，所得的抛物线是可以完全叠合的(图 3-23(a)).

平面 $y=h$ 与曲面(3.57)的截口是抛物线

$$x^2=2b^2(z-z_0),\ y=h\quad\left(z_0=-\frac{h^2}{2a^2}\right).$$

这是对称轴过点$(0,h,z_0)$且平行于 z 轴、开口向上的抛物线. 对于不同的 h，所得的抛物线也是可以完全叠合的(图 3-23(b)).

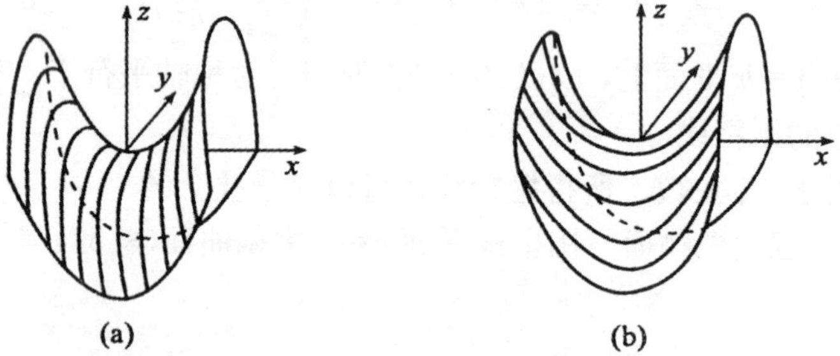

图 3-23

双曲抛物面在原点附近像马鞍形，因此又称它为**马鞍面**.

根据以上对曲面(3.56),(3.57)的截口分析，可见用 $x=h$ 或 $y=h$ 的平面去截曲面都得到抛物线，这就是它们为抛物面的原因. 而当用 $z=h$ 去截时，(3.56)得到的截口是椭圆，因此取名为椭圆抛物面；(3.57)得到的截口是双曲线，因此取名为双曲抛物面.

4. 二次柱面

椭圆柱面 $$\frac{x^2}{a^2}+\frac{y^2}{b^2}=1, \tag{3.58}$$

双曲柱面 $$\frac{x^2}{a^2}-\frac{y^2}{b^2}=1, \tag{3.59}$$

抛物柱面 $$y^2=2px. \tag{3.60}$$

它们的图形简单，见图 3-6，不必再详细讨论.

5. 二次锥面

$$\frac{x^2}{a^2}+\frac{y^2}{b^2}-\frac{z^2}{c^2}=0. \tag{3.61}$$

方程中各坐标仅以平方项出现，因此它以各坐标平面或各坐标轴为对称平面或对称轴.

用平面 $z=h$ 截曲面(3.61)，得截口

$$\begin{cases}\dfrac{x^2}{a'^2}+\dfrac{y^2}{b'^2}=1,\\ z=h,\end{cases}$$

其中 $a'=\frac{a|h|}{c}$，$b'=\frac{b|h|}{c}$. 它是平面 $z=h$ 上，半轴长分别为 a' 和 b' 的椭圆. h 越大，两个半轴越长，当 $h=0$ 时截口即缩为一点——锥顶(图 3-11).

上面的讨论都是根据标准方程进行的. 一般当方程不是标准形的，有判别法(见第 5 章)可以判断它属于上述哪种基本类型. 假如要求作出图形，原则上我们可用坐标变换先把方程化为标准形.

习 题 3.4

下列二次方程表示什么曲面？它们与 3 个坐标平面的交线是什么曲线？并作出图形：

1. $\frac{x^2}{9}+\frac{y^2}{4}+\frac{z^2}{15}=1$；

2. $\frac{x^2}{4}+\frac{y^2}{9}+z^2=1$；

3. $\frac{x^2}{9}-\frac{y^2}{4}+\frac{z^2}{16}=1$；

4. $\frac{x^2}{9}-\frac{y^2}{16}-\frac{z^2}{25}=1$；

5. $x=-\frac{y^2}{49}-\frac{z^2}{16}$；

6. $z=\frac{x^2}{20}-\frac{y^2}{15}$.

7. 已知椭球面的轴与坐标轴重合，且通过椭圆

$$\begin{cases}\frac{x^2}{9}+\frac{y^2}{16}=1,\\ z=0\end{cases}$$

和点 $A(\sqrt{3},2,-\frac{\sqrt{15}}{3})$，求椭球面的方程.

8. 在一个固定的椭圆

$$\begin{cases}\frac{y^2}{b^2}+\frac{z^2}{c^2}=1,\\ x=0\end{cases}$$

上滑动着另一椭圆的两个顶点，而这椭圆在滑动时，它所在的平面始终与 y 轴垂直，它的两个半轴分别平行于 x 轴和 z 轴，且两半轴之比保持不变. 试写出滑动椭圆描出的轨迹方程.

9. 在一个固定的抛物线 $\begin{cases}y^2=-2qz,\\ x=0\end{cases}$ 上滑动着另一抛物线的顶点，该抛物线在 Ozx 平面上的方程为 $\begin{cases}x^2=2pz,\\ y=0,\end{cases}$ 它在滑动时所在平面始终与 y 轴垂直. 试写出这滑动抛物线描出的轨迹方程.

*3.5 直纹二次曲面

在各种基本类型的二次曲面中，我们知道二次柱面与二次锥面是由直线（母线）生成的. 除此以外，是否还有由直线生成的

二次曲面？事实上，单叶双曲面与双曲抛物面可以看成由一族直线生成. 这个事实不是显而易见的，但是用解析的方法却容易证明，这就是本节的任务.

3.5.1 单叶双曲面

先给出更为一般的

定义 由一族直线构成的曲面称为**直纹面**，每一条直线叫做直纹面的**(直)母线**.

显然，柱面和锥面都是直纹面，平面也是直纹面.

设单参数直线族 L_λ 的方程为

$$L_\lambda:\quad \begin{cases} A_1(\lambda)x+B_1(\lambda)y+C_1(\lambda)z+D_1(\lambda)=0, \\ A_2(\lambda)x+B_2(\lambda)y+C_2(\lambda)z+D_2(\lambda)=0, \end{cases} \tag{3.62}$$

或为

$$L_\lambda:\quad \frac{x-x_0(\lambda)}{l(\lambda)}=\frac{y-y_0(\lambda)}{m(\lambda)}=\frac{z-z_0(\lambda)}{n(\lambda)}, \qquad (3.62)'$$

式中 λ 为族参数. 如果从方程(3.62)或(3.62)′中消去参数 λ，则得到含动点坐标 (x,y,z) 的直纹面方程 $F(x,y,z)=0$.

例 1 设直线族是由平行于 z 轴的直线

$$L_\lambda:\quad \begin{cases} x=x_0(\lambda) \\ y=y_0(\lambda) \end{cases} \quad (l=m=0,\ n\neq 0)$$

组成的. 消去 λ，得关于 x,y 的方程 $F(x,y)=0$，这正是直母线平行于 z 轴的柱面.

例 2 设直线族通过定点 $O(0,0,0)$，方程(3.62)′为

$$\frac{x}{l(\lambda)}=\frac{y}{m(\lambda)}=\frac{z}{n(\lambda)}.$$

不妨设 $n(\lambda)\neq 0$，于是

$$\frac{x}{z}=\frac{l(\lambda)}{n(\lambda)}\equiv\varphi(\lambda), \quad \frac{y}{z}=\frac{m(\lambda)}{n(\lambda)}\equiv\psi(\lambda).$$

消去 λ，得关于 $\frac{x}{z},\frac{y}{z}$ 的方程 $F\left(\frac{x}{z},\frac{y}{z}\right)=0$，这正是 x,y,z 的齐次

方程，因此是顶点在原点的锥面.

例 3 已知单参数直线族

$$L_\lambda:\quad \frac{x-\lambda^2}{2}=\frac{y-\lambda}{1}=\frac{z-1}{-1},$$

求由它所生成的直纹面.

解 由 L_λ 的方程立即得到

$$\lambda=y+z-1,$$

$$\lambda^2=x+2z-2.$$

消去 λ，得 $(y+z-1)^2=x+2z-2$，即直纹面方程为

$$y^2+2yz+z^2-x-2y-4z+3=0.$$

定理 3.4 单叶双曲面

$$\frac{x^2}{a^2}+\frac{y^2}{b^2}-\frac{z^2}{c^2}=1 \tag{3.63}$$

是直纹面，因此是直纹二次曲面.

证 将方程(3.63)改写为 $\frac{x^2}{a^2}-\frac{z^2}{c^2}=1-\frac{y^2}{b^2}$，或为

$$\left(\frac{x}{a}+\frac{z}{c}\right)\left(\frac{x}{a}-\frac{z}{c}\right)=\left(1+\frac{y}{b}\right)\left(1-\frac{y}{b}\right), \tag{3.63$'$}$$

那么

$$\left(\frac{x}{a}+\frac{z}{c}\right)\Big/\left(1+\frac{y}{b}\right)=\left(1-\frac{y}{b}\right)\Big/\left(\frac{x}{a}-\frac{z}{c}\right). \tag{3.64}$$

(3.64)式表明，等式左右两边的比值相等，记这个比值为 t，于是得到

$$\begin{cases}\frac{x}{a}+\frac{z}{c}=t\left(1+\frac{y}{b}\right),\\[2ex] 1-\frac{y}{b}=t\left(\frac{x}{a}-\frac{z}{c}\right).\end{cases} \tag{3.65}$$

现在从代数的观点来看(3.65)式，对于每一个参数 t，它是坐标 x,y,z 的一次方程组，从而表示一条直线，而且这条直线显然在

曲面(3.63)上．这是因为将(3.65)中两式相除，消去 t 就得到(3.63)式，即凡满足(3.65)的点(x,y,z)必满足(3.63)，于是直线(3.65)在曲面(3.63)上．注意到曲面(3.63)上显然还有另一条直线

$$\begin{cases}\dfrac{x}{a}-\dfrac{z}{c}=0,\\[2mm] 1+\dfrac{y}{b}=0.\end{cases}\tag{3.66}$$

它实际上是对应于(3.65)中 $t\to\infty$ 的情况．为了把(3.65),(3.66)统一在一个式子里，我们令 $t=\dfrac{v}{u}$，(3.65)式为

$$\begin{cases}u\left(\dfrac{x}{a}+\dfrac{z}{c}\right)=v\left(1+\dfrac{y}{b}\right),\\[2mm] v\left(\dfrac{x}{a}-\dfrac{z}{c}\right)=u\left(1-\dfrac{y}{b}\right),\end{cases}\tag{3.67}$$

其中 u,v 是不同时为零的参数．当给定比值 $u:v$ 时，方程组(3.67)表示一条直线，让比值 $u:v$ 变动，就得到了一族直线．这就说明，单叶双曲面上存在一族直母线．是否曲面能够由这族直母线生成？也就是说，过曲面(3.63)上的每一个点 M，是否有族(3.67)中的一条直线通过它？设点 M 为(x_0,y_0,z_0)，它在曲面(3.63)上，于是由(3.63)式，有

$$\left(\frac{x_0}{a}+\frac{z_0}{c}\right)\left(\frac{x_0}{a}-\frac{z_0}{c}\right)=\left(1+\frac{y_0}{b}\right)\left(1-\frac{y_0}{b}\right).\tag{3.63$''$}$$

我们来求 $u:v$ 的值，使直线(3.67)过点 M，直线(3.67)过点 M 的条件为

$$\begin{cases}u\left(\dfrac{x_0}{a}+\dfrac{z_0}{c}\right)=v\left(1+\dfrac{y_0}{b}\right),\\[2mm] v\left(\dfrac{x_0}{a}-\dfrac{z_0}{c}\right)=u\left(1-\dfrac{y_0}{b}\right).\end{cases}\tag{3.67$'$}$$

两个数 $1+\dfrac{y_0}{b}$，$1-\dfrac{y_0}{b}$不可能同时为零，为确定起见，设 $1+\dfrac{y_0}{b}\neq$

0. 现在可以取不全为零的

$$u=\lambda\left(1+\frac{y_0}{b}\right),\quad v=\lambda\left(\frac{x_0}{a}+\frac{z_0}{c}\right),$$

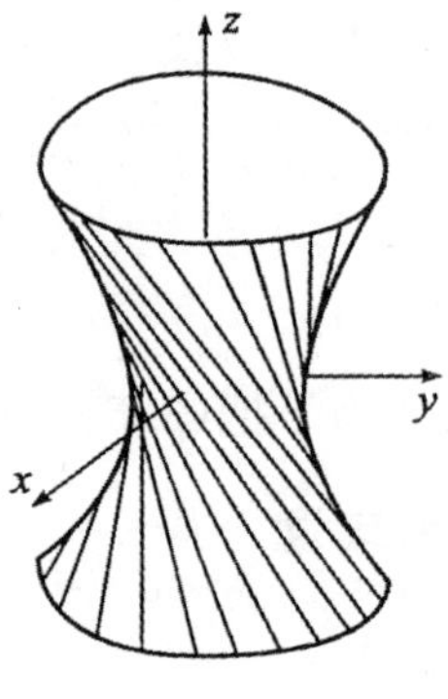

图 3-24

其中 $\lambda\neq 0$ 为任意数. u,v 显然使(3.67)′中第一式成立，由于(3.63)″，也使(3.67)′中第二式成立. 从而证明了过曲面(3.63)上一点必有族(3.67)中的一条直线. 综合以上两方面，我们证明了单叶双曲面是直纹面，即为直纹二次曲面(图 3-24).

如果方程(3.63)不改写为方程(3.64)的形式，而改写为

$$\left(\frac{x}{a}+\frac{z}{c}\right)\Big/\left(1-\frac{y}{b}\right)=\left(1+\frac{y}{b}\right)\Big/\left(\frac{x}{a}-\frac{z}{c}\right),$$

类似可以证明，曲面(3.63)上除直线族(3.67)外，还有另一族直母线

$$\begin{cases}u\left(\dfrac{x}{a}+\dfrac{z}{c}\right)=v\left(1-\dfrac{y}{b}\right),\\ v\left(\dfrac{x}{a}-\dfrac{z}{c}\right)=u\left(1+\dfrac{y}{b}\right).\end{cases}\tag{3.68}$$

这点不同于柱面和锥面，在柱面和锥面上都只有一族直母线.

至此，我们证明了在单叶双曲面上，有两族直母线，通过曲面上的任一点，都有每一族中的一条直母线.

3.5.2 双曲抛物面

定理 3.5 双曲抛物面

$$\frac{x^2}{a^2}-\frac{y^2}{b^2}=2z\tag{3.69}$$

是直纹面，因此是直纹二次曲面.

证 将方程(3.69)改写为$\left(\frac{x}{a}+\frac{y}{b}\right)\left(\frac{x}{a}-\frac{y}{b}\right)=2z$，或

$$\left(\frac{x}{a}+\frac{y}{b}\right)\Big/2z=1\Big/\left(\frac{x}{a}-\frac{y}{b}\right)=\frac{v}{u},$$

于是曲面(3.69)上有一族直母线

$$\begin{cases}u\left(\frac{x}{a}+\frac{y}{b}\right)=2vz,\\ v\left(\frac{x}{a}-\frac{y}{b}\right)=u.\end{cases}\tag{3.70}$$

另一方面，对于曲面(3.69)上任一点$M(x_0,y_0,z_0)$有

$$\left(\frac{x_0}{a}+\frac{y_0}{b}\right)\left(\frac{x_0}{a}-\frac{y_0}{b}\right)=2z_0,\tag{3.71}$$

只要取参数

$$u=2z_0,\quad v=\frac{x_0}{a}+\frac{y_0}{b},\tag{3.72}$$

(3.70)中第一式成立；再由(3.71)式，可知(3.70)中第二式也成立. 因此由(3.72)所确定的u与v决定族(3.70)中直线通过点M. 这就证明了双曲抛物面(3.69)是直纹面，也就是直纹二次曲面(图3-25).

另外，曲面(3.69)上还有另一族直母线

$$\begin{cases}u\left(\frac{x}{a}+\frac{y}{b}\right)=v,\\ v\left(\frac{x}{a}-\frac{y}{b}\right)=2uz.\end{cases}\tag{3.73}$$

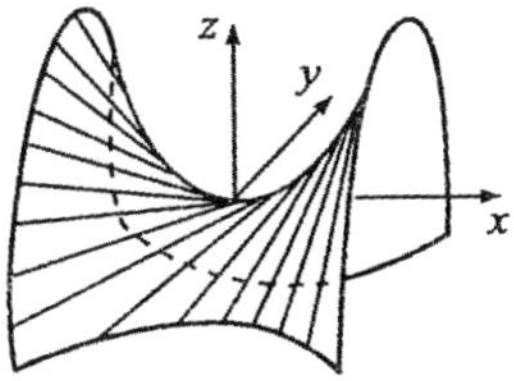

图 3-25

可见，通过曲面(3.69)上任一点有两族中各一条直母线，这点不同于柱面和锥面.

直纹面在建筑与机械零件设计中常被采用. 例如：建筑物表面做成直纹面，用直的构件作骨架可做成弯曲形状的建筑物. 这时，可以采用单叶双曲面或双曲抛物面形状，沿直母线布钢筋，易于施工，且受力状况良好.

例 4 求双曲抛物面$\frac{x^2}{4}-\frac{y^2}{9}=2z$上过点$M(4,0,2)$的直母线方程.

解 将点M的坐标代入双曲抛物面方程可知M在曲面上.曲面上的两族直母线是

$$\begin{cases} u\left(\frac{x}{2}+\frac{y}{3}\right)=2vz, \\ v\left(\frac{x}{2}-\frac{y}{3}\right)=u, \end{cases} \tag{3.74}$$

$$\begin{cases} u\left(\frac{x}{2}+\frac{y}{3}\right)=v, \\ v\left(\frac{x}{2}-\frac{y}{3}\right)=2uz. \end{cases} \tag{3.75}$$

将点M的坐标代入(3.74)和(3.75)分别得

$$u=2v, \quad 2u=v.$$

于是,取$v:u=\frac{1}{2}$代入(3.74)得直母线

$$\begin{cases} x+\frac{2}{3}y-2z=0, \\ \frac{1}{2}x-\frac{1}{3}y-2=0; \end{cases}$$

取$v:u=2$代入(3.75)得另一条直母线

$$\begin{cases} \frac{1}{2}x+\frac{1}{3}y-2=0, \\ x-\frac{2}{3}y-2z=0. \end{cases}$$

习 题 3.5

1. 求单叶双曲面$\frac{x^2}{4}+\frac{y^2}{9}-z^2=1$上通过点$(2,-3,1)$的直母线.

2. 求双曲抛物面 $y=4x^2-z^2$ 上通过点(1,3,−1)的直母线.

3. 求单叶双曲面 $\frac{x^2}{4}+\frac{y^2}{9}-\frac{z^2}{16}=1$ 上平行于平面 $6x+4y+3z-17=0$ 的直母线.

4. 求直线族 L_λ：$\frac{x-\lambda^2}{-1}=\frac{y}{1}=\frac{z-\lambda}{0}$ 所构成的曲面.

5. 求直线族 L_λ：$\frac{x-\lambda^2}{1}=\frac{y-\lambda}{2}=\frac{z}{3}$ 所构成的曲面.

6. 求与下列 3 条直线都相交的直线所构成的曲面方程：

$$L_1: \begin{cases} x=1, \\ y=z, \end{cases} \quad L_2: \begin{cases} x=-1, \\ y=-z, \end{cases} \quad L_3: \frac{x-2}{-3}=\frac{y+1}{4}=\frac{z+2}{5}.$$

小　　结

本章所论述的特殊的曲面指的是空间中常见的三类曲面——柱面、锥面与旋转曲面，它们是由常见的直线与圆构成的曲面. 柱面是由互相平行的其所有直母线构成，锥面是由通过某定点（锥顶）的其所有直母线构成，而旋转曲面则是由其所有的纬线（圆）构成. 利用所给的各种几何条件求曲面的一般方程或参数方程，这就是空间的轨迹问题. 还要掌握同一曲面的两种方程互相转换的方法.

这一章另一个要点是通过这三类曲面的概念，直观而又自然地引出基本类型二次曲面 9 类中的 8 类. 这们分别是柱面 3 类（椭圆柱面、双曲柱面与抛物柱面），锥面 1 类（二次锥面），椭球面 1 类，双曲面 2 类（单叶双曲面与双叶双曲面），椭圆抛物面 1 类. 剩下的 1 类是双曲抛物面，它只能通过对椭圆抛物面标准方程改变一项的符号而得到. 熟悉这 9 类二次曲面的标准方程及其形状是很重要的.

第 4 章　二次曲线与二次曲面

这一章讨论用一般方程给出的二次曲线与二次曲面，在适当选取的坐标系中，可以把它们的一般方程化为标准方程，从而可以得到二次曲线与二次曲面的分类定理. 另外我们还将研究在直角坐标系变换下与它们有关的不变量及其他的几何性质.

4.1　平面的坐标变换

点的坐标和曲线的方程依赖于坐标系的选择，采用不同的坐标系，同一个点有不同的坐标，同一个图形，一般地，方程也不同. 为了用解析的方法来研究一个几何图形，如果容许自由选取坐标系，我们总是尽可能把坐标系选得适当，使方程取得最简单的形式. 这样就便于通过对方程的分析，讨论图形的性质和形状. 但是，在解决具体问题时，往往由于各种因素的影响，坐标系的选择受到一定限制，或者曲线本来就是在一定的坐标系中给定的. 为了促使事物的转化，我们需要把坐标轴改换到一个新的位置，从而使曲线的方程在新坐标系中变得比较简单. 在这里要研究曲线在新旧坐标系中方程的变化，首先需要弄清楚平面上的同一点在两个坐标系中的两对坐标之间的关系（即坐标变换式）.

平面上一般的坐标变换可视为平移与旋转两种坐标变换连续进行的结果. 因此，下面先分别介绍这两种特殊坐标变换，再研究一般的坐标变换.

4.1.1 平移

设 Oxy 和 $O'x'y'$ 是同一个平面上的两个坐标系，它们的坐标轴有相同的方向(图 4-1)*，那么平面上任一点 P 在坐标系 Oxy 中的坐标 (x,y) 和在坐标系 $O'x'y'$ 中的坐标 (x',y') 有什么联系呢?

设 O' 在 Oxy 中的坐标为 (x_0,y_0). 自点 P 向各坐标轴作垂线，从图 4-1 中容易看出:

$$\begin{cases} x=x'+x_0, \\ y=y'+y_0. \end{cases} \tag{4.1}$$

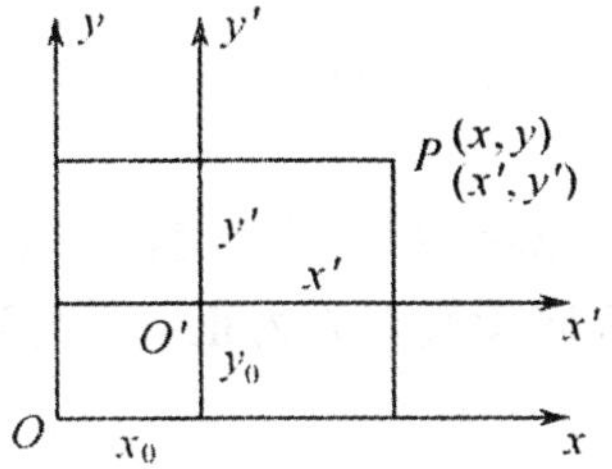

图 4-1

这便是将原点 O 平移到 $O'(x_0,y_0)$ 的坐标变换，其中 (x,y) 和 (x',y') 分别是平面上同一个点 P 在旧坐标系 Oxy 和新坐标系 $O'x'y'$ 中的坐标. 这种坐标变换叫做**平移**. 如果用旧坐标表示新坐标，那么有

$$\begin{cases} x'=x-x_0, \\ y'=y-y_0. \end{cases} \tag{4.2}$$

(4.1)和(4.2)都是**平移公式**.

例 1 用平移简化 $x^2-2x-4y+9=0$，并画出它的图形.

解 原方程可改写为 $x^2-2x+1=4y-8$，即

$$(x-1)^2=4(y-2).$$

作将坐标原点 O 变换到 $O'(1,2)$ 的平移:

$$\begin{cases} x'=x-1, \\ y'=y-2, \end{cases}$$

那么，在新坐标系 $O'x'y'$ 中，方程可简化为

$$x'^2=4y'.$$

---

* 作坐标变换时，我们总是假定长度的单位不变.

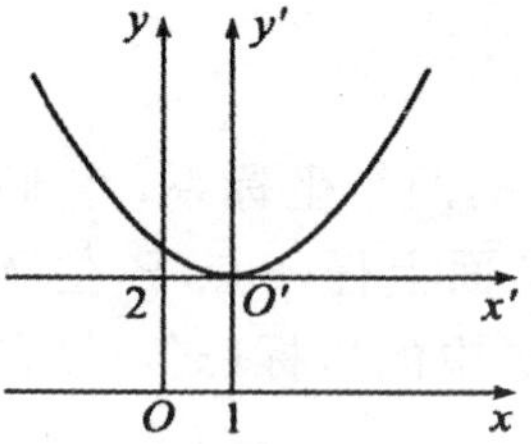

图 4-2

这样，我们就能断定所给方程的图形是一抛物线，它的顶点在原坐标系中的坐标是(1,2)，而轴与 y 轴平行，且图形在直线 $y=2$ 的上半平面，如图 4-2.

4.1.2 旋转

设坐标原点 O 不动，将 x 轴和 y 轴绕点 O 同时旋转一角度 θ 得到一新坐标系 $O'x'y'$（按反时针方向旋转时 θ 为正，否则为负）（图 4-3）. 那么平面上任一点 P 的新、旧坐标之间的关系如何？

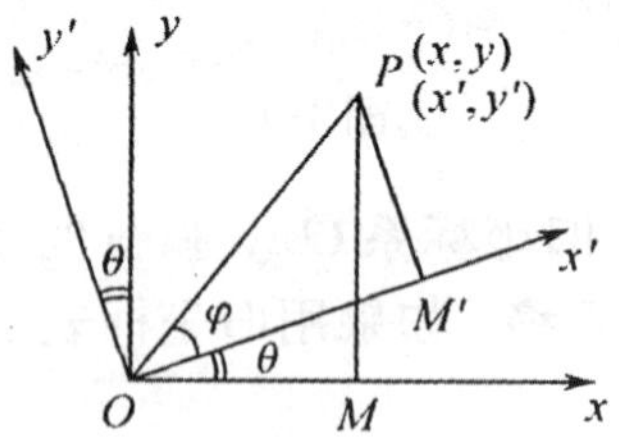

图 4-3

以 (x',y') 和 (x,y) 分别表示点 P 的新、旧坐标. 引 PM 和 PM' 分别垂直于 x 轴和 x' 轴，M 和 M' 为垂足；连接 O 和 P，并记 x' 轴沿反时针方向到射线 OP 的角为 φ，如图 4-3 所示，于是有

$$\begin{cases} x=OM=|OP|\cos\angle MOP=|OP|\cos(\varphi+\theta), \\ y=MP=|OP|\sin\angle MOP=|OP|\sin(\varphi+\theta). \end{cases}$$

利用两角和的三角函数的展开公式，我们有

$$\begin{cases} x=|OP|\cos\varphi\cos\theta-|OP|\sin\varphi\sin\theta, \\ y=|OP|\cos\varphi\sin\theta+|OP|\sin\varphi\cos\theta. \end{cases}$$

但 $x'=OM'=|OP|\cos\varphi$，$y'=M'P=|OP|\sin\varphi$，以此代入上面两展开式中，得

$$\begin{cases} x=x'\cos\theta-y'\sin\theta, \\ y=x'\sin\theta+y'\cos\theta. \end{cases} \tag{4.3}$$

这便是将坐标轴旋转角度 θ 的坐标变换公式，其中 (x,y) 和 (x',y') 分别是平面上同一个点 P 在旧坐标系 Oxy 和新坐标系 $Ox'y'$

中的坐标. 这种坐标变换叫做**旋转**. 如果用旧坐标表示新坐标，那么，从(4.3)中解出 x'和 y'，得

$$\begin{cases} x'=x\cos\theta+y\sin\theta, \\ y'=-x\sin\theta+y\cos\theta. \end{cases} \tag{4.4}$$

(4.3)和(4.4)都是**旋转公式**.

例 2 把坐标系旋转 45°，求曲线 $xy=8$ 在新坐标系中的方程.

解 因 $\sin 45°=\frac{1}{\sqrt{2}}$，$\cos 45°=\frac{1}{\sqrt{2}}$，旋转公式(4.3)这时成为

$$x=\frac{x'-y'}{\sqrt{2}}, \quad y=\frac{x'+y'}{\sqrt{2}}.$$

代入所给的方程，即得$\frac{x'-y'}{\sqrt{2}}\cdot\frac{x'+y'}{\sqrt{2}}=8$，化简得

$$x'^2-y'^2=16.$$

由此可知，所给方程表示等轴双曲线.

例 3 把坐标系旋转$\frac{\pi}{6}$，求曲线 $13x^2+6\sqrt{3}xy+7y^2=16$ 在新坐标系中的方程，并画出它的图形.

解 因 $\sin\frac{\pi}{6}=\frac{1}{2}$，$\cos\frac{\pi}{6}=\frac{\sqrt{3}}{2}$，旋转公式(4.3)这时成为

$$x=\frac{1}{2}(\sqrt{3}x'-y'),$$

$$y=\frac{1}{2}(x'+\sqrt{3}y').$$

代入所给方程，并化简，得 $16x'^2+4y'^2=16$，即

$$x'^2+\frac{y'^2}{4}=1.$$

由此可知，所给方程是一个椭圆，它的图形如图 4-4 所示.

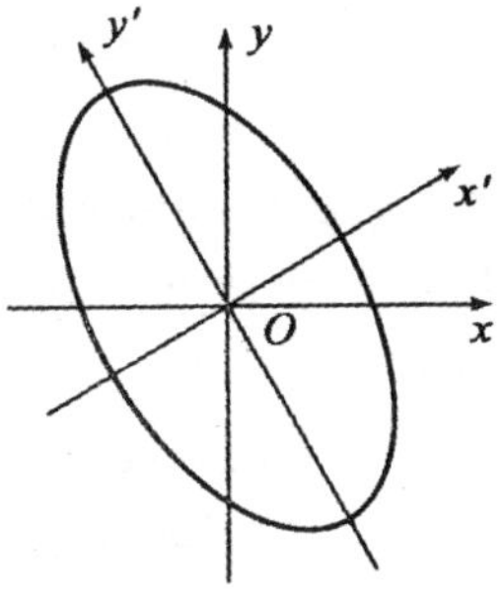

图 4-4

4.1.3 一般的坐标变换

我们现在来讨论平面上的一般坐标变换.

设平面上原有直角坐标系 Oxy，现在又有一个新的直角坐标系 $O'x'y'$. 这两个坐标系之间的相互位置显然可由新坐标系的原点 O' 在旧坐标系 Oxy 中的坐标 (x_0,y_0) 和旧坐标系的 x 轴旋转到新坐标系 x' 轴方向的角 θ 完全决定(图 4-5). 因此从坐标系 Oxy 变换到坐标系 $O'x'y'$ 可以看做是通过两步来完成的：第一步，作平移将原点 O 移到 $O'(x_0,y_0)$，得到坐标系 $O'\bar{x}\,\bar{y}$；第二步，再将坐标系 $O'\bar{x}\,\bar{y}$ 旋转角 θ 得到坐标系 $O'x'y'$. 用 (x,y)，$(\bar{x},\bar{y})$，(x',y') 分别表示平面上同一点 P 在坐标系 Oxy，$O'\bar{x}\,\bar{y}$，$O'x'y'$ 中的坐标. 先利用平移公式(4.1)，有

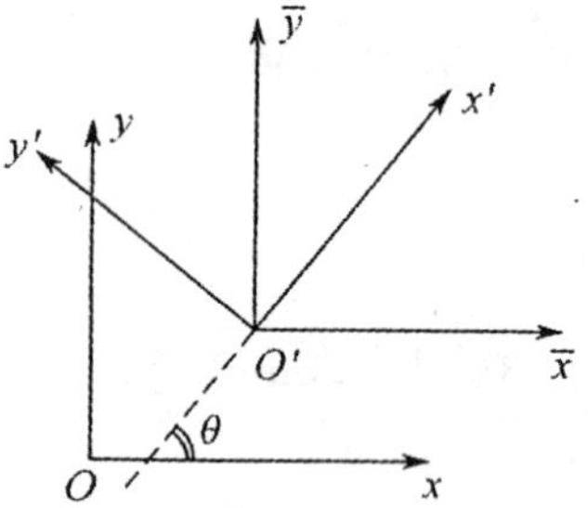

图 4-5

$$\begin{cases} x=\bar{x}+x_0, \\ y=\bar{y}+y_0. \end{cases}$$

再利用旋转公式(4.3)有

$$\begin{cases} \bar{x}=x'\cos\theta-y'\sin\theta, \\ \bar{y}=x'\sin\theta+y'\cos\theta. \end{cases}$$

从上面两组公式中消去 $\bar{x}$，$\bar{y}$，即得

$$\begin{cases} x=x'\cos\theta-y'\sin\theta+x_0, \\ y=x'\sin\theta+y'\cos\theta+y_0. \end{cases} \tag{4.5}$$

这就是一般坐标变换公式. 它是用点的新坐标表示同一点的旧坐标. 从(4.5)式解出 x'，y'，即得用旧坐标表示新坐标的一般坐标变换公式

$$\begin{cases} x'=(x-x_0)\cos\theta+(y-y_0)\sin\theta, \\ y'=-(x-x_0)\sin\theta+(y-y_0)\cos\theta. \end{cases} \tag{4.6}$$

例 4 将坐标系 Oxy 平移到点 $O'(-1,2)$，再旋转 45°，写出新旧坐标之间的变换公式.

解 由(4.5)式，有

$$\begin{cases}x=x'\cos 45°-y'\sin 45°-1,\\ y=x'\sin 45°+y'\cos 45°+2,\end{cases}$$

即

$$\begin{cases}x=\dfrac{\sqrt{2}}{2}(x'-y')-1,\\ y=\dfrac{\sqrt{2}}{2}(x'+y')+2,\end{cases}$$

由(4.6)式，有

$$\begin{cases}x'=\dfrac{\sqrt{2}}{2}(x+y)-\dfrac{\sqrt{2}}{2},\\ y'=\dfrac{\sqrt{2}}{2}(-x+y)-\dfrac{3\sqrt{2}}{2}.\end{cases}$$

习 题 4.1

1. 在坐标轴平移后，旧坐标系中的点(2,−1)在新坐标系中为(−2,1)，求新坐标系的原点在旧坐标系中的坐标.

2. 将坐标系 Oxy 的轴旋转$\dfrac{\pi}{6}$，得新坐标系 $Ox'y'$. 求

(1) 旧坐标系中点 $M(1,2)$在新坐标系中的坐标；

(2) 新坐标系中点 $N(3,-2)$在旧坐标系中的坐标.

3. 椭圆的两焦点为 $F_1(2,5)$，$F_2(2,-1)$，且长半轴为 5，求这椭圆的方程.

4. 已知双曲线焦点 $F_1(-2,3)$，$F_2(-2,-7)$，一顶点为$(-2,1)$，求它的方程.

5. 抛物线的顶点为 $A(2,1)$，焦点为 $F(2,-\dfrac{3}{4})$，求这抛物线的方程.

6. 求双曲线$\frac{(x-1)^2}{9}-\frac{(y+1)^2}{16}=1$的渐近线方程.

7. 经坐标旋转后方程 $x^2+y^2=a^2$ 是否改变？图形上同一个点在旋转前后的坐标系中的坐标是否相同？

4.2 二次曲线

通过上一节中几个具体例子可以看出，利用坐标变换能够把二次曲线方程化为所表图形的标准方程，从而能断定所表示的曲线是何种图形，并确定它在平面上的位置. 这一节要解决这样一个理论问题，即一定有这样的坐标变换，能使二次曲线方程变为标准形式，并且给出作这种坐标变换的方法，从而解决了二次曲线的分类问题.

4.2.1 二次曲线方程在坐标变换下系数的变化

设在直角坐标系 Oxy 中二次曲线 C 的方程为

$$F(x,y)\equiv ax^2+2bxy+cy^2+2fx+2gy+d=0, \tag{4.7}$$

其中 $a,b,\cdots,d$ 是常数，且 a,b,c 不同时为零. 方程(4.7)也可以改写为矩阵的形式：

$$F(x,y)\equiv \boldsymbol{x}^{\mathrm{T}}\boldsymbol{A}\boldsymbol{x}=0,$$

$$\boldsymbol{x}=\begin{pmatrix}x\\y\\1\end{pmatrix},\quad \boldsymbol{x}^{\mathrm{T}}=(x,y,1),\quad \boldsymbol{A}=\begin{pmatrix}a&b&f\\b&c&g\\f&g&d\end{pmatrix},\quad \boldsymbol{A}^{\mathrm{T}}=\boldsymbol{A},$$

称三阶矩阵 $\boldsymbol{A}$ 为二次曲线 C 的系数矩阵，$\boldsymbol{x}^{\mathrm{T}}$ 或 $\boldsymbol{A}^{\mathrm{T}}$ 表示相应矩阵的转置.

设另有直角坐标系 $O'x'y'$，如果同一点在两个系中坐标的变换式是

$$\begin{cases}x=x'\cos\theta-y'\sin\theta+x_0,\\y=x'\sin\theta+y'\cos\theta+y_0,\end{cases} \tag{4.8}$$

将(4.8)代入(4.7)式，得到二次曲线 C 在 $O'x'y'$ 系中的方程：

$$a'x'^2+2b'x'y'+c'y'^2+2f'x'+2g'y'+d'=0. \qquad (4.7)'$$

分别就(4.8)表示旋转($x_0=y_0=0$)与平移($\theta=0$)写出从方程(4.7)到(4.7)′的系数变化公式.

引理 4.1 在旋转的坐标变换(4.8)下($x_0=y_0=0$)，二次曲线方程(4.7)变为(4.7)′，其中系数

$$\begin{cases} a'=a\cos^2\theta+2b\sin\theta\cos\theta+c\sin^2\theta, \\ b'=-(a-c)\sin\theta\cos\theta+b(\cos^2\theta-\sin^2\theta), \\ c'=a\sin^2\theta-2b\sin\theta\cos\theta+c\cos^2\theta, \\ f'=f\cos\theta+g\sin\theta, \\ g'=-f\sin\theta+g\cos\theta, \\ d'=d. \end{cases} \qquad (4.9)$$

由公式(4.9)可见，在旋转坐标变换下，二次曲线方程的二次项系数变为二次项系数，一次项系数变为一次项系数，而常数项保持不变，如果改用转角的两倍 2θ 来表示，(4.9)中前面三式可写为

$$\begin{cases} a'=\frac{1}{2}(a+c)+\frac{1}{2}(a-c)\cos 2\theta+b\sin 2\theta \\ b'=-\frac{1}{2}(a-c)\sin 2\theta+b\cos 2\theta \\ c'=\frac{1}{2}(a+c)-\frac{1}{2}(a-c)\cos 2\theta-b\sin 2\theta. \end{cases} \qquad (4.9)'$$

引理 4.2 在平移的坐标变换(4.8)下($\theta=0$)，二次曲线方程(4.7)变为(4.7)′，其中系数

$$\begin{cases} a'=a,\ b'=b,\ c'=c, \\ f'=ax_0+by_0+f, \\ g'=bx_0+cy_0+g, \\ d'=F(x_0, y_0). \end{cases} \qquad (4.10)$$

由公式(4.10)可见，在平移坐标变换下，二次曲线方程的二次项系数保持不变，一次项系数只和原二次与一次项系数有关，而新的常数项 d' 是原方程(4.7)左端在新原点(x_0, y_0)处的值 $F(x_0, y_0)$.

4.2.2 二次曲线方程的化简

现在通过适当选取坐标系来化简二次曲线的方程(4.7)，分两步进行，现列举如下，并导出几个引理.

第一步，通过旋转坐标变换消去方程(4.7)中混乘项的系数，在方程(4.7)的混乘项系数 $b\neq 0$ 的情况下按公式

$$\cot 2\theta=\frac{a-c}{2b} \tag{4.11}$$

选取转角 θ，使得新坐标系中方程(4.7)′的系数 $b'=0$，即方程(4.7)′为

$$a'x'^2+c'y'^2+2f'x'+2g'y'+d'=0. \tag{4.7$''$}$$

由(4.11)给出的坐标变换称为**主轴变换**，新坐标轴的方向称为该二次曲线的**主方向**.

容易证明在主轴变换下转角与系数有如下关系：

引理 4.3 由(4.11)式确定的转角 θ 与二次曲线方程(4.7)的二次项系数满足关系式

$$\tan^2\theta+\frac{a-c}{b}\tan\theta-1=0. \tag{4.12}$$

利用正切函数的倍角公式，此式由(4.11)立即可得.

引理 4.4 在由(4.11)式确定的主轴变换下，(4.7)″中的二次项系数为

$$\begin{cases}a'=a+b\tan\theta=b\cot\theta+c,\\ b'=0,\\ c'=c-b\tan\theta=-b\cot\theta+a.\end{cases} \tag{4.13}$$

一次项系数满足

$$\begin{cases} f'^2=(f^2+2fg\tan\theta+g^2\tan^2\theta)\cos^2\theta, \\ g'^2=(g^2-2fg\tan\theta+f^2\tan^2\theta)\cos^2\theta. \end{cases} \tag{4.14}$$

(4.12)～(4.14)式的证明留给读者自己完成.

第二步，通过平移坐标变换继续化简(4.7)″.

1) 当 $a'c'\neq 0$ 时：用坐标变换

$$\begin{cases} x''=x'+\dfrac{f'}{a'}, \\ y''=y'+\dfrac{g'}{c'}, \end{cases} \tag{4.15$_1$}$$

可将(4.7)″化为

$$a'x''^2+c'y''^2+d''=0, \tag{4.16$_1$}$$

其中

$$d''=d'-\frac{f'^2}{a'}-\frac{g'^2}{c'}. \tag{4.17$_1$}$$

2) 当 $a'\neq 0$，$c'=0$，$g'\neq 0$ 时：用坐标变换

$$\begin{cases} x''=x'+\dfrac{f'}{a'}, \\ y''=y'+\dfrac{d'a'-f'^2}{2g'a'}, \end{cases} \tag{4.15$_2$}$$

可将(4.7)″化为

$$a'x''^2+2g'y''=0. \tag{4.16$_2$}$$

3) 当 $a'\neq 0$，$c'=0$，$g'=0$ 时：用坐标变换

$$\begin{cases} x''=x'+\dfrac{f'}{a'}, \\ y''=y', \end{cases} \tag{4.15$_3$}$$

可将(4.7)″化为

$$a'x''^2+d''=0, \tag{4.16$_3$}$$

其中

$$d''=\frac{d'a'-f'^2}{a'}. \tag{4.17$_2$}$$

$(4.16)_{1,2,3}$称为二次曲线(4.7)的**标准方程**.

*4.2.3 二次曲线的不变量

由二次曲线 C 的系数构成的矩阵

$$\mathbf{A}=\begin{pmatrix} a & b & f \\ b & c & g \\ f & g & d \end{pmatrix}$$

是一个对称矩阵，现用它的元素引进下列记号：

$$\left.\begin{aligned} &I_1=a+c,\quad I_2=\begin{vmatrix} a & b \\ b & c \end{vmatrix},\quad I_3=\begin{vmatrix} a & b & f \\ b & c & g \\ f & g & d \end{vmatrix}, \\ &J_2=\begin{vmatrix} a & f \\ f & d \end{vmatrix}+\begin{vmatrix} c & g \\ g & d \end{vmatrix}. \end{aligned}\right\} \tag{4.18}$$

易于验证，I_3 与 J_2 还可写成

$$\left.\begin{aligned} &I_3=dI_2-ag^2-cf^2+2bfg, \\ &J_2=dI_1-f^2-g^2. \end{aligned}\right\} \tag{4.19}$$

引理 4.5 当二次曲线方程(4.7)通过主轴变换用(4.11)确定的旋转变为(4.7)″时，用(4.18)式定义的 I_1,I_2,I_3,J_2 都是不变的.

所谓“不变”，是指对于方程(4.7)″按(4.18)式写出的

$$I_1'=a'+c',\quad I_2'=\begin{vmatrix} a' & b' \\ b' & c' \end{vmatrix}$$

等，满足

$$I_1=I_1',\quad I_2=I_2',\quad I_3=I_3',\quad J_2=J_2'.$$

证 将引理 4.4 的(4.13)中第一、三两式相加，得

$$I_1'=I_1,$$

$$I_2'=a'c'-b'^2=(a+b\tan\theta)(c-b\tan\theta)$$
$$=ac-b^2\left(\tan^2\theta+\frac{a-c}{b}\tan\theta\right)$$
$$=ac-b^2 \qquad \text{(利用引理 4.3 中(4.12)式)}$$
$$=I_2.$$

为证明 I_3 的不变性，利用公式(4.19)中第一式，及根据已证的 $d'=d$，$I_2'=I_2$，只需证明

$$-a'g'^2-c'f'^2+2b'f'g'=-ag^2-cf^2+2bfg. \qquad (4.20)$$

现在利用引理 4.4 中(4.13)和(4.14)式来写出(4.20)式的左边：

$$-a'g'^2-c'f'^2+2b'f'g'$$
$$=-(a+b\tan\theta)(g^2-2fg\tan\theta+f^2\tan^2\theta)\cos^2\theta$$
$$-(c-b\tan\theta)(f^2+2fg\tan\theta+g^2\tan^2\theta)\cos^2\theta$$
$$=-g^2[(a+b\tan\theta)+(c-b\tan\theta)\tan^2\theta]\cos^2\theta$$
$$-f^2[(a+b\tan\theta)\tan^2\theta+(c-b\tan\theta)]\cos^2\theta$$
$$+2fg[2b\tan^2\theta+(a-c)\tan\theta]\cos^2\theta.$$

欲证上式右边为(4.20)式之右边，即要证如下三式：

$$\begin{cases}[a+c\tan^2\theta+b\tan\theta\ (1-\tan^2\theta)]\cos^2\theta=a,\\ [c+a\tan^2\theta-b\tan\theta\ (1-\tan^2\theta)]\cos^2\theta=c,\\ [2b\tan^2\theta+(a-c)\tan\theta]\cos^2\theta=b.\end{cases} \qquad (4.21)$$

(4.21)中第三式显然是(4.12)式的推论，因而成立，其中第一式改写为

$$a+c\tan^2\theta+b\tan\theta\ (1-\tan^2\theta)=a(1+\tan^2\theta),$$

即为

$$(c-a)\tan^2\theta+b\tan\theta\ (1-\tan^2\theta)=0.$$

此式两边约去 $\tan\theta$，易见它也是(4.12)式的推论，因而成立. 类似可证(4.21)的第二式也成立.

为证明 J_2 的不变性，利用公式(4.19)中第二式，及根据已证的 $d'=d$，$I_1'=I_1$，只需证明

$$f'^2+g'^2=f^2+g^2.$$

将引理 4.4 中(4.14)的两式相加即得上式. 至此，引理 4.5 证毕.

引理 4.6 当二次曲线方程(4.7)″通过平移坐标变换（分别用 $(4.15)_{1,2,3}$ 确定）变为 $(4.16)_{1,2,3}$ 时，用(4.18)式定义的 I_1，I_2, I_3 是不变的，以及当 $I_2=I_3=0$ 时，J_2 也是不变的.

证 由于平移变换不改变二次曲线(4.7)″的二次项系数，因此 I_1, I_2 的不变性是显然的：

$$I_1'=I_1'',\quad I_2'=I_2''.$$

现在来论证 I_3 及 $I_2=I_3=0$ 时 J_2 的不变性. 如同用平移化简方程(4.7)″所作，分 3 种情况讨论.

1) $a'c'\neq 0$，对于(4.7)″与 $(4.16)_1$ 分别写出

$$I_3'=\begin{vmatrix} a' & 0 & f' \\ 0 & c' & g' \\ f' & g' & d' \end{vmatrix}=a'c'd'-c'f'^2-a'g'^2,$$

$$I_3''=\begin{vmatrix} a' & 0 & 0 \\ 0 & c' & 0 \\ 0 & 0 & d'' \end{vmatrix}=a'c'd''.$$

用 $(4.17)_1$ 代入以上 I_3'' 中 d''，得 $I_3'=I_3''$.

2) $a'\neq 0$，$c'=0$，$g'\neq 0$，对于(4.7)″与 $(4.16)_2$ 分别写出

$$I_3'=\begin{vmatrix} a' & 0 & f' \\ 0 & 0 & g' \\ f' & g' & d' \end{vmatrix}=-a'g'^2,$$

$$I_3''=\begin{vmatrix} a' & 0 & 0 \\ 0 & 0 & g' \\ 0 & g' & 0 \end{vmatrix}=-a'g'^2.$$

3) $a'\neq 0$，$c'=0$，$g'=0$，对于(4.7)″与 $(4.16)_3$ 分别写出

$$I_3'=\begin{vmatrix} a' & 0 & f' \\ 0 & 0 & 0 \\ f' & 0 & d' \end{vmatrix}=0,\quad I_3''=\begin{vmatrix} a' & 0 & 0 \\ 0 & 0 & 0 \\ 0 & 0 & d'' \end{vmatrix}=0,\quad I_2'=I_3'=0.$$

上述两种情况都有 $I_3'=I_3''$，且第 3 种情况正是 $I_2'=I_3'=0$，这时对于(4.7)$''$与(4.16)$_3$ 分别计算

$$J_2'=\begin{vmatrix} a' & f' \\ f' & d' \end{vmatrix}+\begin{vmatrix} 0 & 0 \\ 0 & d' \end{vmatrix}=a'd'-f'^2,$$

$$J_2''=\begin{vmatrix} a' & 0 \\ 0 & d'' \end{vmatrix}+\begin{vmatrix} 0 & 0 \\ 0 & d'' \end{vmatrix}=a'd'',$$

根据(4.17)$_2$，有 $J_2'=J_2''$.

由引理 4.5 与 4.6 立即得到

定理 4.1 二次曲线方程(4.7)化为标准方程(4.16)时，用(4.18)所确定的 I_1, I_2, I_3 是不变的，并且当 $I_2=I_3=0$ 时，J_2 是不变的.

定理 4.1 论证了当二次曲线方程化为标准方程时 I_1 是保持不变的，现在我们将进一步证明在一般直角坐标变换下这些量也是不变的.

定理 4.2 在一般直角坐标变换下，二次曲线 C 的方程(4.7)按(4.18)确定的各量满足：

1) I_1, I_2, I_3 是不变的；

2) 当 $I_2=I_3=0$ 时，J_2 是不变的.

证 设一个任意直角坐标系 Oxy 变为另一个直角坐标系 $\overline{O}\,\overline{x}\,\overline{y}$，二次曲线 C 的方程由(4.7)变为

$$\overline{a}\,\overline{x}^2+2\overline{b}\,\overline{x}\,\overline{y}+\overline{c}\,\overline{y}^2+2\overline{f}\,\overline{x}+2\overline{g}\,\overline{y}+\overline{d}=0. \qquad (4.22)$$

要证 $I_1=\overline{I}_1$，$I_2=\overline{I}_2$，$I_3=\overline{I}_3$，以及当 $I_2=I_3=0$ 时 $J_2=\overline{J}_2$.

将 Oxy 系按旋转变换到 $Ox'y'$ 系，再平移，变换到 $O'x''y''$ 系，使二次曲线变为标准方程.

再将 $\overline{O}\,\overline{x}\,\overline{y}$ 系按旋转变换到 $\overline{O}\,\overline{x}'\overline{y}'$ 系，$\overline{O}\,\overline{x}'$轴平行于 Ox'轴，$\overline{O}\,\overline{y}'$轴平行于 Oy'轴，再平移变换到 $O'x''y''$系.

以上坐标变换过程简记如下：

$$\begin{array}{l} Oxy \xrightarrow[\text{旋转}]{} Ox'y' \xrightarrow[\text{平移}]{} \searrow \\ \qquad\qquad\qquad\qquad\qquad\qquad O''x''y'' \\ \overline{O}\,\overline{x}\,\overline{y} \xrightarrow[\text{旋转}]{} \overline{O}\,\overline{x}'\,\overline{y}' \xrightarrow[\text{平移}]{} \nearrow \end{array}$$

二次曲线 C 在$\overline{O}\,\overline{x}\,\overline{y}\rightarrow O''x''y''$的坐标变换下所得的方程，就是在 $Oxy\rightarrow O''x''y''$的坐标变换下所得的标准方程(即为(4.16)). 这是由于$\overline{O}\,\overline{x}\,\overline{y}\rightarrow O''x''y''$可以看做两个坐标变换$\overline{O}\,\overline{x}\,\overline{y}\rightarrow Oxy\rightarrow O''x''y''$的合成，方程(4.22)先变为(4.7)，再由(4.7)变为(4.16). 同一条二次曲线在两个不同坐标系的不同方程是由一个方程用坐标变换公式替换得到另一个的. 因此所得方程与坐标变换的过程无关，这样一来，还可利用方程(4.22)变到$\overline{O}\,\overline{x}'\,\overline{y}'$这实际上也是“主轴变换”（即消去混乘项，有 $\overline{b}'=0$)，这是因为如果还有混乘项，那么从$\overline{O}\,\overline{x}'\,\overline{y}'\rightarrow O''x''y''$的平移变换（不改变二次项系数!）后仍有混乘项，与方程(4.16)为标准形相矛盾.

现在利用定理 4.1，有

$$I_1=I_1'',\ I_2=I_2'',\ I_3=I_3'',\quad J_2=J_2''\ (\text{当 } I_2=I_3=0 \text{ 时})；$$

$$\overline{I}_1=I_1'',\ \overline{I}_2=I_2'',\ \overline{I}_3=I_3'',\quad \overline{J}_2=\overline{J}_2''\ (\text{当 } \overline{I}_2=\overline{I}_3=0 \text{ 时}).$$

由此可见

$$I_1=\overline{I}_1,\ I_2=\overline{I}_2,\ I_3=\overline{I}_3,\quad J_2=\overline{J}_2(\text{当 } I_2=I_3=0 \text{ 时}).$$

定理证毕. 现给出如下定义.

定义 由方程(4.7)确定的二次曲线 C，其系数按(4.18)确定的 I_1,I_2,I_3 称为 C 的**不变量**；而 J_2 称为**条件不变量**(或**半不变量**).

4.2.4 用不变量确定二次曲线的标准方程

同一条曲线在不同坐标系中有不同的方程，对二次曲线来说，这表现为它们方程系数的不同. 而这不同的方程既然要表示同一条曲线，那么它们的系数就应该有某些共同特点，也即是它们的系数必有某种不因坐标变换而改变的共同的东西. 上段求得的不变量既然与坐标系无关，那么它们就应该代表了图形的几何性质. 事实上曲线的类型、形状及大小都完全可由其不变量来确定，或是说曲线的标准方程可以由不变量得到.

定理 4.3 用二次曲线(4.7)的不变量 I_1, I_2 所作的二次方程

$$\lambda^2 - I_1\lambda + I_2 = 0 \tag{4.23}$$

称为 C 的**特征方程**，它必有两个不等或相等的实根 λ_1 与 λ_2，称为 C 的**特征根**.

证 写出(4.23)的判别式

$$\begin{aligned}\Delta &= I_1{}^2 - 4I_2 = (a+c)^2 - 4(ac-b^2)\\ &= (a-c)^2 + 4b^2 \geqslant 0,\end{aligned}$$

因此(4.23)有两个相等或不等的实根. 据(4.23)的系数是不变量，因此它的根 λ_1, λ_2 也是不变量.

定理 4.4 二次曲线 C 的标准方程在 Oxy 系中可用其不变量与特征根给出如下：

Ⅰ. 当 $I_2 \neq 0$ 时，曲线是椭圆型或双曲型：

$$\lambda_1 X^2 + \lambda_2 Y^2 + \frac{I_3}{I_2} = 0; \tag*{(4.24)$_1$}$$

Ⅱ. 当 $I_2 = 0$，$I_3 \neq 0$ 时，曲线是非退化的抛物型：

$$I_1 Y^2 \pm 2\sqrt{-\frac{I_3}{I_1}}X = 0; \tag*{(4.24)$_2$}$$

Ⅲ. 当 $I_2 = I_3 = 0$ 时，曲线是退化的抛物型：

$$I_1 Y^2 + \frac{J_2}{I_1} = 0. \tag*{(4.24)$_3$}$$

证 写出(4.24)$_{1,2,3}$所示方程的不变量，再利用定理 4.2 立即可得.

例如对(4.24)$_1$ 来写出

$$I_1'=\lambda_1+\lambda_2,\quad I_2'=\lambda_1\lambda_2,\quad I_3'=\lambda_1\lambda_2\frac{I_3}{I_2},$$

由定理 4.2，有 $I_i'=I_i\ (i=1,2,3)$，于是

$$\lambda_1+\lambda_2=I_1,\quad \lambda_1\lambda_2=I_2,\quad \lambda_1\lambda_2\frac{I_3}{I_2}=I_3.$$

可见 λ_1 与 λ_2 为(4.23)的两个根，对$(4.24)_2$，$(4.24)_3$ 也可类此验证.

例 1 求二次曲线 $40x^2+36xy+25y^2-8x-14y+1=0$ 的标准方程.

解 先写出它的系数矩阵

$$\boldsymbol{A}=\begin{pmatrix}40 & 18 & -4\\ 18 & 25 & -7\\ -4 & -7 & 1\end{pmatrix},$$

再计算不变量

$$I_1=40+25=65,$$

$$I_2=\begin{vmatrix}40 & 18\\ 18 & 25\end{vmatrix}=676,$$

$$I_3=\begin{vmatrix}40 & 18 & -4\\ 18 & 25 & -7\\ -4 & -7 & 1\end{vmatrix}=-676.$$

解特征方程 $\lambda^2-65\lambda+676=0$ 即

$$(\lambda-13)(\lambda-52)=0$$

得特征根 $\lambda_1=13$，$\lambda_2=52$，最后得二次曲线的标准方程

$$13X^2+52Y^2=1.$$

例 2 求二次曲线 $6xy+8y^2-12x-26y+11=0$ 的标准方程.

解 $$I_1=0+8=8,$$

$$I_2=0\times 8-3^2=-9,$$

$$I_3=\begin{vmatrix}0 & 3 & -6\\ 3 & 8 & -13\\ -6 & -13 & 11\end{vmatrix}=81,$$

$$\lambda^2-8\lambda-9=0 \Rightarrow \lambda_1=9,\ \lambda_2=-1,$$

标准方程为 $9X^2-Y^2-9=0$.

例 3 求二次曲线 $x^2+2xy+y^2-8x+4=0$ 的标准方程.

解

$$I_1=1+1=2,$$

$$I_2=1\times1-1^2=0,$$

$$I_3=\begin{vmatrix} 1 & 1 & -4 \\ 1 & 1 & 0 \\ -4 & 0 & 4 \end{vmatrix}=-16,$$

最后得标准方程为 $Y^2\pm2\sqrt{2}X=0$.

利用不变量可判别曲线的类型并写出其标准方程，参见表 4-1.

表 4-1

类型	类	不变量特征	标准方程
椭圆型 $I_2>0$	1）椭圆 2）虚椭圆 3）点	$I_3\neq0$，I_3 与 I_1 反号 $I_3\neq0$，I_3 与 I_1 同号 $I_3=0$	$\lambda_1X^2+\lambda_2Y^2+\frac{I_3}{I_2}=0$
双曲型 $I_2<0$	4）双曲线 5）一对相交直线	$I_3\neq0$ $I_3=0$	
抛物型 $I_2=0$	6）抛物线	$I_3\neq0$	$I_1Y^2\pm2\sqrt{-\frac{I_3}{I_1}}X=0$
	7）一对平行直线 8）一对平行虚线 9）一对重合直线	$I_3=0$，$J_2<0$ $I_3=0$，$J_2>0$ $I_3=0$，$J_2=0$	$I_1Y^2+\frac{J_2}{I_1}=0$

4.2.5 二次曲线方程化简举例

综合 4.2.1 段和 4.2.2 段中的讨论，我们知道，二次曲线方程的化简总可以通过两个步骤来完成：第一步，按(4.11)确定一个由 4.2.1 段中公式(4.8)给定的坐标轴旋转，可消去混乘项使方程得到初步化简；第二步，再作平移可消去两个(或一个)一次项，使方程进一步化简，所作平移如不能观察出来可按变元配成完全平方来确定. 通过下面两例可更具体地了解化简的步骤.

满足(4.11)的 θ 可只需在 0 和 $\frac{\pi}{2}$ 之间取值，因此旋转公式所用到的 $\sin\theta$ 和 $\cos\theta$ 可以根据(4.11)按下式来计算：

$$\cos 2\theta=\frac{\cot 2\theta}{\sqrt{1+\cot^2 2\theta}},$$
$$\sin\theta=\sqrt{\frac{1-\cos 2\theta}{2}},\quad \cos\theta=\sqrt{\frac{1+\cos 2\theta}{2}}. \tag{4.11'}$$

例 4 化简方程 $5x^2+4xy+2y^2-24x-12y+18=0$，并作它的图形.

解 首先作旋转消去混乘项. 按公式(4.11)应取 θ 适合

$$\cot 2\theta=\frac{5-2}{4}=\frac{3}{4}.$$

于是由公式(4.11)′，

$$\cos 2\theta=\frac{3/4}{\sqrt{1+(3/4)^2}}=\frac{3}{5},$$

$$\sin\theta=\sqrt{\frac{1-3/5}{2}}=\frac{1}{\sqrt{5}},\quad \cos\theta=\sqrt{\frac{1+3/5}{2}}=\frac{2}{\sqrt{5}}.$$

代入 4.2.1 段中(4.8)式得到旋转公式

$$x=\frac{1}{\sqrt{5}}(2x'-y'),\quad y=\frac{1}{\sqrt{5}}(x'+2y').$$

以此代入原方程并化简得

$$6x'^2+y'^2-12\sqrt{5}x'+18=0.$$

再作平移，进一步化简. 将上面方程左边按 x' 配方，得

$$6(x'-\sqrt{5})^2+y'^2-12=0.$$

作平移

$$\begin{cases} x''=x'-\sqrt{5}, \\ y''=y', \end{cases}$$

便可将方程最后化简为

$$6x''^2+y''^2-12=0.$$

这个方程显然代表一个椭圆. 根据所得旋转作出过渡的坐标系 $Ox'y'$，然后根据所得的平移，作出坐标系 $O''x''y''$. 然后，在这个新坐标系中我们就容易作出椭圆的图形了，见图 4-6.

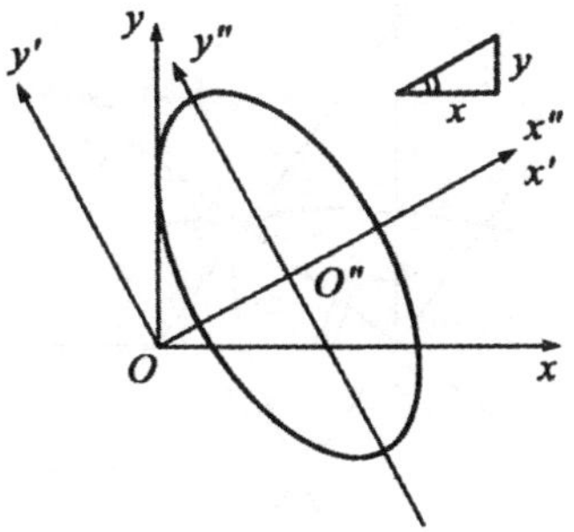

图 4-6

例 5 化简方程 $9x^2-24xy+16y^2+20x+15y-50=0$，并作图.

解 先作旋转. 这里由公式(4.11)，有

$$\cot 2\theta=\frac{9-16}{-24}=\frac{7}{24}.$$

于是按公式(4.11)′，有

$$\cos 2\theta=\frac{7}{\sqrt{7^2+24^2}}=\frac{7}{25},$$

$$\sin\theta=\sqrt{\frac{1-7/25}{2}}=\frac{3}{5}, \quad \cos\theta=\sqrt{\frac{1+7/25}{2}}=\frac{4}{5}.$$

因此

$$\begin{cases} x=\frac{1}{5}(4x'-3y'), \\ y=\frac{1}{5}(3x'+4y'). \end{cases}$$

代入原方程，得

$$\frac{9}{25}(4x'-3y')^2-\frac{24}{25}(4x'-3y')(3x'+4y')$$
$$+\frac{16}{25}(3x'+4y')^2+\frac{20}{5}(4x'-3y')$$
$$+\frac{15}{5}(3x'+4y')-50=0.$$

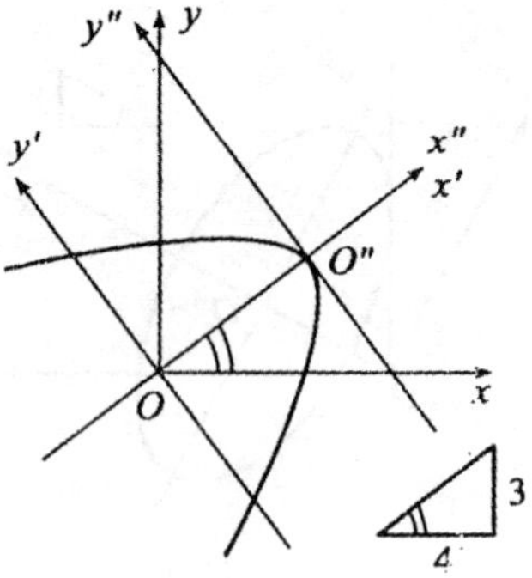

图 4-7

化简得

$$y'^2+x'-2=0.$$

再作平移

$$\begin{cases}x''=x'-2,\\ y''=y',\end{cases}$$

最后化简为

$$y''^2+x''=0.$$

这是抛物线的标准方程. 图形如图 4-7 所示.

习 题 4.2

1. 证明：$xy=-1$ 的图形是双曲线，它的渐近线是坐标轴.

2. 证明：$x^2+4y^2-4x+8y-4=0$ 是椭圆，并求出它的中心和顶点.

3. 化简方程 $x^2+4xy+4y^2-20x+10y-50=0$，并作图.

4. 化简方程 $8x^2+12xy+17y^2+20\sqrt{5}y+20=0$，并作图.

5. 化简方程 $6xy+8y^2-12x-26y+11=0$，并作图.

6. 如果已知椭圆的面积等于 πab，这里 a 与 b 是椭圆的长、短半轴，试求椭圆 $Ax^2+2Bxy+Cy^2=1$ 的面积（设 $AC-B^2>0$）.

7. 对于二次曲线，当 $I_2=0$，$I_3\neq 0$ 时，证明：$I_1I_3<0$.

4.3 空间的坐标变换

在前节中，通过坐标的适当选取，将一般的二次曲线方程化简，得到曲线的标准方程，从而使我们识别它是哪种类型，具有什么性质，并便于作图. 在解决空间的许多具体问题时，也常需要我们改变坐标系. 例如：在下一节中二次曲面方程的化简，就要用到空间的坐标变换．为了研究同一方程在新旧坐标系之间的关系，必须先弄清楚空间中同一点在两个不同坐标系中的两对坐标间的变换关系式，这就是本节所要研究的任务．

移动坐标轴，有时只是原点的位置改变而坐标轴的方向不改变，这时我们称之为坐标轴**平移**；有时原点不动而坐标轴的方向改变，这时叫做**坐标轴旋转**．类似于平面的坐标变换，一般的空间坐标变换可以看做一次平移与一次旋转连续变换的结果．下面就平移和旋转分别讨论之．

4.3.1 平移

假设坐标系 $Oxyz$ 平移到 $O'x'y'z'$（图 4-8），为叙述方便，称 $Oxyz$ 为旧系，$O'x'y'z'$ 为新系．它们的基本向量分别记为 $\boldsymbol{e}_1,\boldsymbol{e}_2,\boldsymbol{e}_3$；$\boldsymbol{e}_1',\boldsymbol{e}_2',\boldsymbol{e}_3'$．它们的坐标架为

$Oxyz$ 系：$[O;\boldsymbol{e}_1,\boldsymbol{e}_2,\boldsymbol{e}_3]$；

$O'x'y'z'$ 系：$[O';\boldsymbol{e}_1',\boldsymbol{e}_2',\boldsymbol{e}_3']$．

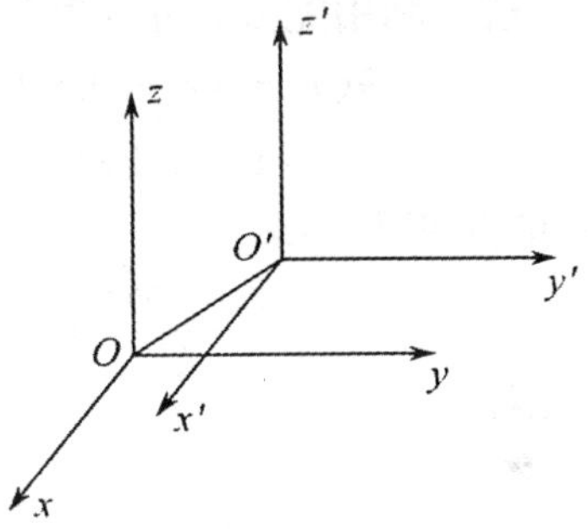

图 4-8

设

$$\overrightarrow{OO'}=a_1\boldsymbol{e}_1+a_2\boldsymbol{e}_2+a_3\boldsymbol{e}_3,$$

M 为空间中任一点，

$$\overrightarrow{OM}=x\boldsymbol{e}_1+y\boldsymbol{e}_2+z\boldsymbol{e}_3,$$
$$\overrightarrow{O'M}=x'\boldsymbol{e}_1'+y'\boldsymbol{e}_2'+z'\boldsymbol{e}_3'.$$

因为是平移，所以新坐标系的基本向量分别与旧基本向量相等，即 $\boldsymbol{e}_1'=\boldsymbol{e}_1$，$\boldsymbol{e}_2'=\boldsymbol{e}_2$，$\boldsymbol{e}_3'=\boldsymbol{e}_3$．于是由

$$\begin{aligned}\overrightarrow{OM}&=\overrightarrow{OO'}+\overrightarrow{O'M}\\&=(a_1\boldsymbol{e}_1+a_2\boldsymbol{e}_2+a_3\boldsymbol{e}_3)+(x'\boldsymbol{e}_1+y'\boldsymbol{e}_2+z'\boldsymbol{e}_3)\\&=(x'+a_1)\boldsymbol{e}_1+(y'+a_2)\boldsymbol{e}_2+(z'+a_3)\boldsymbol{e}_3,\end{aligned}$$

我们得

$$\begin{cases}x=x'+a_1,\\y=y'+a_2,\\z=z'+a_3.\end{cases}\tag{4.25}$$

假如用旧坐标来表示新坐标我们就有

$$\begin{cases}x'=x-a_1,\\y'=y-a_2,\\z'=z-a_3.\end{cases}\tag{4.26}$$

这(4.25)或(4.26)就是**平移公式**.

例 1 利用平移化简曲面方程

$$9x^2+4y^2+36z^2-36x+8y+4=0,$$

从而判别这方程代表的曲面.

解 利用配方，将方程左边变为

$$\begin{aligned}&9(x^2-4x+4)+4(y^2+2y+1)+36z^2-36\\&=9(x-2)^2+4(y+1)^2+36z^2-36.\end{aligned}$$

用 36 除两边，得

$$\frac{(x-2)^2}{4}+\frac{(y+1)^2}{9}+z^2-1=0,$$

作平移

$$\begin{cases}x'=x-2,\\y'=y+1,\\z'=z,\end{cases}$$

即将坐标原点移到点 $O'(2,-1,0)$. 在新系中，曲面方程为

$$\frac{x'^2}{4}+\frac{y'^2}{9}+\frac{z'^2}{1}=1,$$

可见它是椭球面.

4.3.2 旋转

假如坐标系 $Oxyz$ 旋转到 $O'x'y'z'$(图 4-9)，它们的基本向量分别为 $\boldsymbol{e}_1,\boldsymbol{e}_2,\boldsymbol{e}_3$；$\boldsymbol{e}_1',\boldsymbol{e}_2',\boldsymbol{e}_3'$. 它们的坐标架为

$Oxyz$ 系：$[O;\boldsymbol{e}_1,\boldsymbol{e}_2,\boldsymbol{e}_3]$；

$Ox'y'z'$系：$[O;e_1',e_2',e_3']$.

设新系的基本向量 e_1',e_2',e_3' 在旧系中的坐标为

$$\begin{cases} e_1' = a_{11}e_1 + a_{21}e_2 + a_{31}e_3, \\ e_2' = a_{12}e_1 + a_{22}e_2 + a_{32}e_3, \\ e_3' = a_{13}e_1 + a_{23}e_2 + a_{33}e_3, \end{cases} \tag{4.27}$$

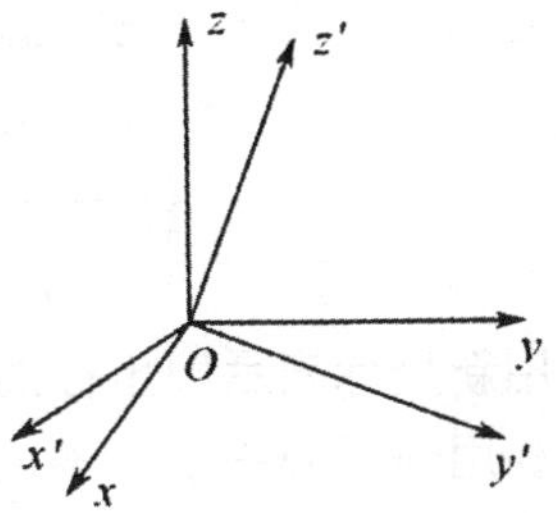

图 4-9

这里 $a_{11},a_{21},a_{31};a_{12},a_{22},a_{32};a_{13},a_{23},a_{33}$ 分别是新基本向量 e_1',e_2',e_3' 的方向余弦. 由于新坐标系是直角坐标系，因此新的基本向量满足**正交条件**：

$$e_1'^2 = e_2'^2 = e_3'^2 = 1, \quad e_1'e_2' = e_2'e_3' = e_1'e_3' = 0.$$

用坐标写出即为

$$\begin{cases} a_{11}^2 + a_{21}^2 + a_{31}^2 = 1, \\ a_{12}^2 + a_{22}^2 + a_{32}^2 = 1, \\ a_{13}^2 + a_{23}^2 + a_{33}^2 = 1, \\ a_{11}a_{12} + a_{21}a_{22} + a_{31}a_{32} = 0, \\ a_{12}a_{13} + a_{22}a_{23} + a_{32}a_{33} = 0, \\ a_{13}a_{11} + a_{23}a_{21} + a_{33}a_{31} = 0. \end{cases} \tag{4.28}$$

设 M 为空间中任一点，且

$$\overrightarrow{OM} = xe_1 + ye_2 + ze_3,$$

$$\overrightarrow{OM} = x'e_1' + y'e_2' + z'e_3',$$

用(4.27)代入上面的第二式得

$$\begin{aligned} \overrightarrow{OM} = & x'(a_{11}e_1 + a_{21}e_2 + a_{31}e_3) \\ & + y'(a_{12}e_1 + a_{22}e_2 + a_{32}e_3) \\ & + z'(a_{13}e_1 + a_{23}e_2 + a_{33}e_3) \\ = & (a_{11}x' + a_{12}y' + a_{13}z')e_1 \\ & + (a_{21}x' + a_{22}y' + a_{23}z')e_2 \\ & + (a_{31}x' + a_{32}y' + a_{33}z')e_3. \end{aligned}$$

与上面第一式比较，我们就得到

$$\begin{cases} x=a_{11}x'+a_{12}y'+a_{13}z', \\ y=a_{21}x'+a_{22}y'+a_{23}z', \\ z=a_{31}x'+a_{32}y'+a_{33}z'. \end{cases} \tag{4.29}$$

这是用新坐标表示旧坐标的**旋转公式**.

利用(4.29)中系数满足(4.28)，可以求出用旧坐标表示新坐标的公式. 将(4.29)中第一式乘 a_{11}，第二式乘 a_{21}，第三式乘 a_{31}，再把所得各式相加，得

$$\begin{aligned} xa_{11}+ya_{21}+za_{31}=&(a_{11}^2+a_{21}^2+a_{31}^2)x' \\ &+(a_{11}a_{12}+a_{21}a_{22}+a_{31}a_{32})y' \\ &+(a_{11}a_{13}+a_{21}a_{23}+a_{31}a_{33})z'. \end{aligned}$$

注意到(4.28)式，上式右边为 x'，于是

$$x'=a_{11}x+a_{21}y+a_{31}z.$$

同样我们有

$$y'=a_{12}x+a_{22}y+a_{32}z,$$
$$z'=a_{13}x+a_{23}y+a_{33}z.$$

这样我们就得到用旧坐标表示新坐标的旋转公式

$$\begin{cases} x'=a_{11}x+a_{21}y+a_{31}z, \\ y'=a_{12}x+a_{22}y+a_{32}z, \\ z'=a_{13}x+a_{23}y+a_{33}z. \end{cases} \tag{4.30}$$

例 2 已知新、旧系的基本向量的关系式

$$\begin{cases} \boldsymbol{e}_1'=\dfrac{1}{\sqrt{3}}(\boldsymbol{e}_1+\boldsymbol{e}_2+\boldsymbol{e}_3), \\ \boldsymbol{e}_2'=\dfrac{1}{\sqrt{6}}(-2\boldsymbol{e}_1+\boldsymbol{e}_2+\boldsymbol{e}_3), \\ \boldsymbol{e}_3'=-\dfrac{1}{\sqrt{2}}(\boldsymbol{e}_2-\boldsymbol{e}_3), \end{cases}$$

试写出旋转公式.

解 与(4.27)式比较，得

$$a_{11}=a_{21}=a_{31}=\frac{1}{\sqrt{3}},\quad a_{12}=\frac{-2}{\sqrt{6}},\quad a_{22}=a_{32}=\frac{1}{\sqrt{6}},$$

$$a_{13}=0,\quad a_{23}=-\frac{1}{\sqrt{2}},\quad a_{33}=\frac{1}{\sqrt{2}}.$$

把这些系数代入(4.29)式，得到所求的坐标变换公式

$$\begin{cases} x=\frac{1}{\sqrt{3}}x'-\frac{2}{\sqrt{6}}y', \\ y=\frac{1}{\sqrt{3}}x'+\frac{1}{\sqrt{6}}y'-\frac{1}{\sqrt{2}}z', \\ z=\frac{1}{\sqrt{3}}x'+\frac{1}{\sqrt{6}}y'+\frac{1}{\sqrt{2}}z'. \end{cases}$$

例 3 写出直角坐标系$[O;\boldsymbol{e}_1,\boldsymbol{e}_2,\boldsymbol{e}_3]$绕 z 轴右旋角 θ 的空间坐标变换公式(图 4-10).

解 设新的基本向量为 $\boldsymbol{e}_1'$, $\boldsymbol{e}_2'$, $\boldsymbol{e}_3'$，显然 $\boldsymbol{e}_3'=\boldsymbol{e}_3$，另外有

$$\boldsymbol{e}_1'=\boldsymbol{e}_1\cos\theta+\boldsymbol{e}_2\sin\theta,$$

$$\boldsymbol{e}_2'=-\boldsymbol{e}_1\sin\theta+\boldsymbol{e}_2\cos\theta.$$

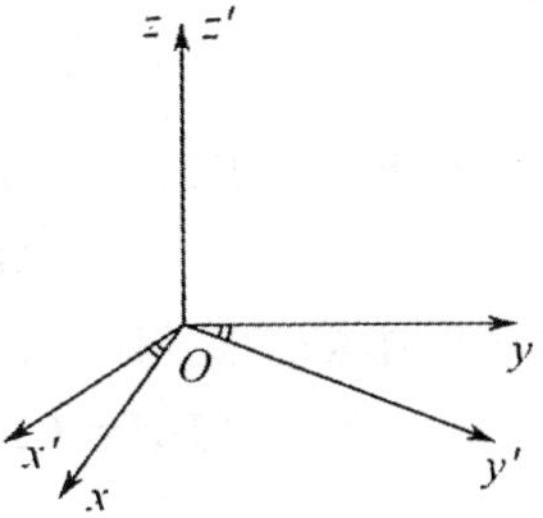

图 4-10

于是坐标变换公式是

$$\begin{cases} x=x'\cos\theta-y'\sin\theta, \\ y=x'\sin\theta+y'\cos\theta, \\ z=z'. \end{cases} \tag{4.31}$$

(4.31)式中前两式实际上是在 Oxy 平面内的旋转公式.

4.3.3 一般的坐标变换

设 $Oxyz$ 与 $O'x'y'z'$为空间的两个不同坐标系，它们的坐标架为(图 4-11)

$$Oxyz\text{ 系}:[O;\boldsymbol{e}_1,\boldsymbol{e}_2,\boldsymbol{e}_3],$$

$$O'x'y'z'\text{ 系}:[O';\boldsymbol{e}_1',\boldsymbol{e}_2',\boldsymbol{e}_3'].$$

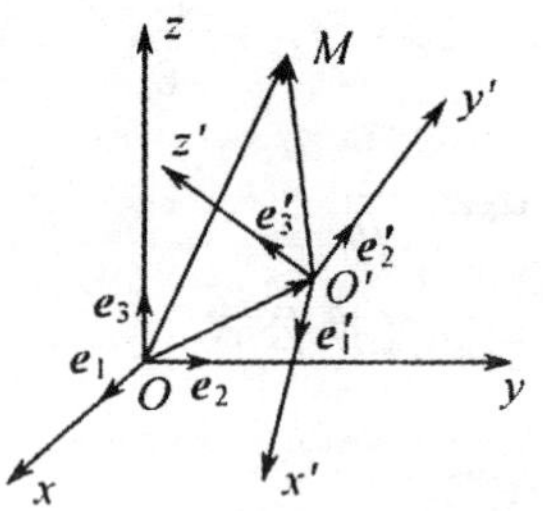

图 4-11

设新系中原点 O' 与基本向量 e_1', e_2', e_3' 在旧系中的坐标给出如下：

$$\overrightarrow{OO'}=a_1e_1+a_2e_2+a_3e_3;$$

$$\begin{cases} e_1'=a_{11}e_1+a_{21}e_2+a_{31}e_3, \\ e_2'=a_{12}e_1+a_{22}e_2+a_{32}e_3, \\ e_3'=a_{13}e_1+a_{23}e_2+a_{33}e_3. \end{cases} \tag{4.32}$$

这里 $a_{ij}(i,j=1,2,3)$满足(4.28)式(正交条件).

设空间中任一点 M 在旧坐标系、新坐标系中的坐标分别由

$$\left.\begin{aligned} \overrightarrow{OM}&=xe_1+ye_2+ze_3, \\ \overrightarrow{O'M}&=x'e_1'+y'e_2'+z'e_3' \end{aligned}\right\} \tag{4.33}$$

给出. 现在要找出新旧坐标之间的关系，利用$\overrightarrow{OM}$,$\overrightarrow{O'M}$之间的关系

$$\overrightarrow{OM}=\overrightarrow{OO'}+\overrightarrow{O'M},$$

用(4.33)中第二式与(4.32)式代入上式右边，得

$$\begin{aligned} \overrightarrow{OO'}+\overrightarrow{O'M}=&(a_1e_1+a_2e_2+a_3e_3) \\ &+x'(a_{11}e_1+a_{21}e_2+a_{31}e_3) \\ &+y'(a_{12}e_1+a_{22}e_2+a_{32}e_3) \\ &+z'(a_{13}e_1+a_{23}e_2+a_{33}e_3) \\ =&(a_1+a_{11}x'+a_{12}y'+a_{13}z')e_1 \\ &+(a_2+a_{21}x'+a_{22}y'+a_{23}z')e_2 \\ &+(a_3+a_{31}x'+a_{32}y'+a_{33}z')e_3. \end{aligned}$$

与上式左边比较，利用(4.33)中第一式，得

$$\begin{cases} x=a_{11}x'+a_{12}y'+a_{13}z'+a_1, \\ y=a_{21}x'+a_{22}y'+a_{23}z'+a_2, \\ z=a_{31}x'+a_{32}y'+a_{33}z'+a_3. \end{cases} \tag{4.34}$$

这就是点的坐标变换公式，它通过点的新坐标的一次式来表示同一点的旧坐标. 式中一次项的系数与常数项，是由新坐标系的基

本向量和原点在旧系中的坐标确定的. 为了要得到用旧坐标表示新坐标的式子，可视(4.34)式中的 x',y',z' 为未知量，类似于前段中所作，得

$$\begin{cases}x'=(x-a_1)a_{11}+(y-a_2)a_{21}+(z-a_3)a_{31},\\ y'=(x-a_1)a_{12}+(y-a_2)a_{22}+(z-a_3)a_{32},\\ z'=(x-a_1)a_{13}+(y-a_2)a_{23}+(z-a_3)a_{33}.\end{cases}\tag{4.35}$$

例 4 对于二次曲面方程

$$x^2+2y^2-2\sqrt{2}xy+2\sqrt{3}yz+2\sqrt{6}zx-27=0,$$

用下列旋转化简：

$$\begin{cases}x=\dfrac{1}{\sqrt{3}}(-x'+y'+z'),\\ y=\dfrac{1}{\sqrt{6}}(2x'+y'+z'),\\ z=\dfrac{1}{\sqrt{2}}(y'-z').\end{cases}$$

解 用所给的变换式代入原方程左边，

$$\begin{aligned}&\frac{1}{3}(-x'+y'+z')^2+\frac{1}{3}(2x'+y'+z')^2\\ &\qquad-2\sqrt{2}\cdot\frac{1}{3\sqrt{2}}(-x'+y'+z')(2x'+y'+z')\\ &\qquad+2\sqrt{3}\cdot\frac{1}{2\sqrt{3}}(2x'+y'+z')(y'-z')\\ &\qquad+2\sqrt{6}\cdot\frac{1}{\sqrt{6}}(-x'+y'+z')(y'-z')-27\\ &=3x'^2+3y'^2-3z'^2-27.\end{aligned}$$

于是原方程化为 $3x'^2+3y'^2-3z'^2-27=0$，或为

$$\frac{x'^2}{3^2}+\frac{y'^2}{3^2}-\frac{z'^2}{3^2}=1,$$

这是单叶旋转双曲面.

例 5 研究曲面 $z=axy$ 的形状.

解 利用例 3 中绕 z 轴的旋转，取旋转角为 $\frac{\pi}{4}$，得

$$\begin{cases} x=\frac{1}{\sqrt{2}}(x'-y'), \\ y=\frac{1}{\sqrt{2}}(x'+y'), \\ z=z'. \end{cases}$$

在新坐标系中，曲面方程是

$$z'=\frac{a}{2}x'^2-\frac{a}{2}y'^2,$$

这就是双曲抛物面.

一般的坐标变换是原点的位置改变，坐标轴的方向也改变. 假如我们需要这种变换，我们可以分两步进行，一般先把坐标平移，再把坐标旋转，当然我们也可先旋转后平移.

例 6 讨论曲面

$$4x^2+y^2-8z^2+8yz-4xz+4xy-8x-4y+4z+4=0$$

的形状.

解 把所给方程改写成

$$4(x-1)^2+y^2-8z^2+8yz-4(x-1)z+4(x-1)y=0,$$

作平移

$$\begin{cases} x'=x-1, \\ y'=y, \\ z'=z, \end{cases}$$

得曲线方程为 $4x'^2+y'^2-8z'^2+8y'z'-4x'z'+4x'y'=0$.

再作旋转

$$\begin{cases} x'=\frac{2}{\sqrt{5}}x''-\frac{1}{\sqrt{6}}y''+\frac{1}{\sqrt{30}}z'', \\ y'=\frac{1}{\sqrt{5}}x''+\frac{2}{\sqrt{6}}y''-\frac{2}{\sqrt{30}}z'', \\ z'=\frac{1}{\sqrt{6}}y''+\frac{5}{\sqrt{30}}z''. \end{cases}$$

代入上式化简得

$$5x''^2+2y''^2-10z''^2=0.$$

这式我们也可由所给方程经过坐标变换

$$\begin{cases}x=\dfrac{2}{\sqrt{5}}x''-\dfrac{1}{\sqrt{6}}y''+\dfrac{1}{\sqrt{30}}z''+1,\\ y=\dfrac{1}{\sqrt{5}}x''+\dfrac{2}{\sqrt{6}}y''-\dfrac{2}{\sqrt{30}}z'',\\ z=\dfrac{1}{\sqrt{6}}y''+\dfrac{5}{\sqrt{30}}z''\end{cases}$$

而得.

所以所给曲面是二次锥面.

上面的例说明二次曲面方程经过适当的平移或旋转可以化为简单的标准形状，但是需要的坐标变换不易求得，其中平移并不难，困难的是在于旋转，上面的例也能说明这点. 对于旋转的求得在空间解析几何中一般不给予解决，但是在下节中，我们从理论上讨论了这种化简所用的旋转一定存在.

习　题　4.3

用平移的坐标变换化简下列方程，指出它们所代表的曲面，并作出图形：

1. $x^2+y^2+2z^2+2x+4y-4z+6=0$;
2. $x^2+y^2-z^2+2z-2=0$;
3. $x^2-2y^2-z+8y-12=0$;
4. $x^2+2y^2-4z+2=0$;
5. $x^2-3y^2+2z-1=0$;
6. $x^2-2z^2+3y-\dfrac{9}{8}=0$.
7. 验证下列各组内的 3 个向量是互相垂直的单位向量：

(1) $e_1'=(1,0,0)$, $e_2'=\left(0,\frac{1}{\sqrt{2}},\frac{1}{\sqrt{2}}\right)$, $e_3'=\left(0,\frac{1}{\sqrt{2}},-\frac{1}{\sqrt{2}}\right)$;

(2) $e_1'=\left(\frac{11}{15},\frac{2}{15},\frac{10}{15}\right)$, $e_2'=\left(\frac{2}{15},\frac{14}{15},-\frac{5}{15}\right)$, $e_3'=\left(-\frac{10}{15},\frac{5}{15},\frac{10}{15}\right)$;

(3) $e_1'=\left(\frac{1}{3},\frac{2}{3},\frac{2}{3}\right)$, $e_2'=\left(\frac{2}{3},\frac{1}{3},-\frac{2}{3}\right)$, $e_3'=\left(-\frac{2}{3},\frac{2}{3},-\frac{1}{3}\right)$.

8. 写出坐标原点不动，以上题中各组向量为新坐标向量的坐标变换公式.

9. 将坐标系绕 y 轴右旋 φ 角，求点的坐标变换公式.

10. 先将坐标系绕 z 轴右旋 φ 角，再将所得的坐标系绕新的 y' 轴右旋 ψ 角，求点的坐标变换公式.

4.4 二次曲面及其分类

前面介绍的二次曲面都是用标准方程给出的，其方程的左端是 x,y,z 的特殊二次形式，它们都不含形如 yz,zx,xy 的混合项；而且要么不含 x,y,z 的一次项，要么仅有一个一次项. 我们遵循由特殊到一般的认识过程，在这节里，讨论一般的二次曲面，并且得到如下结果：一般二次曲面或是以前研究过的基本类型二次曲面，共 9 种；或是退化的二次曲面，共 5 种；或是无轨迹（虚图形），共 3 种.

4.4.1 二次曲面的概念

定义 在直角坐标系中，用坐标 x,y,z 的二次方程

$$ax^2+by^2+cz^2+2fyz+2gzx+2hxy+2px+2qy+2rz+d=0 \tag{4.36}$$

给出的曲面叫做**二次曲面**，其中 $a,b,\cdots,d$ 是常数，且 $a,b,\cdots,h$ 不同时为零. 方程(4.36)也可改写为矩阵的形式

$$\boldsymbol{x}^{\mathrm{T}}\boldsymbol{A}\boldsymbol{x}=0, \tag{4.36$'$}$$

$$\boldsymbol{x}=\begin{pmatrix}x\\y\\z\\1\end{pmatrix},\quad \boldsymbol{x}^{\mathrm{T}}=(x,y,z,1),$$

$$\boldsymbol{A}=\begin{pmatrix}a&h&g&p\\h&b&f&q\\g&f&c&r\\p&q&r&d\end{pmatrix},\quad \boldsymbol{A}^{\mathrm{T}}=\boldsymbol{A},$$

称 4 阶矩阵 $\boldsymbol{A}$ 为二次曲面的系数矩阵.

显然，前面讨论过的基本类型二次曲面(见 3.4 节方程(3.44)～(3.52))都是这里的特例. 此外，我们还给出如下例子：

例 1 $x^2-2y^2-2yz+zx-xy+x+4y+2z-2=0$.

方程左边可分解为两个一次式的乘积

$$(x+y+z-1)(x-2y+2)=0,$$

因此，二次曲面的图形是两个相交平面

$$\pi_1:x+y+z-1=0 \quad 和 \quad \pi_2:x-2y+2=0.$$

例 2 $(x+y)^2-4=0$.

方程代表两个平行平面

$$\pi_1:x+y+2=0 \quad 和 \quad \pi_2:x+y-2=0.$$

例 3 $x^2+y^2+z^2+2yz+2zx+2xy=0$.

方程为 $(x+y+z)^2=0$，代表两个重合平面 $x+y+z=0$.

例 4 $x^2+y^2+z^2-2yz=0$.

方程为 $x^2+(y-z)^2=0$，等价于 $\begin{cases}x=0,\\y-z=0,\end{cases}$ 代表 Oyz 平面上的一条直线.

例 5 $(x-a)^2+(y-b)^2+(z-c)^2=0$.

代表一点 (a,b,c).

以上 5 例所表示的二次曲面实际上退化为平面、直线或点.

例 6 $2x^2+y^2+z^2+1=0$.

没有任何实数 x,y,z 能使上式成立，于是方程无轨迹，也叫做虚椭球面（与椭球面方程比较）.

例 7 $x^2+2y^2+1=0$.

类似于例 6，为虚图形，也叫做虚椭圆柱面（与椭圆柱面方程比较）.

例 8 $x^2+4=0$.

这是无轨迹的虚图形，也叫做一对虚的平行平面.

由例 6 到例 8 为 3 种无轨迹的二次曲面.

以上 8 例所代表的图形加上基本类型二次曲面的 9 种正是二次曲面的所有各种不同类型，共有 17 种. 这就是下段中所要证明的.

4.4.2 一般二次曲面的分类

回顾一下 4.2 节中关于二次曲线的讨论. 在那里先通过坐标轴旋转消去含 xy 的混乘项，再通过适当的平移，将二次曲线的一般方程简化为标准方程，从而确定了二次曲线的分类. 现在将对二次曲面的一般方程(4.36)作类似的化简，也分转轴和移轴两步. 下面分别用定理叙述.

定理 4.5 任意二次曲面方程(4.36)，通过适当的旋转，可以使新坐标系中方程不再含有形如 $x'y'$，$y'z'$，$z'x'$ 的混乘项，即是在新坐标系中方程化为

$$a'x'^2+b'y'^2+c'z'^2+2p'x'+2q'y'+2r'z'+d=0, \tag{4.37}$$

式中 $a',b',\cdots,d$ 为新的系数，x',y',z' 为新坐标.

说明 1）按照定理的要求，要找到一个坐标系的旋转，使方程(4.36)同时消去 3 个混乘项. 而在平面解析几何化简二次曲线方程时，要求找到一个旋转（见 4.2 节公式(4.11)），只消去一

个混乘项. 因此，这里的问题较为复杂，但是我们可以从二次曲线化简的情况得到启发.

2）用 4.3 节中旋转公式(4.29)

$$\begin{cases}x=a_{11}x'+a_{12}y'+a_{13}z',\\ y=a_{21}x'+a_{22}y'+a_{23}z',\\ z=a_{31}x'+a_{32}y'+a_{33}z',\end{cases}$$

代入二次曲面方程(4.36)的左边，得到曲面在新坐标系中的方程记为

$$a'x'^2+b'y'^2+c'z'^2+2f'y'z'+2g'z'x'+2h'x'y' +2p'x'+2q'y'+2r'z'+d'=0. \tag{4.37'}$$

由于旋转公式是新坐标 x', y', z' 的一次齐次函数，因此方程(4.36)的二次项只能变为方程(4.36)′的二次项，一次项只能变为一次项，并且常数项 d 不变，即 $d'=d$. 这样一来，方程(4.36)′的二次项部分作为一个整体是由(4.36)的二次项部分变来的. 既然定理的要求只是化简二次项部分，因此，我们只要对于和(4.36)具有相同二次项部分的曲面

$$ax^2+by^2+cz^2+2fyz+2gzx+2hxy+1=0, \tag{4.38}$$

证明结论成立即可. 方程(4.38)表示的二次曲面显然是以原点 O 为对称中心的曲面.

3）回顾二次曲线的情况，如果二次曲线是以原点为中心，如图 4-12 所示的椭圆与双曲线，那么被选取作为新坐标系的坐

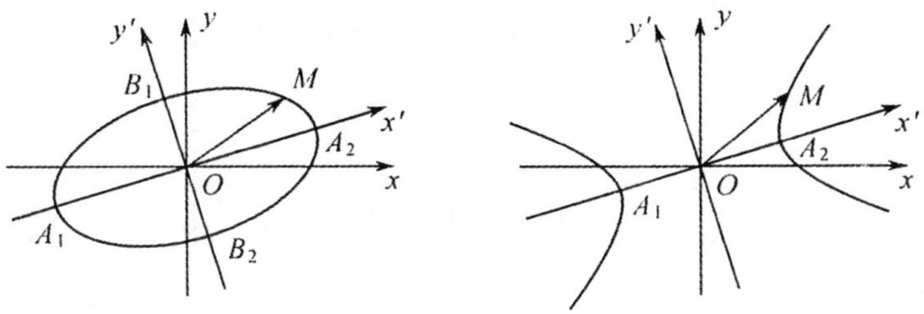

图 4-12

标轴正是曲线的对称轴（又叫做二次曲线的主轴）．主轴所代表的方向显然有如下特征：记从中心 O 到曲线上任一点 M 的线段长为 $|\overrightarrow{OM}|$，当 $\overrightarrow{OM}$ 的方向与主轴一致时，长度 $|\overrightarrow{OM}|$ 达到极值．在椭圆情况 $|\overrightarrow{OA_1}|$，$|\overrightarrow{OA_2}|$ 达到极大值，$|\overrightarrow{OB_1}|$，$|\overrightarrow{OB_2}|$ 达到极小值；在双曲线情况 $|\overrightarrow{OA_1}|$，$|\overrightarrow{OA_2}|$ 达到极小值．也即是说，被选取来化简二次曲线的新坐标轴的一个方向正是使 $|\overrightarrow{OM}|$，从而也使 $|\overrightarrow{OM}|^2$ 达到极值的方向．这个性质对于空间的二次曲面也是对的．下面的证明方法主要就是找达到极值的方向，从而使方程化简．

证　按照说明 2)，只要对曲面(4.38)进行化简即可．由于说明 3)的启发，设曲面(4.38)上动点为 $M(x,y,z)$，那么 x,y,z 满足(4.38)式，考虑函数

$$F(x,y,z)\equiv|\overrightarrow{OM}|^2=x^2+y^2+z^2$$

的极值．这就是条件极值问题：即在条件

$$G(x,y,z)\equiv ax^2+by^2+cz^2+2fyz+2gzx+2hxy+1=0 \tag{4.38$'$}$$

下求 $F(x,y,z)$ 的极值．根据求条件极值的拉格朗日待定乘数法*，这相当于求四元函数

$$H(x,y,z,\lambda)=F(x,y,z)+\lambda G(x,y,z)$$

的极值．使 H 取极值的 x,y,z,λ 满足方程组

$$\left.\begin{aligned}
&\frac{\partial H}{\partial x}=0:\quad x+\lambda(ax+hy+gz)=0,\\
&\frac{\partial H}{\partial y}=0:\quad y+\lambda(hx+by+fz)=0,\\
&\frac{\partial H}{\partial z}=0:\quad z+\lambda(gx+fy+cz)=0,\\
&\frac{\partial H}{\partial \lambda}=0:\quad G(x,y,z)=0.
\end{aligned}\right\}\tag{4.39}$$

---

* 见附录．

组(4.39)的前三式写为

$$\begin{cases}(1+\lambda a)x+\lambda hy+\lambda gz=0,\\ \lambda hx+(1+\lambda b)y+\lambda fz=0,\\ \lambda gx+\lambda fy+(1+\lambda c)z=0,\end{cases}\tag{4.39$'$}$$

令其关于 x,y,z 的系数行列式

$$\begin{vmatrix}1+\lambda a & \lambda h & \lambda g\\ \lambda h & 1+\lambda b & \lambda f\\ \lambda g & \lambda f & 1+\lambda c\end{vmatrix}=0,$$

这是关于 λ 的三次方程，至少有一个实根，因此(4.39)$'$关于 x，y,z 存在非零解. 设 λ_0,x_0,y_0,z_0 为(4.39)的解. 由于 x_0,y_0,z_0 不同时为零，于是向量

$$\overrightarrow{OM_0}=(x_0,y_0,z_0)\neq\mathbf{0},$$

选取和它同向的单位向量

$$\boldsymbol{e}_3'=\frac{1}{p}\overrightarrow{OM_0},\quad p=|\overrightarrow{OM_0}|\neq0$$

作为新的基本向量之一，组成新的坐标系 $Ox'y'z'$，于是在新坐标系中点 M_0 的坐标为 $x_0'=y_0'=0$，$z_0'=p$.

在新坐标系 $Ox'y'z'$中，写出二次曲面(4.38)的方程

$$\begin{aligned}G(x',y',z')\equiv{}&a'x'^2+b'y'^2+c'z'^2+2f'y'z'\\&+2g'z'x'+2h'x'y'+1=0,\end{aligned}\tag{4.38$'$}$$

并且写出极值所满足的方程组(4.39)中的前三式

$$x'+\lambda'(a'x'+h'y'+g'z')=0,$$
$$y'+\lambda'(h'x'+b'y'+f'z')=0,$$
$$z'+\lambda'(g'x'+f'y'+c'z')=0.$$

用 M_0 的新坐标 $x_0=y_0=0$，$z_0=p\neq0$ 代入并约去 p，最后得

$$\lambda'g'=0,\quad \lambda'f'=0,\quad 1+\lambda'c'=0.$$

又由 $G(x_0',y_0',z_0')=c'p^2+1=0$，可见 $c'=-\frac{1}{p^2}$. 代入上述第三式，得 $\lambda'=p^2\neq0$. 于是由以上第一、二式，可得 $g'=f'=0$. 因此

方程(4.38)可初步化简为(4.38)′，即

$$a'x'^2+b'y'^2+c'z'^2+2h'x'y'+1=0. \tag{4.40}$$

再把新坐标系绕 z' 轴旋转角 θ 可以消去混乘项 $x'y'$. 正如在二次曲线方程的化简中所见到的，如果 $h'\neq0$（否则 $h'=0$，已达到定理中的要求），可以选取

$$\cot 2\theta=\frac{a'-b'}{2h'},$$

作旋转变换

$$\begin{cases}x'=x''\cos\theta-y''\sin\theta,\\ y'=x''\sin\theta+y''\cos\theta,\\ z'=z'',\end{cases}$$

使方程(4.40)在 $Ox''y''z''$ 系中变为

$$a''x''^2+b''y''^2+c''z''^2+1=0.$$

由于两次连续旋转（从 $Oxyz$ 系到 $Ox'y'z'$ 系再到 $Ox''y''z''$ 系）的结果仍然是一个旋转，于是从 $Oxyz$ 系旋转到 $Ox''y''z''$ 系使二次曲面(4.38)的方程同时消去 3 个混乘项，用这个旋转变换到方程(4.36)上，也同样消去(4.36)中的 3 个混乘项，从而使方程变为(4.37)的形式. 证毕.

定理 4.6 对于不含混乘项 xy,yz,zy 的二次曲面方程

$$ax^2+by^2+cz^2+2px+2qy+2rz+d=0, \tag{4.41}$$

可以适当的坐标变换进一步化简，使它变为如下 5 种方程之一：

$$ax^2+by^2+cz^2+d=0,\quad abc\neq0; \tag{Ⅰ}$$

$$ax^2+by^2+2rz=0,\quad abr\neq0; \tag{Ⅱ}$$

$$ax^2+by^2+d=0,\quad ab\neq0; \tag{Ⅲ}$$

$$cz^2+2px=0,\quad cp\neq0; \tag{Ⅳ}$$

$$cz^2+d=0,\quad c\neq0. \tag{Ⅴ}$$

上列 5 种方程的特点是

1）没有坐标 x,y,z 的混乘项 xy,yz,zx；

2）如果有某个坐标的二次项，就没有这个坐标的一次项；

3）如果有某个坐标的一次项，就没有其他坐标的一次项，并且这时方程左边不再有常数项.

满足这 3 个条件的二次曲面方程称为**标准方程**.

证 （4.41）式中 3 个二次项系数 a,b,c 不可能全部为零，否则方程退化为一次的平面方程. 因此我们按它们全不为零、有一个为零和有两个为零的 3 种情况分别讨论.

1. 当 $abc\neq 0$ 时：用配成完全平方的方法，改写（4.41）式为

$$a\left(x+\frac{p}{a}\right)^2+b\left(y+\frac{q}{b}\right)^2+c\left(z+\frac{r}{c}\right)^2+d'=0,$$

$$d'=d-\left(\frac{p^2}{c}+\frac{q^2}{b}+\frac{r^2}{c}\right).$$

作坐标变换

$$x'=x+\frac{p}{a},\quad y'=y+\frac{q}{b},\quad z'=z+\frac{r}{c},$$

方程变为

$$ax'^2+by'^2+cz'^2+d'=0. \tag{Ⅰ}$$

这在形式上和定理中的（Ⅰ）式相同. 再分下列情况：

1）当 $d'\neq 0$ 时：

椭球面	a,b,c 与 d' 异号；
虚椭球面（无轨迹）	a,b,c 与 d' 同号；
单叶双曲面	d' 与 a,b,c 中一个同号；
双叶双曲面	d' 与 a,b,c 中两个同号.

2）当 $d'=0$ 时：

二次锥面	a,b,c 不全部同号；
一个点	a,b,c 全部同号.

2. 当 $ab\neq 0$，$c=0$ 时：用配成完全平方的方法，改写（4.41）式为

$$a\left(x+\frac{p}{a}\right)^2+b\left(y+\frac{q}{b}\right)^2+2rz+d'=0,$$

$$d'=d-\left(\frac{p^2}{a}+\frac{q^2}{b}\right).$$

作坐标变换

$$x'=x+\frac{p}{a},\quad y'=y+\frac{q}{b},\quad z'=z,$$

方程变为

$$ax'^2+by'^2+2rz'+d'=0.$$

再分两种情况：

1）当 $r\neq 0$ 时：又作坐标变换

$$x''=x',\quad y''=y',\quad z''=z'+\frac{d'}{2r},$$

以上方程变成定理中(Ⅱ)的形式

$$ax''^2+by''^2+2rz''=0. \tag{Ⅱ}$$

椭圆抛物面　　a,b 同号；

双曲抛物面　　a,b 异号.

2）当 $r=0$ 时：以上方程为不含坐标 z' 的柱面方程，即定理中(Ⅲ)的形式

$$ax'^2+by'^2+d'=0. \tag{Ⅲ}$$

椭圆柱面　　$d'\neq 0$, a,b 与 d' 异号；

虚椭圆柱面　　$d'\neq 0$, a,b 与 d' 同号；

双曲柱面　　$d'\neq 0$, a 与 b 异号；

一对相交平面　　$d'=0$, a 与 b 异号；

一条直线　　$d'=0$, a 与 b 同号.

3. 当 $c\neq 0$, $a=b=0$ 时：用配成完全平方的方法，改写(4.41)式为

$$c\left(z+\frac{r}{c}\right)^2+2px+2qy+d'=0,\quad d'=d-\frac{r^2}{c}.$$

1）当 p,q 不全为零时：可以通过绕 z 轴的旋转变换，使在

新坐标系中的方程只含一个次项. 事实上，作坐标变换

$$\begin{cases} x'=\dfrac{1}{\sqrt{p^2+q^2}}(px+qy), \\ y'=\dfrac{1}{\sqrt{p^2+q^2}}(-qx+py), \\ z'=z+\dfrac{r}{c}, \end{cases}$$

以上方程变为

$$cz'^2+2p'x'+d'=0, \quad p'=\sqrt{p^2+q^2}\neq 0.$$

两通过平移，得到和定理(Ⅳ)同样的方程，即

抛物柱面 $\qquad cz''^2+2p'x''=0.$ (Ⅳ)

2) 当 $p=q=0$ 时：通过平移，以上方程变为定理中(Ⅴ)同样的方程

$$cz'^2+d'=0. \qquad (Ⅴ)$$

一对平行面 $\quad c$ 与 d' 异号；

一对虚平行平面 $\quad c$ 与 d' 同号；

一对重合平面 $\quad d'=0.$

到此定理证毕.

总结定理 4.5、定理 4.6 的结果，我们再给出

定理 4.7 任意一个二次曲面方程(4.36)都可以用坐标变换化为标准方程(Ⅰ)～(Ⅴ)中的某一个方程. 因此，二次曲面共有(Ⅰ)～(Ⅴ)中所示的 17 种类型：

1) $\dfrac{x^2}{a^2}+\dfrac{y^2}{b^2}+\dfrac{z^2}{c^2}-1=0$； 2) $\dfrac{x^2}{a^2}+\dfrac{y^2}{b^2}+\dfrac{z^2}{c^2}+1=0$；

3) $\dfrac{x^2}{a^2}+\dfrac{y^2}{b^2}-\dfrac{z^2}{c^2}-1=0$； 4) $\dfrac{x^2}{a^2}+\dfrac{y^2}{b^2}-\dfrac{z^2}{c^2}+1=0$；

5) $\dfrac{x^2}{a^2}+\dfrac{y^2}{b^2}-\dfrac{z^2}{c^2}=0$； 6) $\dfrac{x^2}{a^2}+\dfrac{y^2}{b^2}+\dfrac{z^2}{c^2}=0$；

7) $\dfrac{x^2}{a^2}+\dfrac{y^2}{b^2}-2z=0$； 8) $\dfrac{x^2}{a^2}-\dfrac{y^2}{b^2}-2z=0$；

9) $\frac{x^2}{a^2}+\frac{y^2}{b^2}-1=0$; 10) $\frac{x^2}{a^2}+\frac{y^2}{b^2}+1=0$;

11) $\frac{x^2}{a^2}-\frac{y^2}{b^2}-1=0$; 12) $\frac{x^2}{a^2}+\frac{y^2}{b^2}=0$;

13) $\frac{x^2}{a^2}-\frac{y^2}{b^2}=0$; 14) $z^2-2px=0$;

15) $z^2-a^2=0$; 16) $z^2+a^2=0$;

17) $z^2=0$.

这 17 种类型曲面可分成 3 种情况(见表 4-2):

a. 基本类型共 9 种:方程为 1),3),4),5),7),8),9),11),14).

b. 由两个平面构成的有 3 种:方程为 13),15),17);

由一条直线构成的有一种:方程为 12);

由一点构成的有一种:方程为 6).

c. 不代表任何图形的有 3 种:方程为 2),10),16),称为**无轨迹或表示虚图形**.

表 4-2 **二次曲面分类表**

编 号	名 称	标 准 方 程
1	椭 球 面	$\frac{x^2}{a^2}+\frac{y^2}{b^2}+\frac{z^2}{c^2}=1$
2	单叶双曲面	$\frac{x^2}{a^2}+\frac{y^2}{b^2}-\frac{z^2}{c^2}=1$
3	双叶双曲面	$\frac{x^2}{a^2}+\frac{y^2}{b^2}-\frac{z^2}{c^2}=-1$
4	椭圆抛物面	$\frac{x^2}{a^2}+\frac{y^2}{b^2}=2z$
5	双曲抛物面	$\frac{x^2}{a^2}-\frac{y^2}{b^2}=2z$

续表

编　号	名　　称	标　准　方　程
6	椭圆柱面	$\frac{x^2}{a^2}+\frac{y^2}{b^2}=1$
7	双曲柱面	$\frac{x^2}{a^2}-\frac{y^2}{b^2}=1$
8	抛物柱面	$y^2=2px$
9	二次锥面	$\frac{x^2}{a^2}+\frac{y^2}{b^2}-\frac{z^2}{c^2}=0$
10	一对相交平面	$\frac{x^2}{a^2}-\frac{y^2}{b^2}=0$
11	一对平行平面	$\frac{x^2}{a^2}=1$
12	一对重合平面	$x^2=0$
13	直　　线	$\frac{x^2}{a^2}+\frac{y^2}{b^2}=0$
14	点	$\frac{x^2}{a^2}+\frac{y^2}{b^2}+\frac{z^2}{c^2}=0$
15	虚椭球面	$\frac{x^2}{a^2}+\frac{y^2}{b^2}+\frac{z^2}{c^2}=-1$
16	虚椭圆柱面	$\frac{x^2}{a^2}+\frac{y^2}{b^2}=-1$
17	一对平行虚平面	$x^2+a^2=0$

习　题　4.4

1. 对二次曲面

$$3x^2+5y^2+3z^2-3yz+2zx-2xy-15=0$$

作旋转

$$\begin{cases} x=\frac{1}{\sqrt{2}}x'+\frac{1}{\sqrt{3}}y'+\frac{1}{\sqrt{6}}z', \\ y=\frac{1}{\sqrt{3}}y'-\frac{2}{\sqrt{6}}z', \\ z=-\frac{1}{\sqrt{2}}x'+\frac{1}{\sqrt{3}}y'+\frac{1}{\sqrt{6}}z', \end{cases}$$

写出在新坐标系中二次曲面的方程，从而指出它代表什么曲面.

2. 对于二次曲面 $xy+yz+zx-a^2=0$ 作旋转

$$\begin{cases} x=\frac{1}{\sqrt{3}}x'+\frac{1}{\sqrt{2}}y'-\frac{1}{\sqrt{6}}z', \\ y=\frac{1}{\sqrt{3}}x'+\frac{2}{\sqrt{6}}z', \\ z=\frac{1}{\sqrt{3}}x'-\frac{1}{\sqrt{2}}y'-\frac{1}{\sqrt{6}}z', \end{cases}$$

化简它的方程，判别它代表什么曲面.

3. 对于二次曲面

$$x^2+y^2+4yz-4zx-2xy-12x+16y+12z+35=0,$$

先作旋转

$$\begin{cases} x=\frac{1}{\sqrt{3}}x'+\frac{1}{\sqrt{6}}y'-\frac{1}{\sqrt{2}}z', \\ y=-\frac{1}{\sqrt{3}}x'-\frac{1}{\sqrt{6}}y'-\frac{1}{\sqrt{2}}z', \\ z=-\frac{1}{\sqrt{3}}x'+\frac{2}{\sqrt{6}}y', \end{cases}$$

再适当地平移坐标系，化简所得方程，判别它代表什么曲面.

4. 对于下列方程作坐标变换，使方程在新坐标系中不含 xy 项，从而确定它代表什么曲面：

(1) $z=-xy$; (2) $z^2=xy$.

5. 圆锥面 $x^2+y^2-z^2\tan^2\theta=0$ 与平面 $z=x\tan\alpha+b$ 的截口（称为圆锥截线），当 α 为何值时，将是椭圆、双曲线或抛物线，

并作出图形.

6. 当数 m,n,a,b,c 满足什么条件时，平面 $z=mx+ny+p$ 与单叶双曲面$\frac{x^2}{a^2}+\frac{y^2}{b^2}-\frac{z^2}{c^2}=1$ 的交线为椭圆、双曲线或抛物线？

7. 当 m 取何值时，平面 $x+mz-1=0$ 与双叶双曲面

$$x^2+y^2-z^2=-1$$

的交线是椭圆、双曲线或抛物线？

8. 从椭球面$\frac{x^2}{a^2}+\frac{y^2}{b^2}+\frac{z^2}{c^2}=1$ 的中心，按照由单位向量$(\cos\alpha, \cos\beta, \cos\gamma)$所确定的方向到椭球面上的距离为 p，那么有

$$\frac{1}{p^2}=\frac{\cos^2\alpha}{a^2}+\frac{\cos^2\beta}{b^2}+\frac{\cos^2\gamma}{c^2}.$$

9. 从椭球面$\frac{x^2}{a^2}+\frac{y^2}{b^2}+\frac{z^2}{c^2}=1$ 的中心 O 引 3 条互相垂直的射线交椭球面于三点 P_1,P_2,P_3，记 $p_1=|OP_1|$，$p_2=|OP_2|$，$p_3=|OP_3|$，那么有

$$\frac{1}{{p_1}^2}+\frac{1}{{p_2}^2}+\frac{1}{{p_3}^2}=\frac{1}{a^2}+\frac{1}{b^2}+\frac{1}{c^2}.$$

*4.5 二次曲面的不变量

类似于 4.2 节关于二次曲线的不变量理论都可以推广到二次曲面，这里不加证明地介绍如下.

定义 1 关于二次曲面 C：

$$\boldsymbol{x}^{\mathrm{T}}\boldsymbol{A}\boldsymbol{x}=0, \tag{4.42}$$

$$\boldsymbol{A}=\begin{pmatrix} a & h & g & p \\ h & b & f & q \\ g & f & c & r \\ p & q & r & d \end{pmatrix},$$

由 $\boldsymbol{A}$ 的元素构成的

$$
\left.\begin{aligned}
&I_1=a+b+c,\\
&I_2=\begin{vmatrix} a & h\\ h & b\end{vmatrix}+\begin{vmatrix} a & g\\ g & c\end{vmatrix}+\begin{vmatrix} b & f\\ f & c\end{vmatrix},\\
&I_3=\begin{vmatrix} a & h & g\\ h & b & f\\ g & f & c\end{vmatrix},\\
&I_4=\det\boldsymbol{A}
\end{aligned}\right\}\tag{4.43}
$$

称为 C 的**不变量**，而

$$
\left.\begin{aligned}
&J_2=\begin{vmatrix} a & p\\ p & d\end{vmatrix}+\begin{vmatrix} b & q\\ q & d\end{vmatrix}+\begin{vmatrix} c & r\\ r & d\end{vmatrix},\\
&J_3=\begin{vmatrix} a & h & p\\ h & b & q\\ p & q & d\end{vmatrix}+\begin{vmatrix} a & g & p\\ g & c & r\\ p & r & d\end{vmatrix}+\begin{vmatrix} b & f & q\\ f & c & r\\ q & r & d\end{vmatrix}
\end{aligned}\right\}\tag{4.44}
$$

称为 C 的**条件(半)不变量**.

定理 4.8 在一般空间直角坐标变换下，二次曲面(4.42)按(4.43),(4.44)确定的各量满足

1) I_1,I_2,I_3,I_4 是不变的；

2) 当 $I_3=I_4=0$ 时，J_3 是不变的；当 $I_2=I_3=I_4=0$ 时，J_2 是不变的.

定义 2 关于二次曲面 C 用不变量所作的三次方程

$$\lambda^3-I_1\lambda^2+I_2\lambda-I_3=0 \tag{4.45}$$

称为 C 的**特征方程**，它的根称为 C 的**特征根**.

定理 4.9 二次曲面 C 的 3 个特征根都是实的.

定理 4.10 二次曲面 C 在 $OXYZ$ 系中的标准方程可用其不变量及特征根给出如下：

Ⅰ. 当 $I_3\neq 0$ 时，C 为中心型曲面：

$$\lambda_1 X^2+\lambda_2 Y^2+\lambda_3 Z^2+\frac{I_4}{I_3}=0;$$

Ⅱ. 当 $I_3=0$，$I_4\neq 0$ 时，C 为抛物面：

$$\lambda_1 X^2+\lambda_2 Y^2\pm 2\sqrt{-\frac{I_4}{I_2}}Z=0,\quad \lambda_3=0;$$

Ⅲ. 当 $I_3=I_4=0$，$I_2\neq 0$ 时，

$$\lambda_1 X^2+\lambda_2 Y^2+\frac{J_3}{I_2}=0,\quad \lambda_3=0;$$

Ⅳ. 当 $I_2=I_3=I_4=0$，$J_3\neq 0$ 时，

$$\lambda_1 X^2\pm 2\sqrt{-\frac{J_3}{I_1}}Y=0,\quad \lambda_2=\lambda_3=0;$$

Ⅴ. 当 $I_2=I_3=I_4=0$，$J_3=0$ 时，

$$I_1 X^2+\frac{J_2}{I_1}=0,\quad \lambda_2=\lambda_3=0.$$

例 1 求二次曲面

$$3x^2+5y^2+3z^2+2yz+2zx+2xy-4x-8z+5=0$$

的标准方程，并指出它是什么曲面.

解 先写出它的系数矩阵：

$$\boldsymbol{A}=\begin{pmatrix}3&1&1&-2\\1&5&1&0\\1&1&3&-4\\-2&0&-4&5\end{pmatrix}.$$

再计算它的不变量：

$$I_1=3+5+3=11,$$

$$I_2=\begin{vmatrix}3&1\\1&5\end{vmatrix}+\begin{vmatrix}5&1\\1&3\end{vmatrix}+\begin{vmatrix}3&1\\1&3\end{vmatrix}=36,$$

$$I_3=\begin{vmatrix}3&1&1\\1&5&1\\1&1&3\end{vmatrix}=36,$$

$$I_4=\begin{vmatrix}3 & 1 & 1 & -2\\ 1 & 5 & 1 & 0\\ 1 & 1 & 3 & -4\\ -2 & 0 & -4 & 5\end{vmatrix}=-36.$$

其特征方程为 $\lambda^3-11\lambda^2+36\lambda-36=0$，即

$$(\lambda-2)(\lambda-3)(\lambda-6)=0,$$

解得特征根为 $\lambda_1=2$，$\lambda_2=3$，$\lambda_3=6$. 最后得标准方程

$$2X^2+3Y^2+6Z^2-1=0,$$

可见二次曲面为椭球面.

例 2 求二次曲面

$$x^2+3y^2+z^2+2yz+2zx+2xy-2x+4y+2z+12=0$$

的标准方程，并指出它是什么曲面.

解 其系数矩阵

$$\boldsymbol{A}=\begin{pmatrix}1 & 1 & 1 & -1\\ 1 & 3 & 1 & 2\\ 1 & 1 & 1 & 1\\ -1 & 2 & 1 & 12\end{pmatrix}.$$

不变量为

$$I_1=1+3+1=5,$$

$$I_2=\begin{vmatrix}1 & 1\\ 1 & 3\end{vmatrix}+\begin{vmatrix}3 & 1\\ 1 & 1\end{vmatrix}+\begin{vmatrix}1 & 1\\ 1 & 1\end{vmatrix}=4,$$

$$I_3=\begin{vmatrix}1 & 1 & 1\\ 1 & 3 & 1\\ 1 & 1 & 1\end{vmatrix}=0,$$

$$I_4=\begin{vmatrix}1 & 1 & 1 & -1\\ 1 & 3 & 1 & 2\\ 1 & 1 & 1 & 1\\ -1 & 2 & 1 & 12\end{vmatrix}=-8.$$

特征方程为

$$\lambda^3-5\lambda^2+4\lambda=0,$$

解得特征根为 $\lambda_1=1$，$\lambda_2=4$，$\lambda_3=0$. 所以标准方程为

$$X^2+4Y^2\pm2\sqrt{2}Z=0,$$

这是椭圆抛物面.

例 3 求二次曲面

$$x^2+7y^2+z^2+10yz+2zx+10xy+8x+4y+8z-6=0$$

的标准方程，并指出它是什么曲面.

解 先计算

$$\boldsymbol{A}=\begin{pmatrix}1&5&1&4\\5&7&5&2\\1&5&1&4\\4&2&4&-6\end{pmatrix}.$$

$$I_1=9,\quad I_2=-36,\quad I_3=I_4=0,$$

$$J_2=-90,\quad J_3=144,$$

特征方程为 $\lambda^3-9\lambda^2-36\lambda=0$，特征根为 $\lambda_1=12$，$\lambda_2=-3$，$\lambda_3=0$，标准方程是 $12X^2-3Y^2-4=0$，这是双曲柱面.

习 题 4.5

1. 利用不变量求下列曲面的标准方程：

(1) $11x^2+10y^2+6z^2-12xy-8yz+4zx+72x-72y+36z+150=0$；

(2) $xy+yz+zx-a^2=0$；

(3) $9x^2+4y^2+4z^2+12xy+8yz+12zx+4x+y+10z+1=0$；

(4) $2y^2+4zx+2x-4y+6z+5=0$.

2. 证明：二次曲面为圆柱面的条件是

$$I_3=0,\quad I_1{}^2=4I_2,\quad I_4=0.$$

3. 求二次曲面为球面的条件.

4. 求二次曲面为圆锥面的条件.

5. 求 A,B 之值，使二次曲面

$$x^2-y^2+3z^2+(Ax+By)^2-1=0$$

表示圆柱面.

6. 求 A,B 之值，使二次曲面

$$x^2+y^2-z^2+2(Ax+By)z-2x-4y+2z=0$$

表示二次锥面.

7. 已知二次曲面的不变量 $I_3=0$，$I_4\neq 0$，证明：$I_2I_4<0$.

8. 已知二次曲面的不变量 $I_2=I_3=I_4=0$，$J_3\neq 0$，证明：$I_1J_3<0$.

小　结

上一章研究了空间中用标准方程给出的基本类型二次曲面. 本章进一步论述用一般方程给出的二次曲面. 我们希望通过空间坐标系的改变来化简二次曲面的一般方程. 最后如果能化为标准方程就能够判别其类型与形状. 这是一个很复杂的课题，其中最困难的是如何选取新的坐标系，使得曲面方程在新坐标系中消去了混乘项(见定理 4.5，即 $f'=g'=h'=0$). 这实际上是一个二次型化为标准型的问题(属于线性代数学). 在此利用了微分学中求条件极值的方法(见附录)给予了论证.

本章主要结果是二次曲面共分 17 类(见定理 4.7)，其中基本类型有 9 类，另外还有退化和无轨迹(虚)的 8 类.

还有一个不必通过坐标变换就可以直接得到二次曲面标准方程的方法. 这就是利用二次曲面的不变量来定标准方程(见定理 4.10).

平面上的二次曲线的一般理论较为简单，在本章前两节先讲述. 给出平面上二次曲线的一般方程，应该会通过旋转与平移坐标系的方法把它化为标准方程，从而判断曲线的类型.

第5章　正交变换与仿射变换

到此为止，我们所学的几何学只讨论了图形的静止性质．例如：一个三角形的内角及边长，一个长方形的内角及边长，一个圆的半径，一个椭圆的长、短半轴等．也即是说，没有把图形的几何性质与某种运动或变化联系起来．世间一切事物无不处于运动与变化之中，所谓静止状态只不过是作为事物运动状态的一种相对的或瞬间的近似．作为研究“空间形式”的几何学，应该研究图形在运动与变化下的性质．例如：一物体被搬动了，如果其形状不改变的话，这是一种运动．又如长方形的窗格被阳光斜投影到地面上，得到一个平行四边形的影子；铁栅门的格子随着门开或关的过程不断改变着它的各个内角．从矩形(窗格)到平行四边形(影子)，从某一个角到另一个角，这些都是形状的变化．初步探讨图形在运动或变化下的性质是我们这一章的任务．这里将介绍图形的两种简单变形：正交变换与仿射变换，重点在平面上的这两种变换，主要讨论二次曲线与二次曲面在这两种变换下的性质．我们将借助于坐标，用解析的方法(代数方法)来描述变换，并讨论图形在变换下的不变性质．

5.1　平面上点的变换与运动

本节先介绍平面上点变换的概念，再介绍平面上刚体运动及其解析表示．

5.1.1 平面上点的变换

任何一个图形都可视为由点构成，即是说点是几何学研究的最基本元素，因此图形的运动与变化也首先从研究点的变换着手.

定义 1 如果对平面 π 上的任意一点 P，在同一平面上有惟一一点 P' 与它对应，那么这种对应关系

$$\varphi: P \to P'$$

叫做平面 π 上的一个**点(的)变换**. 点 P 的对应点 P' 叫做变换 φ 下**点 P 的像**，记为 $\varphi(P)$，即

$$P' = \varphi(P),$$

而点 P 叫做**点 P' 的原像**.

平面 π 上给出一个变换，必须对平面上任意一个点都指明它变到哪里去了，也就是说对整个平面 π 上的点都要有一个重新安排. 至于有的点在变换过程中也许是没有变动的，这倒无关紧要.

定义 2 对于变换 φ，如果点 P 变到它自己：$P' = P$，或对于变换 φ 满足

$$\varphi(P) = P$$

的点 P 叫做变换 φ 的**不动点**. 以平面上的任意一点为其不动点的变换，即对应关系

$$e: e(P) = P, \quad P \text{ 为平面上任意一点},$$

确定的变换 e，叫做**恒等变换**.

例 1（**平移变换**） 在平面 π 上如果选取了直角坐标系 Oxy，那么由方程

$$\begin{cases} x' = x + x_0, \\ y' = y + y_0 \end{cases} \tag{5.1}$$

确定了一个平面上点的对应关系

$$\varphi: P(x, y) \to P'(x', y').$$

对于平面 π 上每一个点 P 都有惟一确定的点 P' 与它对应，因此对应关系 φ 是平面 π 上的一个点变换，叫做**平移变换**. 它完全由原点 O 的像点 $O'(x_0,y_0)$ 所确定.

(5.1)式曾在讨论平面上点的坐标变换时讲过(见 4.1 节)，在那里将(5.1)式解释为同一点 P 在两个坐标系 Oxy 与 $O'x'y'$ 中的不同坐标 (x,y) 与 (x',y') 之间的关系式. 也就是说，点 P 并没有变，而是它的坐标从一个系变到了另一个系. 但在这里(5.1)式的含义却不同. 这里是在同一个坐标系里讨论，将点 P 变到点 P'. 此时坐标系没有改变，而是点变化了(图 5-1).

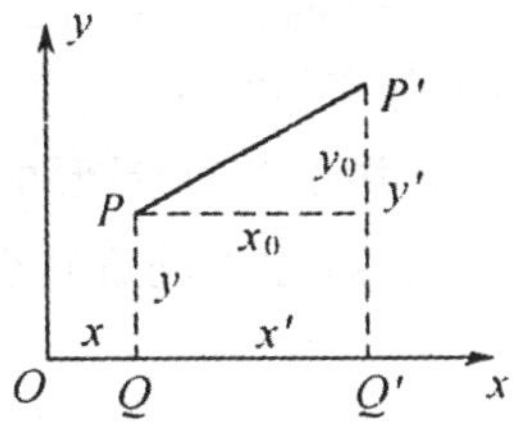

图 5-1

从点 P 到 P' 的平移过程可以看做由两步来完成：点 P 先沿平行于 x 轴的方向，当 $x_0>0$（或 <0）时，向 x 轴正向（或负向）移动距离为 x_0（或 $-x_0$）的一段得到点 Q，再从 Q 沿平行于 y 轴的方向，当 $y_0>0$（或 <0）时，向 y 轴正向（或负向）移动距离为 y_0（或 $-y_0$）的一段得到 P'，对于平面上任一点经过平移变换后都移动了一个相同的位移. 这样一来，在平移变换下，任何一个图形都发生了位置的改变，但其形状并未改变. 例如：直线 L 移到了 L'，$\triangle ABC$ 移到了 $\triangle A'B'C'$（图 5-2).

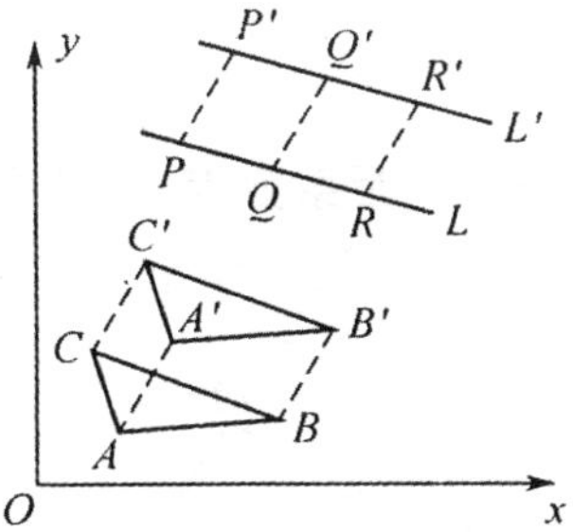

图 5-2

例 2(**旋转变换**) 平面 π 上由方程

$$\begin{cases} x'=x\cos\theta-y\sin\theta, \\ y'=x\sin\theta+y\cos\theta \end{cases} \tag{5.2}$$

确定的一个变换

$$\varphi: P(x,y) \to P'(x',y')$$

叫做**绕坐标原点 O 的旋转变换**. 公式(5.2)过去作为点的坐标变换公式，在那里它表示同一点在两个不同坐标系 Oxy 与 $O'x'y'$ 中的坐标之间的关系，点并没有改变. 现在(5.2)式视做平面上同一坐标系中点 P 到 P' 的对应关系，点改变了. 在变换(5.2)下，平面上任一点 P 变到 P'，即是射线 OP 绕原点 O 反时针旋转 θ 角（当 $\theta>0$ 时为反时针旋转，当 $\theta<0$ 时实为顺时针旋转）得到射线 OP'. 因此在旋转变换下，如同平移变换，也只改变了图形的位置，并不改变图形的形状. 直线与三角形的旋转变换如图 5-3 所示. 绕原点的旋转变换完全由转角 θ 所确定.

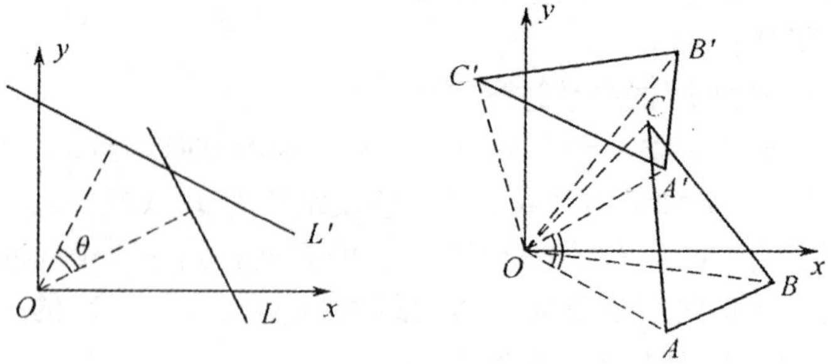

图 5-3

例 3（反射变换） 设平面 π 上有一条直线 L，将平面上任意一点 P 变换到关于直线 L 与它对称的点 P' 的变换叫做**反射变换**. 如果我们选取这条直线为 x 轴，那么这种变换公式为

$$\begin{cases} x'=x, \\ y'=-y. \end{cases} \tag{5.3}$$

它使点 $P(x,y)$ 变到关于 x 轴与它对称的点 $P'(x,-y)$. 在图 5-4 中的 $\triangle ABC$ 在反射变换下变到 $\triangle A'B'C'$.

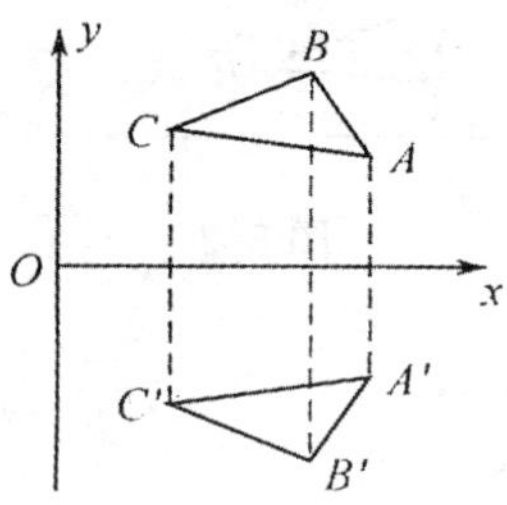

图 5-4

例 4（压缩变换） 在平面 π 上选取直角坐标系后用方程

$$\begin{cases} x'=x, \\ y'=ky \quad (k>0) \end{cases} \tag{5.4}$$

给出的变换叫做平面 π 上沿 y 轴方向的**压缩变换**. 在这种变换下，圆被压缩成椭圆，因此图形的形状变化了. 如果在(5.4)式中 $k<1$，那么图形确是被压缩了；如果 $k>1$，图形实际上是被拉伸了，我们仍叫它为压缩变换.

现在用解析的方法来讨论圆被压缩的问题. 设圆的方程为

$$x^2+y^2=R^2, \tag{5.5}$$

把变换式(5.4)对 x,y 解出，有

$$x=x', \quad y=\frac{y'}{k}, \tag{5.4$'$}$$

将它们代入(5.5)，得圆上点变换后的像点(x',y')应满足的方程

$$x'^2+\frac{y'^2}{k^2}=R^2,$$

即

$$\frac{x'^2}{a^2}+\frac{y'^2}{b^2}=1, \tag{5.6}$$

式中 $a=R$, $b=kR$，它表示一个椭圆. 也就是说，在变换(5.4)下，原图形(5.5)（圆)的像图形(5.6)是一个椭圆.

我们来考查以上 4 例变换的不动点. 平移变换(5.1)，当 x_0，y_0 不同时为零时无不动点；当 $x_0=y_0=0$ 时，平面上所有的点都是不动点，因此它是恒等变换. 旋转变换(5.2)有惟一的不动点，即原点 $O(0,0)$. 反射变换(5.3)以 x 轴上任意一点$(x,0)$为其不动点，因此它有无穷多个不动点，且都在反射轴上. 压缩变换(5.4)的不动点情况与反射变换(5.3)的相同.

定义 3 对于平面 π 上的一个变换 φ，如果它的像点充满了整个平面，而且对于每一个像点 P'都有惟一的原像 P，那么对每一点将它的原像与之对应

$$P'=\varphi(P)\rightarrow P$$

就得到一个变换，叫做 φ 的**逆变换**，记作 φ^{-1}. 于是

$$\varphi^{-1}(\varphi(P))=P. \tag{5.7}$$

定义 4 如果 φ 与 ψ 分别是平面 π 上的两个点变换，那么对于平面 π 上任一点 P，先施行变换 ψ 使点 P 对应到 $\psi(P)$，再施行变换 φ 使 $\psi(P)$ 对应到 $\varphi(\psi(P))$，那么对应关系

$$\varphi\psi: P\to\varphi(\psi(P))$$

也是平面 π 上的一个点变换，叫做**变换 φ 与 ψ 的乘积**，记作 $\varphi\psi$. 按定义有

$$\varphi\psi(P)=\varphi(\psi(P)). \tag{5.8}$$

由变换乘积的定义，及(5.7)与(5.8)式，可知任何变换 φ 与它的逆变换 φ^{-1} 的积是恒等变换：

$$\varphi^{-1}\varphi=e.$$

容易验证两个平移变换或两个旋转变换的乘积仍然分别是平移变换或旋转变换.

5.1.2 平面上的运动

最简单的运动是刚体运动，即是物体只发生位置的改变而不改变其形状. 所谓平面上刚体的运动是指刚体的薄片在平面 π 上作不离开平面的运动. 任何一个这种运动都可以用前述平移变换与旋转变换连续进行来达到.

设有一刚体薄片 S 在平面 π 上，经运动到达新的位置 S'. 我们在 S 上画一个坐标系 Oxy，这个画在 S 上的坐标系随着 S 运动到了 S' 上的 $O'x'y'$ 的位置. 考查从 S 到 S' 的运动等价于考查从 Oxy 系到 $O'x'y'$ 系的运动. 过点 O' 我们再作分别与 x 轴、y 轴平行的 x'' 轴、y'' 轴得另一坐标系 $O'x''y''$ (图 5-5).

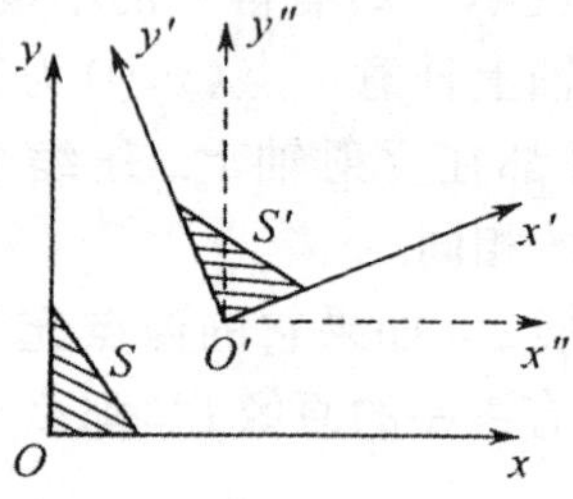

图 5-5

在从 S 到 S' 的刚体运动下，设点 $P(x,y)$ 的像点是 $P'(x',y')$，这里 P 与 P' 的坐标都是关于系 Oxy 所取的. 我们来导出从 x,y 到 x',y' 的变换公式. 设点 O' 的坐标为 (x_0,y_0)，从 $O'x''$ 到 $O'x'$ 的转角为 θ. 像点 P' 在 $O'x'y'$ 系中的坐标记为 $(\overline{x}',\overline{y}')$，而它在 Oxy 系中的坐标正是 (x',y')，利用点的坐标变换公式(4.1 节公式(4.5))得

$$\begin{cases}x'=\overline{x}'\cos\theta-\overline{y}'\sin\theta+x_0,\\ y'=\overline{x}'\sin\theta+\overline{y}'\cos\theta+y_0.\end{cases}$$

另一方面，点 P' 在 $O'x'y'$ 中的坐标正是点 P 在 Oxy 中的坐标：

$$\overline{x}'=x,\quad \overline{y}'=y.$$

代入上式，得所要的变换公式

$$\begin{cases}x'=x\cos\theta-y\sin\theta+x_0,\\ y'=x\sin\theta+y\cos\theta+y_0.\end{cases}\tag{5.9}$$

由此可知，平面上一般的运动是平移与旋转变换的乘积，其变换公式如(5.9)式. 或者说平移与旋转变换另称为平面上的运动. 显然任何两个运动的乘积仍是一个运动，任何一运动的逆变换也是运动. 为了下面一节所需，我们给出一个引理：

引理 5.1 对于平面 π 上任意已知的不同两点 A,B 以及另外两点 A',B'，如果线段 AB 与 $A'B'$ 等长，那么存在一个平面 π 上的运动 φ，使得 $\varphi(A)=A'$，$\varphi(B)=B'$，线段 AB 变为 $A'B'$.

证 我们先作一个平移变换使 A 变到 A'，这时 AB 变到等长的线段 $A'B''$ (图 5-6). 再作一个旋转角为 $\theta=\angle B'A'B''$ 的绕 A' 的旋转变换，就使 $A'B''$ 重合于 $A'B'$. 于是这两个变换的乘积就使 AB 变到 $A'B'$.

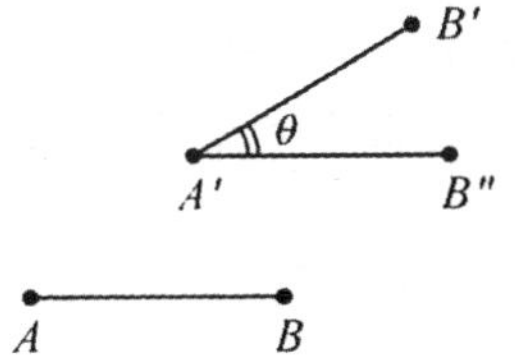

图 5-6

例 5 在平面上绕 $A(a,b)$ 的转角为 θ 的旋转变换 φ 为

$$\begin{cases} x'-a=(x-a)\cos\theta-(y-b)\sin\theta, \\ y'-b=(x-a)\sin\theta+(y-b)\cos\theta. \end{cases}$$

这个变换的惟一不动点是 A.

习 题 5.1

1. 利用平移变换的公式证明两个平移变换的乘积仍是平移变换.

2. 利用旋转变换的公式证明两个旋转变换的乘积仍是旋转变换.

3. 分别写出平面上关于下列固定直线的反射变换的变换公式：

(1) x 轴； (2) y 轴；

(3) 第Ⅰ,Ⅲ象限的角平分线 $x-y=0$；

(4) 第Ⅱ,Ⅳ象限的角平分线 $x+y=0$；

(5) 直线 $x\cos\theta+y\sin\theta-p=0$.

4. 写出使点 $O(0,0)$，$A(5,0)$ 分别变到 $O'(-2,3)$ 与 $A'(2,6)$ 的运动公式.

5. 在平面上绕原点的旋转变换(转角为 θ)下，问直线 $x=p$ 变到什么直线?

6. 设平移变换 φ 使原点变到点 (a,b)，而 ψ 是转角为 θ 绕原点的旋转变换. 写出先经过 φ 再经过 ψ 的变换乘积 $\psi\varphi$ 的公式，再写出先经过 ψ 再经过 φ 的变换乘积 $\varphi\psi$ 的公式，它们是否相同?

7. 设有 3 个点变换 φ,ψ,χ，试证明变换乘积满足结合律：

$$\varphi(\psi\chi)=(\varphi\psi)\chi.$$

8. 设有两个点变换 φ 与 ψ，而且它们的逆变换都存在，试证明：$(\varphi\psi)^{-1}=\psi^{-1}\varphi^{-1}$.

5.2 平面上点的正交变换

上节中讨论了平面上的运动（平移与旋转变换及其乘积），也介绍了点的反射变换，它们都具有一个共同的特点，那就是这些变换都保持平面上任意两点之间的距离不变．我们称具有这个特点的变换为正交变换．这种变换是本节要讨论的内容．我们将研究正交变换的主要性质，并证明正交变换只不过是运动与反射的乘积．

5.2.1 正交变换的概念与性质

定义 如果平面 π 上的变换 φ 使任意两点 P 与 Q 之间的距离保持不变，即

$$d(\varphi(P),\varphi(Q))=d(P,Q), \tag{5.10}$$

这里 $d(P,Q)$ 表示点 P 与 Q 之间的距离，那么称变换 φ 为平面上点的**正交变换**．

根据定义，容易验证平移、旋转与反射变换都是正交变换．除此以外，是否还有别的变换是正交变换？结论是除以上 3 种变换及它们的乘积以外再也没有别的正交变换了．下面先证明正交变换的一些简单性质，最后给出这个结论的证明．

性质 5.1 对任意的正交变换 φ 存在逆变换 φ^{-1}，而且 φ^{-1} 也是正交变换．

证 只要指出对于正交变换 φ，平面上的每一点 P' 都有惟一的一个原像 P 即可证明 φ^{-1} 存在．事实上，假若对于点 P' 有两个原像 P 与 P_1，即 $\varphi(P)=\varphi(P_1)=P'$，那么由(5.10)式可知

$$d(P,P_1)=d(\varphi(P),\varphi(P_1))=d(P',P')=0,$$

即 P 与 P_1 之间的距离为零，证明 $P=P_1$，故原像是惟一的．由此可知，变换 φ 的逆变换是存在的．又

$$d(\varphi^{-1}(P),\varphi^{-1}(Q))=d(P,Q),$$

故 φ^{-1} 也是正交变换.

性质 5.2 任意两个正交变换 φ 与 ψ 的乘积仍是正交变换.

证 设 φ 与 ψ 都是正交变换，除(5.10)式外还成立

$$d(\psi(P),\psi(Q))=d(P,Q). \tag{5.11}$$

利用变换乘积的定义及(5.10),(5.11)两式，有

$$\begin{aligned}d(\varphi\psi(P),\varphi\psi(Q))&=d(\varphi(\psi(P)),\varphi(\psi(Q)))\\&=d(\psi(P),\psi(Q))=d(P,Q),\end{aligned}$$

故 $\varphi\psi$ 仍是正交变换.

性质 5.3 正交变换把直线 L 变成直线 L'.

证 这只要证明，正交变换把任意共线的三点变到共线的三点即可. 由平面几何知识可知，任意三点 P,Q,R 依次在一条直线 L 上的充要条件是

$$d(P,Q)+d(Q,R)=d(P,R).$$

既然正交变换保持距离不变，那么经过变换后，以上等式对于像点依然成立，即像点 P',Q',R' 依次仍在一条直线 L' 上.

性质 5.4 如果平面 π 上的正交变换 φ 保持两个不同的点 P 与 Q 不变：

$$\varphi(P)=P,\quad \varphi(Q)=Q, \tag{5.12}$$

那么它保持过 P 与 Q 的直线上的每一点都不变.

证 设连接 P 与 Q 的直线为 L，对其上任一点 R，不妨设 R 在线段 PQ 内，有

$$d(P,R)+d(R,Q)=d(P,Q)^{*}. \tag{5.13}$$

---

* 对于 $d(P,Q)+d(Q,R)=d(P,R)$ 或 $d(R,P)+d(P,Q)=d(R,Q)$ 的情况类似可证.

而 $\varphi(R)=R'$，根据性质 5.3 可知点 R' 也在直线 L 上. 由(5.12)式，

$$d(P,R')=d(\varphi(P),\varphi(R))=d(P,R),$$
$$d(R',Q)=d(\varphi(R),\varphi(Q))=d(R,Q).$$

按(5.13)式，可得

$$d(P,R')+d(R',Q)=d(P,Q),$$

这表明 R' 也在线段 PQ 内. 又由于 $d(P,R)=d(P,R')$，所以 $R'=R$，即 R 是 φ 的不动点.

5.2.2 关于正交变换的结构定理

我们知道平面上的反射变换保持一条直线上的每一点不变. 反之，如果平面上的正交变换保持某一条直线上的每一点不变，那么这个变换要么是恒等变换，要么就是关于这条不动直线的反射变换. 为了证明正交变换的结构定理，我们需要论证下面这个事实：

引理 5.2 如果平面上的正交变换 φ 使其上某一条直线 L 上的每一点不动，那么变换 φ 或是恒等变换或是反射变换.

证 如果平面 π 上所有的点都是 φ 的不动点，那么 φ 就是恒等变换. 否则，平面 π 上至少有一点 P_0 使得在 φ 变换下的像

$$P_0'=\varphi(P_0)\neq P_0.$$

因为直线 L 由不动点组成，所以点 P_0 不在直线 L 上，即为 L 外的一点. 下面指出，在这种情况下变换 φ 一定是关于直线 L 的反射.

设平面 π 上任一点为 P，而 $P'=\varphi(P)$，对于直线 L 上任一点 Q 有 $\varphi(Q)=Q$，计算距离

$$d(P',Q)=d(\varphi(P),\varphi(Q))=d(P,Q).$$

此式表明直线 L 上任一点 Q 到点 P 和 P' 等距. 从而点 P 的像点 P' 关于直线 L 对称. 这就证明了变换 φ 是反射变换.

根据上段正交变换性质 5.4，保持两个不同点不变的正交变换一定使过这两点的直线上任一点不变. 由于引理 5.2，那么这个正交变换或是恒等变换或是反射变换. 即得

引理 5.3 具有两个不同的不动点的平面上正交变换或是恒等变换，或是反射变换.

下面给出关于正交变换的

定理 5.1 平面上的任何一个正交变换或是平面上的运动，或是平面上的运动与反射变换的乘积.

证 设 φ 是一个正交变换. A 与 B 是平面上不同两点，记 $A'=\varphi(A)$，$B'=\varphi(B)$，显然有

$$d(A',B')=d(A,B).$$

根据 5.1 节的引理 5.1 存在一个平面上的运动使线段 $A'B'$ 变到等长的线段 AB，设 ψ 就是这样一个运动：

$$\psi(A')=A,\quad \psi(B')=B.$$

于是变换 φ 与 ψ 的乘积 $\alpha=\psi\varphi$，是使点 A 与 B 不变的正交变换：

$$\alpha(A)=\psi(\varphi(A))=\psi(A')=A,$$

$$\alpha(B)=\psi(\varphi(B))=\psi(B')=B.$$

根据引理 5.3，α 或是恒等变换 e，或是反射变换. 若 α 是恒等变换，$\psi\varphi=e$，即 $\varphi=\psi^{-1}$. 因为运动的逆变换仍是运动，所以这时正交变换 φ 是一个运动. 若 α 是一个反射，则

$$\varphi=\psi^{-1}\alpha,$$

即正交变换 φ 是一个反射变换 α 与一个运动的 ψ^{-1} 乘积. 证毕.

利用 5.1 节中关于运动与反射的变换式(5.9)与(5.3)，可以写出正交变换的一般变换式.

第一类正交变换(即运动)：

$$\begin{cases}x'=x\cos\theta-y\sin\theta+x_0,\\ y'=x\sin\theta+y\cos\theta+y_0.\end{cases}\tag{5.14}$$

第二类正交变换(即运动与反射的乘积)：

$$\begin{cases} x'=x\cos\theta-y\sin\theta+x_0, \\ y'=-x\sin\theta-y\cos\theta+y_0. \end{cases} \tag{5.15}$$

习 题 5.2

1. 利用平移变换的公式，证明：平移变换保持平面上任意两点的距离不变.

2. 利用旋转变换的公式，证明：旋转变换保持平面上任意两点的距离不变.

3. 设点 P,Q,R 是共线的三点，正交变换 φ 使它们分别变为点 P',Q',R'. 试证明：正交变换保持线段的分比不变：

$$\frac{d(P,R)}{d(R,Q)}=\frac{d(P',R')}{d(R',Q')}.$$

4. 试证明：正交变换把平行的直线变到平行的直线.

5. 已知平面上绕点 $O'(2,3)$ 作旋转角度 θ 的运动，$\cos\theta=\frac{3}{5}$，$\sin\theta=-\frac{4}{5}$，问直线 $x+2y-3=0$ 变到什么直线？

6. 平面上绕点 $Q'(-1,3)$ 旋转 $45°$，问两根坐标轴变成什么直线？

7. 在平面上绕点 (a,b) 旋转角为 θ 的变换下直线 $x=p$ 变成什么直线？

5.3 平面上点的仿射变换

比正交变换较为广泛的一种点的变换就是本节将要讨论的仿射变换. 在仿射变换下两点之间的距离是可变的，但仍然使直线变为直线. 不同于前节用几何特征（保持两点之间距离不变）来定义正交变换，在这里为了简单起见，我们直接用变换公式给出仿射变换的定义，并用这公式研究仿射变换的一些性质.

5.3.1　平面上仿射坐标系与仿射变换的概念

为了讨论仿射变换的需要，我们建立一种比平面直角坐标系较为广泛的仿射坐标系.

在平面上任取一点 O 以及两个不共线的向量 $\boldsymbol{e}_1$ 和 $\boldsymbol{e}_2$. 以点 O 为起点作这两个向量（图 5-7），我们称过点 O 分别以 $\boldsymbol{e}_1$ 与 $\boldsymbol{e}_2$ 为方向的有向直线为 x 轴与 y 轴，它们都叫做**坐标轴**，点 O 叫做**坐标原点**，这样就构成了一个**仿射坐标系**，记为 $[O;\boldsymbol{e}_1,\boldsymbol{e}_2]$.

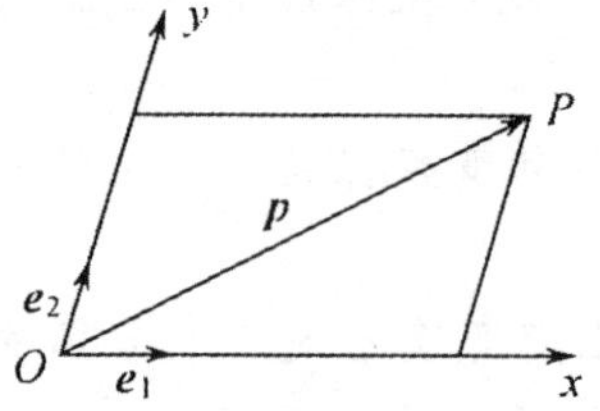

图 5-7

我们先来定义平面上向量的仿射坐标，再定义平面上点的仿射坐标.

由于任意一个在平面上的向量 $\boldsymbol{p}$ 与 $\boldsymbol{e}_1,\boldsymbol{e}_2$ 共面，而 $\boldsymbol{e}_1,\boldsymbol{e}_2$ 不共线，因此向量 $\boldsymbol{p}$ 可以惟一地写成

$$\boldsymbol{p}=x\boldsymbol{e}_1+y\boldsymbol{e}_2. \tag{5.16}$$

数组(x,y)称为向量 $\boldsymbol{p}$ 在仿射坐标系$[O;\boldsymbol{e}_1,\boldsymbol{e}_2]$中的**仿射坐标**.

利用向量的仿射坐标，我们来定义点的仿射坐标，由于在固定起点的情况下(即用定位向量)，向量与它的终点可以相互惟一确定.

定义 1　在仿射坐标系$[O;\boldsymbol{e}_1,\boldsymbol{e}_2]$中，点 P 的仿射坐标就是定位向量$\overrightarrow{OP}$的仿射坐标，也即是说点，P 的**仿射坐标**为(x,y)是指成立

$$\overrightarrow{OP}=x\boldsymbol{e}_1+y\boldsymbol{e}_2. \tag{5.17}$$

称用来建立仿射坐标系的两个向量 $\boldsymbol{e}_1$ 与 $\boldsymbol{e}_2$ 叫做**坐标向量**，它们的坐标分别是$(1,0)$与$(0,1)$. 当坐标向量是互相垂直的单位向量时，仿射坐标系就成为直角坐标系，因此仿射坐标是较直角坐标更广泛的一种坐标.

在用坐标作向量的线性运算时，仿射坐标的公式与直角坐标的一样. 但用坐标进行向量的内积或外积运算时，直角坐标系中的公式在仿射坐标系中不能运用.

定义 2 在平面上用公式

$$\begin{cases} x'=a_{11}x+a_{12}y+a_1, \\ y'=a_{21}x+a_{22}y+a_2 \end{cases} \tag{5.18}$$

使点 $P(x,y)$对应到点 $P'(x',y')$的变换叫做**平面上点的仿射变换**. 为了使其逆变换存在，我们还假设(5.18)式中系数行列式

$$D=\begin{vmatrix} a_{11} & a_{12} \\ a_{21} & a_{22} \end{vmatrix} \neq 0.$$

也就是说，在仿射变换下，像点的坐标 x'与 y'分别是原像点坐标 x 与 y 的一次式.

例 1 由 5.2 节中公式(5.14),(5.15)确定的正交变换是仿射变换的特例. 它们的系数行列式 $D=\pm 1\neq 0$.

例 2 由 5.1 节例 4 中的公式

$$\begin{cases} x'=x, \\ y'=ky \quad (k\neq 0) \end{cases}$$

确定的压缩变换也是仿射变换.

例 3 由公式

$$\begin{cases} x'=kx, \\ y'=hy \end{cases} \quad (k\neq 0,\ h\neq 0)$$

确定的变换表示分别沿 x 轴、y 轴方向的两个压缩变换的乘积，显然是一个仿射变换.

5.3.2 在仿射变换下向量的变换

对上段定义的仿射变换，我们说的是平面上点到点的变换. 由于一个向量可以由它的起点与终点决定，因此对于任一向量 $\boldsymbol{a}=\overrightarrow{PQ}$，如果仿射变换 φ 使

$$\varphi(P)=P', \quad \varphi(Q)=Q',$$

那么我们称向量$\boldsymbol{a}'=\overrightarrow{P'Q'}$为向量$\boldsymbol{a}$的像：$\varphi(\boldsymbol{a})=\boldsymbol{a}'$.

设$\boldsymbol{a}=(X,Y)$，P,Q的坐标为$(x_1,y_1),(x_2,y_2)$，则

$$X=x_2-x_1,\quad Y=y_2-y_1.$$

根据公式(5.18)，可写出点P',Q'的坐标分别为

$$\begin{cases}x_1'=a_{11}x_1+a_{12}y_1+a_1\\ y_1'=a_{21}x_1+a_{22}y_1+a_2;\end{cases}$$

$$\begin{cases}x_2'=a_{11}x_2+a_{12}y_2+a_1,\\ y_2'=a_{21}x_2+a_{22}y_2+a_2.\end{cases}$$

记$\boldsymbol{a}'=(X',Y')$，$X'=x_2'-x_1'$，$Y'=y_2'-y_1'$. 由以上各式立即可得

$$\begin{cases}X'=a_{11}X+a_{12}Y,\\ Y'=a_{21}X+a_{22}Y.\end{cases}\tag{5.19}$$

这就是仿射变换下向量的变换公式. 此式表明，在仿射变换下，向量的分量按一次齐次式进行变换.

仿射坐标系$[O;\boldsymbol{e}_1,\boldsymbol{e}_2]$的坐标向量$\boldsymbol{e}_1$与$\boldsymbol{e}_2$的坐标分别是$(1,0)$与$(0,1)$，用变换式(5.19)写出它们的像$\boldsymbol{e}_1'$与$\boldsymbol{e}_2'$的坐标分别为$(a_{11},a_{21})$与$(a_{12},a_{22})$，因此仿射变换式(5.18)的系数为坐标向量的像的坐标.

定理 5.2 在仿射变换下，

1）保持向量和的关系不变，即如果$\boldsymbol{c}=\boldsymbol{a}+\boldsymbol{b}$，那么

$$\varphi(\boldsymbol{c})=\varphi(\boldsymbol{a})+\varphi(\boldsymbol{b});$$

2）保持数乘向量的关系不变，即如果$\boldsymbol{b}=\lambda\boldsymbol{a}$，那么

$$\varphi(\boldsymbol{b})=\lambda\varphi(\boldsymbol{a}).$$

也即是说，仿射变换保持两个向量的线性组合关系式$\lambda\boldsymbol{a}+\mu\boldsymbol{b}$不变.

证 1）设$\boldsymbol{a}=(X_1,Y_1)$，$\boldsymbol{b}=(X_2,Y_2)$，$\boldsymbol{c}=(X_3,Y_3)$，其中

$$X_3=X_2+X_1,\quad Y_3=Y_2+Y_1.$$

按(5.19)式，

$$X_3'=a_{11}X_3+a_{12}Y_3=a_{11}(X_2+X_1)+a_{12}(Y_2+Y_1)$$
$$=(a_{11}X_2+a_{12}Y_2)+(a_{11}X_1+a_{12}Y_1)$$
$$=X_2'+X_1'.$$

同理，$Y_3'=Y_2'+Y_1'$.

2) 设 $\boldsymbol{a}=(X_1,Y_1)$，$\boldsymbol{b}=(X_2,Y_2)$，其中

$$X_2=\lambda X_1,\quad Y_2=\lambda Y_1.$$

按(5.19)式，

$$X_2'=a_{11}X_2+a_{12}Y_2=a_{11}(\lambda X_1)+a_{12}(\lambda Y_1)$$
$$=\lambda(a_{11}X_1+a_{12}Y_1)=\lambda X_1'.$$

同理，$Y_2'=\lambda Y_1'$.

5.3.3 仿射变换的性质

性质 5.5 对任意仿射变换 φ，存在逆变换 φ^{-1}，而且 φ^{-1} 也是仿射变换.

根据 $D\neq0$ 将(5.18)式中 x,y 解出，得

$$\begin{cases}x=a_{11}'x'+a_{12}'y'+a_1',\\ y=a_{21}'x'+a_{22}'y'+a_2',\end{cases}\tag{5.18$'$}$$

其中

$$\begin{cases}a_{11}'=\dfrac{1}{D}a_{22},\ a_{12}'=-\dfrac{1}{D}a_{12},\\ a_{21}'=-\dfrac{1}{D}a_{21},\ a_{22}'=\dfrac{1}{D}a_{11},\\ a_1'=-\dfrac{1}{D}(a_{22}a_1-a_{12}a_2),\\ a_2'=-\dfrac{1}{D}(-a_{21}a_1+a_{11}a_2).\end{cases}$$

为写出逆变换 φ^{-1} 的变换式，在上式中将等式右边的坐标改为 x，y，等式左边的坐标为 x',y'. 于是

$$\varphi^{-1}: \begin{cases} x' = a'_{11}x + a'_{12}y + a'_1, \\ y' = a'_{21}x + a'_{22}y + a'_2, \end{cases} \tag{5.20}$$

式中

$$D' = \begin{vmatrix} a'_{11} & a'_{12} \\ a'_{21} & a'_{22} \end{vmatrix} = \frac{1}{D} \neq 0.$$

根据(5. 20)式，说明仿射变换 φ 的逆变换 φ^{-1} 存在，而且仍是仿射变换.

性质 5.6 任意两个仿射变换 ψ 与 φ 的乘积仍是仿射变换.

设除有用(5. 18)式写出的仿射变换 φ 以外，还有仿射变换

$$\psi: \begin{cases} x'' = b_{11}x' + b_{12}y' + b_1, \\ y'' = b_{21}x' + b_{22}y' + b_2, \end{cases} \tag{5.21}$$

且 $D_1 = \begin{vmatrix} b_{11} & b_{12} \\ b_{21} & b_{22} \end{vmatrix}$. 写出变换 $\psi\varphi$，即将(5. 18)代入(5. 21)，得

$$\begin{cases} x'' = c_{11}x + c_{12}y + c_1, \\ y'' = c_{21}x + c_{22}y + c_2, \end{cases} \tag{5.22}$$

其中

$$\begin{cases} c_{11} = b_{11}a_{11} + b_{12}a_{21}, \\ c_{12} = b_{11}a_{12} + b_{12}a_{22}, \\ c_{21} = b_{21}a_{11} + b_{22}a_{21}, \\ c_{22} = b_{21}a_{12} + b_{22}a_{22}, \\ c_1 = b_{11}a_1 + b_{12}a_2 + b_1, \\ c_2 = b_{21}a_1 + b_{22}a_2 + b_2, \end{cases}$$

即

$$\begin{vmatrix} c_{11} & c_{12} \\ c_{21} & c_{22} \end{vmatrix} = \begin{vmatrix} b_{11} & b_{12} \\ b_{21} & b_{22} \end{vmatrix} \cdot \begin{vmatrix} a_{11} & a_{12} \\ a_{21} & a_{22} \end{vmatrix} = DD_1 \neq 0.$$

因此，$\psi\varphi$ 是一个仿射变换.

性质 5.7 *在仿射变换下直线变为直线.*

在仿射坐标系中直线用一次方程表示，而仿射变换是用坐标的一次式给出的，因此它把直线的一次方程变为一次方程，即为直线.

设有直线

$$L: \quad Ax+By+C=0, \tag{5.23}$$

用变换式(5.18)关于 x,y 解出的形式(5.18)′代入上式，得

$$L': \quad A'x'+B'y'+C'=0, \tag{5.24}$$

其中

$$\begin{cases} A'=a'_{11}A+a'_{21}B, \\ B'=a'_{12}A+a'_{22}B, \\ C'=a'_1A+a'_2B+C. \end{cases}$$

由于 A,B 不全为零，这里的 A',B' 也不全为零.

根据性质 5.7 与定理 5.2，仿射变换把两条平行的直线变为两条平行的直线. 而且仿射变换保持线段分点的分比不变，即如果三点 P,Q,R 共线，在仿射变换下它们分别变为 P',Q',R'，那么比值

$$\frac{PR}{RQ}=\frac{P'R'}{R'Q'},$$

即线段分点的定比不变.

性质 5.8 *在仿射变换下二次曲线变为二次曲线.*

二次曲线的方程是关于坐标 x,y 的二次方程，在仿射变换即一次变换下，把关于 x,y 的二次方程变为关于 x',y' 的二次方程，即仍是二次曲线.

设有二次曲线

$$C: \quad ax^2+2bxy+cy^2+2fx+2gy+d=0, \tag{5.25}$$

用式(5.18)′代入，得

$$C':\ a'x'^2+2b'x'y'+c'y'^2+2f'x'+2g'y'+d'=0,\qquad(5.26)$$

其中

$$\begin{cases}a'=aa_{11}'^2+2ba_{11}'a_{21}'+ca_{21}'^2,\\ b'=aa_{11}'a_{12}'+b(a_{11}'a_{22}'+a_{12}'a_{21}')+ca_{21}'a_{22}',\\ c'=aa_{12}'^2+2ba_{12}'a_{22}'+ca_{22}'^2,\end{cases}$$

至于系数 f',g',d' 未写出来. 由于 a,b,c 不全为零可得 a',b',c' 不全为零. 因此(5.26)表示一条二次曲线.

性质 5.7 也可改述为仿射变换把共线的三点变为共线的三点. 由于仿射变换的逆变换仍是仿射变换，因此，仿射变换把不共线的三点变为不共线的三点，把不平行的两个向量变为不平行的两个向量. 这样一来我们有

性质 5.9 仿射变换把平面上一个仿射坐标系 $[O;\boldsymbol{e}_1,\boldsymbol{e}_2]$ 变为另一个仿射坐标系 $[O';\boldsymbol{e}_1',\boldsymbol{e}_2']$.

设平面上点 P 的坐标在 $[O;\boldsymbol{e}_1,\boldsymbol{e}_2]$ 系中由

$$\overrightarrow{OP}=x\boldsymbol{e}_1+y\boldsymbol{e}_2\qquad(5.27)$$

确定，根据上述仿射变换保持两个向量线性组合关系不变的定理 5.2，可得

$$\overrightarrow{O'P'}=x\boldsymbol{e}_1'+y\boldsymbol{e}_2',\qquad(5.28)$$

其中点 P' 是点 P 在仿射变换下的像. 因此，如果在仿射变换下仿射坐标系 $[O;\boldsymbol{e}_1,\boldsymbol{e}_2]$ 变为仿射坐标系 $[O';\boldsymbol{e}_1',\boldsymbol{e}_2']$，平面上任意点 P 的像是 P'，那么点 P' 在 $[O';\boldsymbol{e}_1',\boldsymbol{e}_2']$ 中的坐标与 P 在 $[O;\boldsymbol{e}_1,\boldsymbol{e}_2]$ 中的坐标相同.

反之，已知平面上任意两个仿射坐标系 $[O;\boldsymbol{e}_1,\boldsymbol{e}_2]$ 与 $[O';\boldsymbol{e}_1',\boldsymbol{e}_2']$，对于平面上任一点 P，如果它在 $[O;\boldsymbol{e}_1,\boldsymbol{e}_2]$ 系中的坐标为 x,y，那么定义它的像点为 P'，且 P' 在 $[O';\boldsymbol{e}_1',\boldsymbol{e}_2']$ 系中的坐标仍是 x,y，即同时成立(5.27)，(5.28)，这就给出了平面上的一个仿射变换. 因此，对于任意两个仿射坐标系 $[O;\boldsymbol{e}_1,\boldsymbol{e}_2]$ 与 $[O';\boldsymbol{e}_1',\boldsymbol{e}_2']$，

一定有一个仿射变换使系$[O;e_1,e_2]$变到系$[O';e_1',e_2']$.

定理 5.3 在仿射变换下，仿射坐标系(原)变为仿射坐标系(像)，而且像点P'在像坐标系中的坐标与原像点P在原坐标系中的坐标相同. 反之，对于任意两个仿射坐标系，可以按这种坐标相等的方法建立一个仿射变换(图 5-8).

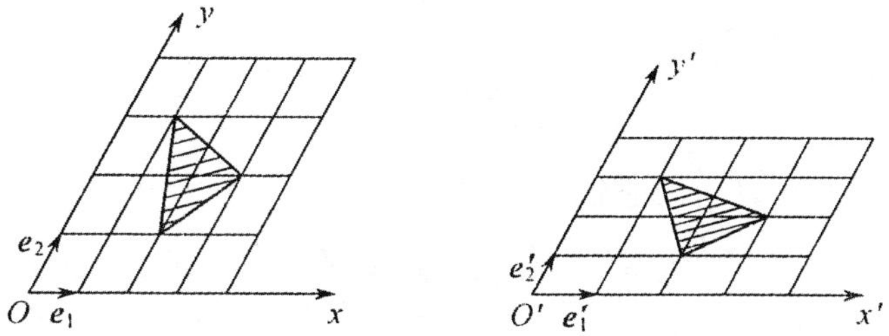

图 5-8

系 在平面上任给出不共线的两点组A,B,C与A',B',C'，则存在惟一的仿射变换φ，使得

$$\varphi(A)=A', \quad \varphi(B)=B', \quad \varphi(C)=C'.$$

利用不共线三点A,B,C可以作一个仿射坐标系$[A;e_1,e_2]$，其中$e_1=\overrightarrow{AB}$，$e_2=\overrightarrow{AC}$. 再由定理 5.3 立即可得此系的证明.

我们知道一个正交变换或是运动或是运动与反射的乘积. 而一个仿射变换或是正交变换或是正交变换与沿两个互相垂直方向压缩的乘积.

定理 5.4 平面上的任何一个仿射变换可以分解为一个正交变换与一个沿两个互相垂直方向压缩的乘积.

证 任意选取一直角坐标系，仿射变换φ(由(5.18)式给出)把单位圆$x^2+y^2=1$变为一个椭圆(图 5-9). 设它的中心为O'，而A_0A'与B_0B'是两条互相垂直的对称轴(或主轴). 记向量$f_1=$

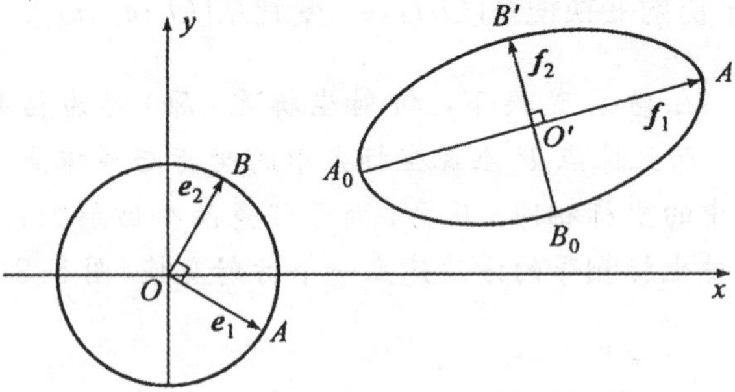

图 5-9

$\overrightarrow{O'A'}$，$f_2=\overrightarrow{O'B'}$. 将它们单位化为

$$e_1'=\frac{f_1}{|f_1|},\quad e_2'=\frac{f_2}{|f_2|}.$$

我们有仿射坐标系$[O';f_1,f_2]$与正交坐标系$[O';e_1',e_2']$. 又设在φ变换下，f_1与f_2的原像向量为e_1,e_2，即

$$\varphi(e_i)=f_i,\quad i=1,2.$$

由于椭圆的两条对称轴是互相共轭的，即每一条对称轴的平行弦中点的轨迹沿着另一条对称轴的方向，而仿射变换φ保持共轭性不变，因此e_1与e_2也是单位圆上两个互相垂直的半径向量，故$[O;e_1,e_2]$为一个正交坐标系. 这样一来利用定理 5.3，我们有

正交变换ψ：$[O;e_1,e_2]\to[O';e_1',e_2']$，

压缩变换α：$[O';e_1',e_2']\to[O';f_1,f_2]$

$(x'=|f_1|x,\ y'=|f_2|y)$，因此

$$\alpha\psi:\quad [O;e_1,e_2]\to[O';f_1,f_2]$$

故$\varphi=\alpha\psi$，即φ分解为正交变换ψ与压缩α的乘积.

习　题　5.3

1. 写出使平面上点$A(0,1)$，$B(-1,0)$，$C(1,1)$分别变为$A'(-1,3)$，$B'(-4,2)$，$C'(1,2)$的仿射变换.

2. 在平面直角坐标系中用方程 $x^2+y^2=1$ 给出的圆经过仿射变换

$$\begin{cases}x'=2x+3,\\ y'=3y-2\end{cases}$$

后变成什么图形? 并画出原图形与像图形.

3. 如果平面上的仿射变换使两个不同点 P 与 Q 不变，那么它也使过 P 与 Q 的直线上的任一点不变.

4. 在仿射变换 $\begin{cases}x'=3x+y-6,\\ y'=x+y+1\end{cases}$ 下，求点(9,8)的原像点的坐标.

5. 试写出仿射变换 $\begin{cases}x'=3x+4y-12,\\ y'=4x-3y+6\end{cases}$ 的逆变换式.

*5.4 二次曲线的度量分类与仿射分类

用变换群作为几何学科分类的基础，我们将作一简单的介绍. 以平面上的二次曲线为研究对象，说明它在度量几何学与仿射几何学中各是怎样分类的.

5.4.1 变换群与几何学科分类

我们不单考虑单个的变换，而且研究一些变换构成的集合.

定义 1 变换 $\varphi,\psi,\cdots$ 的集合 G 称为一个**变换群**，如果它具有下列性质：

1) G 中包括有恒等变换 e（或叫做**单位变换**）；

2) 若 G 中包括变换 φ，则也包括它的逆变换 φ^{-1}；

3) 若 G 中包括变换 φ 与 ψ，则也包括它们的乘积 $\varphi\psi$.

如果变换群 G 中的一部分所成的集合 H，也满足如上性质 1),2),3)（在这里换其中的"G"为"H"），那么称 H 为 G 的**子变换群**.

例 1（旋转群） 平面上绕坐标原点的旋转变换

$$\begin{cases} x'=x\cos\theta-y\sin\theta, \\ y'=x\sin\theta+y\cos\theta \end{cases}$$

全体，满足以上 3 条，因此构成一个变换群，叫做**旋转群**.

例 2（运动群） 平面上的刚体运动

$$\begin{cases} x'=x\cos\theta-y\sin\theta+x_0, \\ y'=x\sin\theta+y\cos\theta+y_0 \end{cases}$$

的全体构成平面上的**运动群**.

例 3（正交群） 平面上所有正交变换的集合（包括第一类与第二类正交变换）组成平面上的**正交群**. 利用正交变换的性质容易验证以上 3 条都成立. 只包含第二类正交变换的集合不构成群.

例 4（仿射群） 平面上所有仿射变换的集合组成平面上的**仿射群**，由于仿射变换的性质，以上 3 条都成立.

以上 4 例中，旋转群是运动群的子群，运动群是正交群的子群，正交群是仿射群的子群.

克莱因(F. Klein)首先提出了按变换群给各种几何学科（或对图形的各种几何性质）进行分类的思想，对几何学的研究有很大的影响. 我们这里只就度量几何与仿射几何作一简单介绍.

定义 2 几何图形在正交变换下的不变性质叫做图形的**度量性质**，研究这些性质的几何学叫做**度量几何学**.

如两点之间的距离(或线段的长度)、两直线之间的角度，以及由此派生出来的各种比例、面积等都属于度量性质，因此中学学习的几何学都是度量几何学.

定义 3 几何图形在仿射变换下的不变性质叫做图形的**仿射性质**，研究这些性质的几何学叫做**仿射几何学**.

如两直线互相平行、两平行线段 PQ 与 QR 的比值$\frac{PQ}{QR}$、线段的中心等都是仿射性质.

注意，在仿射变换下，可以改变两点之间的距离、两直线之间的角度(如压缩变换)，因此关于距离、角度等性质都不是仿射性质. 而直线的平行性、平行线段长的比值等既是仿射性质，也是度量性质.

5.4.2 二次曲线的度量分类

上面我们已经讨论了平面上的正交变换和仿射变换，经过变换，平面上的一个图形一般变成另一个图形.

定义 4 如果有一个平面的正交变换把 C_1 变成 C_2，那么平面上的图形 C_1 与 C_2 称为**正交等价**的(或**度量等价**的).

如果有一平面的仿射变换把 C_1 变成 C_2，那么图形 C_1 与 C_2 为**仿射等价**的.

在这里，图形是看做一个由点组成的集合，所谓一变换把图形 C_1 变成 C_2，是指这个变换引起集合 C_1 到 C_2 上的一个一一对应.

我们看到，正交变换正好概括了刚体运动与反射，因此所谓两个图形是正交等价的就是中学几何中两个图形可以重合的意思.

不论正交等价还是仿射等价都是图形之间的关系. 因为正交变换的全体组成一变换群，所以正交等价作为一个关系来说具有以下 3 条性质：

1) **反身性** 即每一个图形与它自身正交等价. 因为恒等变换是正交变换，而恒等变换把每一个图形变成自身.

2) **对称性** 即如果图形 C_1 与 C_2 正交等价，则 C_2 也与 C_1 正交等价. 因为当一个正交变换把 C_1 变成 C_2 时，它的逆变换就把 C_2 变成 C_1，而正交变换的逆变换还是正交变换.

3) **传递性** 即如果 C_1 与 C_2 正交等价，C_2 与 C_3 正交等价，则 C_1 与 C_3 正交等价. 因为把 C_1 变成 C_2 和把 C_2 变成 C_3 的正交变换的乘积就是把 C_1 变成 C_3，而正交变换的乘积还是正交变换.

应该注意，这 3 个性质是恰好与变换群的定义中 3 个条件相对应的. 既然仿射变换的全体也组成一变换群，所以仿射等价也具有这 3 个性质.

从每一个图形 C 出发，考虑所有与 C 正交等价的图形，就得到图形的一个集合. 因为这个集合中任意两个图形都与 C 正交等价，根据对称性和传递性，所以它们也相互正交等价. 这样，根据正交等价的关系我们就把平面上的图形分成了一些**正交等价类（或度量等价类）**，每一类中任意两个图形都正交等价，而不同类中的图形却不正交等价. 同样，根据仿射等价的关系，我们把平面上的图形分成了一些**仿射等价类**. 因为正交变换是仿射变换，所以正交等价的图形一定仿射等价，从而每个正交等价类都包含在某一个仿射等价类中作为它的一部分.

4.2 节讨论了一般二次曲线方程化简的问题. 在那里，我们用直角坐标变换，找到一种最简单的所谓“标准方程”. 现在，我们将“直角坐标变换”理解为“正交变换”，在所有与曲线度量等价的曲线中找出“最简单的代表”. 因此可以将那里关于二次曲线分类定理改述为关于二次曲线度量分类的定理.

定理 5.5 在直角坐标系中任意二次曲线

$$ax^2+2bxy+cy^2+2fx+2gy+d=0 \tag{5.29}$$

度量等价于下列曲线之一：

$$\left.\begin{array}{lll}\dfrac{x^2}{a^2}+\dfrac{y^2}{b^2}=1, & \dfrac{x^2}{a^2}+\dfrac{y^2}{b^2}=-1, & \dfrac{x^2}{a^2}+\dfrac{y^2}{b^2}=0,\\ \dfrac{x^2}{a^2}-\dfrac{y^2}{b^2}=1, & \dfrac{x^2}{a^2}-\dfrac{y^2}{b^2}=0, & x^2=2py,\\ x^2-a^2=0, & x^2=0, & x^2+a^2=0,\end{array}\right\} \tag{5.30}$$

式中，a,b,p 均为正数.

这 9 种曲线彼此不度量等价，而且用同一种方程表示的曲线，当系数有不同时，它们也彼此不等价. 如两个椭圆

$$\frac{x^2}{a_1{}^2}+\frac{y^2}{b_1{}^2}=1 \quad 和 \quad \frac{x^2}{a_2{}^2}+\frac{y^2}{b_2{}^2}=1,$$

当长、短半轴 a_1，b_1 与 a_2，b_2 有一个不等时，它们不度量等价，即不能重合. 因此，**二次曲线共有无穷多个等价类.**

5.4.3 二次曲线的仿射分类

定理 5.6 在仿射坐标系中任意二次曲线(5.29)仿射等价于下列曲线之一：

$$\left.\begin{array}{lll} x^2+y^2=1, & x^2+y^2=-1, & x^2+y^2=0, \\ x^2-y^2=1, & x^2-y^2=0, & x^2=y, \\ x^2=1, & x^2=0, & x^2+1=0. \end{array}\right\} \tag{5.31}$$

证 将(5.30)中几种方程用仿射变换进一步简化就可得(5.31).

对(5.30)中前 5 种方程作变换

$$\begin{cases} x'=\dfrac{x}{a}, \\ y'=\dfrac{y}{b}, \end{cases}$$

即得(5.31)中前 5 种方程（去掉撇号“′”）；对 $x^2=2py$ 作变换

$$\begin{cases} x'=x, \\ y'=2py, \end{cases}$$

得到 $x'^2=y'$；对 $x^2-a^2=0$ 与 $x^2+a^2=0$ 作变换

$$\begin{cases} x'=\dfrac{x}{a}, \\ y'=y, \end{cases}$$

得到 $x^2-1=0$ 与 $x^2+1=0$.

这 9 条曲线彼此不仿射等价，但任一条二次曲线可以仿射等价于其中一条. 因此，**二次曲线的仿射等价类共有 9 个.**

习 题 5.4

1. 平面上的所有反射变换的全体是否构成一个群?

2. 平面上的第二类正交变换（运动与反射的乘积）的全体能否成群?

3. 设直线 L_1 平行于 L_2，平面上对 L_1,L_2 的反射变换分别为 φ_1 与 φ_2，试证明：乘积 $\varphi_1\varphi_2$ 是一个平移.

4. 设直线 L_1 与 L_2 相交，平面上对 L_1,L_2 的反射变换分别为 φ_1 与 φ_2，试证明：乘积 $\varphi_1\varphi_2$ 是一个旋转.

5. 下列概念中哪些是图形的度量性质（即是度量不变的），哪些是仿射性质（即是仿射不变的）：

(1) 等边三角形；　　(2) 平行四边形；

(3) 多边形；　　(4) 三角形的中线；

(5) 三角形的高线；　　(6) 圆的半径；

(7) 抛物线的焦参数.

5.5 空间的正交变换与仿射变换

和平面的情形一样，可以讨论空间的刚体运动、正交变换、仿射坐标系以及仿射变换. 由于证明的方法类似，本节我们只列举定义与重要的结论.

5.5.1 空间的正交变换

定义 1 如果对于空间中任意一点 P，有惟一一点 P'与它对应，那么这种对应关系 φ：$P\to P'$叫做空间的**点变换**. 点 P 的对应点 P'叫做变换 φ 下点 P 的**像**，记为 $\varphi(P)$，即 $P'=\varphi(P)$，而点 P 叫做点 P'的**原像**.

平移变换 在空间直角坐标系$[O;\boldsymbol{e}_1,\boldsymbol{e}_2,\boldsymbol{e}_3]$中由公式

$$\begin{cases} x'=x+x_0, \\ y'=y+y_0, \\ z'=z+z_0 \end{cases} \tag{5.32}$$

给出的变换 φ: $P(x,y,z)\to P'(x',y',z')$叫做平移变换.

旋转变换 如果空间直角坐标系$[O;\boldsymbol{e}_1,\boldsymbol{e}_2,\boldsymbol{e}_3]$的基本向量 $\boldsymbol{e}_1,\boldsymbol{e}_2,\boldsymbol{e}_3$ 变到同旋（同为右手系或左手系）的基本向量 $\boldsymbol{e}_1',\boldsymbol{e}_2',\boldsymbol{e}_3'$,

$$\begin{cases} \boldsymbol{e}_1'=a_{11}\boldsymbol{e}_1+a_{21}\boldsymbol{e}_2+a_{31}\boldsymbol{e}_3, \\ \boldsymbol{e}_2'=a_{12}\boldsymbol{e}_1+a_{22}\boldsymbol{e}_2+a_{32}\boldsymbol{e}_3, \\ \boldsymbol{e}_3'=a_{13}\boldsymbol{e}_1+a_{23}\boldsymbol{e}_2+a_{33}\boldsymbol{e}_3, \end{cases} \tag{5.33}$$

用公式

$$\begin{cases} x'=a_{11}x+a_{12}y+a_{13}z, \\ y'=a_{21}x+a_{22}y+a_{23}z, \\ z'=a_{31}x+a_{32}y+a_{33}z \end{cases} \tag{5.34}$$

给出的变换

$$\varphi: P(x,y,z)\to P'(x',y',z')$$

（这里点 P'的坐标是对$[O;\boldsymbol{e}_1,\boldsymbol{e}_2,\boldsymbol{e}_3]$系取的）叫做空间的绕原点 O 的旋转变换.

空间的运动 和平面一样,平移与旋转的乘积叫做空间运动.

设想同旋的两个直角坐标系$[O;\boldsymbol{e}_1,\boldsymbol{e}_2,\boldsymbol{e}_3]$和$[O';\boldsymbol{e}_1',\boldsymbol{e}_2',\boldsymbol{e}_3']$，它们在运动前重合，在运动后$[O';\boldsymbol{e}_1',\boldsymbol{e}_2',\boldsymbol{e}_3']$的位置由

$$\overrightarrow{OO'}=x_0\boldsymbol{e}_1+y_0\boldsymbol{e}_2+z_0\boldsymbol{e}_3$$

与(5.33)式给出. 点 $P(x,y,z)$到 $P'(x',y',z')$（这里的坐标是对$[O;\boldsymbol{e}_1,\boldsymbol{e}_2,\boldsymbol{e}_3]$所取的)的对应，用公式

$$\begin{cases} x'=a_{11}x+a_{12}y+a_{13}z+x_0, \\ y'=a_{21}x+a_{22}y+a_{23}z+y_0, \\ z'=a_{31}x+a_{32}y+a_{33}z+z_0 \end{cases} \tag{5.35}$$

给出，这就是空间运动的公式.

空间的反射变换 设空间有一平面 π，将空间中任一点 P 变换到关于平面 π 与它对称的点 P'的变换叫做反射变换. 如果我们

选取这平面为 Oxy 平面，那么反射变换公式为

$$\begin{cases} x'=x, \\ y'=y, \\ z'=-z. \end{cases} \tag{5.36}$$

空间的正交变换

定义 2 空间保持任意两点之间距离不变的点变换叫做**正交变换**.

和平面一样，可以证明如下性质：

1）任意正交变换的逆变换存在，而且也是正交变换.

2）任意两个正交变换的乘积仍然是正交变换.

3）正交变换把直线变成直线.

4）正交变换把平面变成平面.

5）正交变换如果保持空间中不共线的 3 个不同点不变，那么它保持过这三点的平面上任一点不变.

6）如果空间的正交变换使某一平面上的每一点不变，那么这个变换或是恒等变换或是关于这个平面的反射变换. 如果空间的正交变换使不共线的三点不变，那么这个正交变换或是恒等变换或是反射变换.

定理 5.7 空间的正交变换或是空间的运动，或是空间的运动与反射变换的乘积.

空间的正交变换用公式(5.35)表示. (5.35)中的系数行列式

$$D=\begin{vmatrix} a_{11} & a_{12} & a_{13} \\ a_{21} & a_{22} & a_{23} \\ a_{31} & a_{32} & a_{33} \end{vmatrix}=\pm 1. \tag{5.37}$$

当 $D=1$ 时，正交变换为运动，叫做**第一类正交变换**；当 $D=-1$ 时，正交变换为运动与反射的乘积，叫做**第二类正交变换**. (5.35)中的系数还满足正交条件

$$\begin{cases}a_{11}{}^2+a_{21}{}^2+a_{31}{}^2=1,\\a_{12}{}^2+a_{22}{}^2+a_{32}{}^2=1,\\a_{13}{}^2+a_{23}{}^2+a_{33}{}^2=1,\\a_{12}a_{13}+a_{22}a_{23}+a_{32}a_{33}=0,\\a_{13}a_{11}+a_{23}a_{21}+a_{33}a_{31}=0,\\a_{11}a_{12}+a_{21}a_{22}+a_{31}a_{32}=0.\end{cases} \tag{5.38}$$

定理 5.8 正交变换引起向量的一个变换，并保持向量的和及数乘向量的关系式不变. 正交变换保持向量的内积与向量之间的夹角不变. 因此，正交变换把直角坐标系变到直角坐标系.

5.5.2 空间的仿射变换

空间仿射坐标系 在空间中任取一点 O 以及不共面的 3 个向量 $\boldsymbol{e}_1,\boldsymbol{e}_2,\boldsymbol{e}_3$. 以点 O 为起点作这三个向量，它们所定的 3 个轴分别为 x,y,z 轴，点 O 叫做坐标原点，构成了一个仿射坐标系，记为$[O;\boldsymbol{e}_1,\boldsymbol{e}_2,\boldsymbol{e}_3]$.

空间中任一向量 $\boldsymbol{p}$ 可惟一写成

$$\boldsymbol{p}=x\boldsymbol{e}_1+y\boldsymbol{e}_2+z\boldsymbol{e}_3, \tag{5.39}$$

数组(x,y,z)叫做向量 $\boldsymbol{p}$ 的**仿射坐标**.

空间中任一点 P 的仿射坐标就是定位向量$\overrightarrow{OP}$的坐标，也就是说，若点 P 的仿射坐标为(x,y,z)，则有

$$\overrightarrow{OP}=x\boldsymbol{e}_1+y\boldsymbol{e}_2+z\boldsymbol{e}_3. \tag{5.40}$$

定义 3 在空间中由公式

$$\begin{cases}x'=a_{11}x+a_{12}y+a_{13}z+x_0,\\y'=a_{21}x+a_{22}y+a_{23}z+y_0,\\z'=a_{31}x+a_{32}y+a_{33}z+z_0,\end{cases} \tag{5.41}$$

使点 $P(x,y,z)$对应到点 $P'(x',y',z')$的变换叫做**空间仿射变换**，这里，还假设

$$D=\begin{vmatrix} a_{11} & a_{12} & a_{13} \\ a_{21} & a_{22} & a_{23} \\ a_{31} & a_{32} & a_{33} \end{vmatrix} \neq 0, \tag{5.42}$$

以使变换(5.41)的逆变换存在.

按定义，正交变换显然是仿射变换.

压缩变换 由公式

$$\begin{cases} x'=x, \\ y'=y, \\ z'=kz \quad (k\neq 0) \end{cases}$$

确定的仿射变换叫做空间沿 z 轴方向的**压缩变换**. 在这个变换下，球面被压缩成椭球面.

用公式

$$\begin{cases} x'=kx, \\ y'=hy, \quad (k,h,l\text{ 不为零}) \\ z'=lz \end{cases}$$

确定的变换是分别沿 x,y,z 轴方向的 3 个压缩变换的乘积，也是一个仿射变换.

关于仿射变换，我们有如下性质：

1) 仿射变换的逆变换存在，而且也是仿射变换.

2) 两个仿射变换的乘积仍然是仿射变换.

3) 仿射变换把直线变成直线.

4) 仿射变换把平面变成平面.

5) 仿射变换把二次曲面变成二次曲面.

定理 5.9 仿射变换引起空间向量的一个变换，并保持向量和及数乘向量的关系式不变. 因此，仿射变换把仿射坐标系变到仿射坐标系.

定理 5.10 在仿射变换下，坐标系 $[O;\boldsymbol{e}_1,\boldsymbol{e}_2,\boldsymbol{e}_3]$ 变到坐标系

$[O';e_1',e_2',e_3']$. 点 $P(x,y,z)$ 变到点 $P'(x',y',z')$（在 $[O;e_1,e_2,e_3]$ 系取的），那么点 P' 在 $[O';e_1',e_2',e_3']$ 系中的坐标仍是 (x,y,z). 反之，对空间的两个仿射坐标系 $[O;e_1,e_2,e_3]$ 与 $[O';e_1',e_2',e_3']$，可以按这种坐标相等的方法建立一个仿射变换，即使点 $P(x,y,z)$（在 $[O;e_1,e_2,e_3]$ 中取的）变到点 $P'(x,y,z)$（在 $[O';e_1',e_2',e_3']$ 中取的）的对应是一个仿射变换.

定理 5.11 空间的任何一个仿射变换可分解为一个正交变换与一个沿 3 个互相垂直方向压缩的乘积.

习 题 5.5

1. 求使点 $O(0,0,0)$, $A(1,0,0)$, $B(0,1,0)$ 保持不变，而使点 $C(0,0,1)$ 变到点 $C'(1,1,1)$ 的仿射变换.

2. 验证：空间的点变换

$$\begin{cases} x'=\dfrac{11}{15}x+\dfrac{2}{15}y+\dfrac{2}{5}z+2, \\ y'=\dfrac{2}{15}x+\dfrac{14}{15}y-\dfrac{1}{3}z-2, \\ z'=-\dfrac{2}{3}x+\dfrac{1}{3}y+\dfrac{2}{3}z \end{cases}$$

是正交变换，并求点 $O(0,0,0)$, $A(1,2,0)$, $B(2,-1,1)$ 的像点坐标.

3. 试证明：相似变换

$$\begin{cases} x'=kx, \\ y'=ky, \quad (k\neq 0) \\ z'=kz \end{cases}$$

保持任意两个向量之间的夹角不变.

4. 求关于平面 $x\cos\alpha+y\cos\beta+z\cos\gamma-p=0$ 的反射变换的

公式.

5. 试证明：分别对于两个平行平面的反射变换的乘积是一个平移.

6. 试证明：分别对于两个相交平面的反射变换的乘积是一个旋转.

7. 试证明：在仿射变换下，在两个不动点连线上的每一点都不动.

8. 试证明：在仿射变换下，在3个不动点所定的平面上的每一点都不动.

*5.6 二次曲面的度量分类与仿射分类

空间的正交变换全体构成空间的**正交群**，仿射变换全体构成空间的**仿射群**. 正交变换下图形的不变性质叫做**度量性质**，仿射变换下图形的不变性质叫做**仿射性质**. 这一节我们将讨论空间二次曲面的度量分类与仿射分类.

5.6.1 二次曲面的度量分类

在4.4节我们得到了二次曲面化简为17类的结论. 那时，使用直角坐标变换，使一个二次曲面在某一个坐标系中方程化得最为简单，即取标准方程的形式. 现在将直角坐标变换改为空间的正交变换，在所有与某二次曲面度量等价的曲面中，找出这一等价类的最简单曲面. 这样一来，将二次曲面分类定理改述为二次曲面的度量分类定理.

定理 5.12 在直角坐标系中任意二次曲面

$$ax^2+by^2+cz^2+2fyz+2gzx+2hxy+2px+2qy+2rz+d=0 \tag{5.43}$$

的度量等价于下列曲面之一：

1） $\frac{x^2}{a^2}+\frac{y^2}{b^2}+\frac{z^2}{c^2}-1=0$；　　2） $\frac{x^2}{a^2}+\frac{y^2}{b^2}+\frac{z^2}{c^2}+1=0$；

3） $\frac{x^2}{a^2}+\frac{y^2}{b^2}-\frac{z^2}{c^2}-1=0$；　　4） $\frac{x^2}{a^2}+\frac{y^2}{b^2}-\frac{z^2}{c^2}+1=0$；

5） $\frac{x^2}{a^2}+\frac{y^2}{b^2}-\frac{z^2}{c^2}=0$；　　6） $\frac{x^2}{a^2}+\frac{y^2}{b^2}+\frac{z^2}{c^2}=0$；

7） $\frac{x^2}{a^2}+\frac{y^2}{b^2}-2z=0$；　　8） $\frac{x^2}{a^2}-\frac{y^2}{b^2}-2z=0$；

9） $\frac{x^2}{a^2}+\frac{y^2}{b^2}-1=0$；　　10） $\frac{x^2}{a^2}+\frac{y^2}{b^2}+1=0$；

11） $\frac{x^2}{a^2}-\frac{y^2}{b^2}-1=0$；　　12） $\frac{x^2}{a^2}+\frac{y^2}{b^2}=0$；

13） $\frac{x^2}{a^2}-\frac{y^2}{b^2}=0$；　　14） $z^2-2px=0$；

15） $z^2-a^2=0$；　　16） $z^2+a^2=0$；

17） $z^2=0$.

以上各式中系数 a,b,c,p 都是正数. 这 17 种二次曲面彼此不度量等价，而且用同一种方程表示的曲面如果系数有不同时，它们也彼此不等价. 因此，二次曲面共有无穷多个度量等价类.

5.6.2　二次曲面的仿射分类

定理 5.13　在仿射坐标系中二次曲面(5.43)仿射等价于下列曲面之一：

1） $x+y^2+z^2-1=0$；　　2） $x^2+y^2+z^2+1=0$；

3） $x^2+y^2-z^2-1=0$；　　4） $x^2+y^2-z^2+1=0$；

5） $x^2+y^2-z^2=0$；　　6） $x^2+y^2+z^2=0$；

7） $x^2+y^2-z=0$；　　8） $x^2-y^2-z=0$；

9） $x^2+y^2-1=0$；　　10） $x^2+y^2+1=0$；

11） $x^2-y^2-1=0$；　　12） $x^2+y^2=0$；

13） $x^2-y^2=0$；　　14） $z^2-x=0$；

15） $z^2-1=0$；　　　　16） $z^2+1=0$；

17） $z^2=0$.

证　在定理 5.12 的 1)～6)，9)～13)中，令

$$\begin{cases} x'=\dfrac{x}{a}, \\ y'=\dfrac{y}{b}, \\ z'=\dfrac{z}{c}, \end{cases}$$

得定理 5.13 中相应各式. 在定理 5.12 的 7)，8)两式中令

$$\begin{cases} x'=\dfrac{x}{a}, \\ y'=\dfrac{y}{b}, \\ z'=2z, \end{cases}$$

得定理 5.13 中相应各式. 在定理 5.11 的 14)中令

$$\begin{cases} x'=2px, \\ y'=y, \\ z'=z, \end{cases}$$

得定理 5.13 的 14). 在定理 5.12 的 15)，16)两式中令

$$\begin{cases} x'=x, \\ y'=y, \\ z'=\dfrac{z}{a}, \end{cases}$$

得定理 5.13 中相应各式.

小　　结

这一章初步介绍了几何学中一个十分重要的概念：变换群以及几何学科的分类. 我们着重讨论了平面上的正交变换群与仿射

变换群，至于空间的这两种群也列举了它们的主要性质与结论.

正交变换是使两点之间距离不变的点变换. 图形在正交变换下不变的性质叫做度量性质，包括长度、角度、面积、体积等有关的数量和命题. 研究度量性质的几何学叫做度量几何学，包括中学所学几何的内容. 仿射变换是使直线变直线的点变换. 图形在仿射变换下不变的性质叫做仿射性质. 如两直线平行、两平行线段长度之比，一些相互衔接关系（例如：三角形三中线交于一点）等. 研究仿射性质的几何学叫做仿射几何学.

从变换群的概念出发，可使我们更好地弄清图形的各种几何性质的本质以及它们之间的内在联系. 正交群是仿射群的子群，因此仿射性质较度量性质更为广泛. 即是说，图形的度量性质在仿射变换下有的将要改变. 如长度与角度不是仿射不变量. 比仿射群更大的有射影群，换句话说，仿射群是射影群的子群. 最为广泛的几何学是拓扑学，它所研究的是那些不为连续变换所改变的几何性质的全体. 例如：从拓扑的观点看来，一个圆周与任一条封闭曲线都是一样的曲线，因为两者可以通过连续变形互相得到.

我们从度量等价或仿射等价的角度讨论了平面上的二次曲线与空间的二次曲面. 两个图形度量等价实际上就是它们可以互相重合. 而仿射等价就是可以用仿射将一个变为另一个. 从度量角度来看，二次曲线有无穷多个等价类，它们的标准方程虽有 9 种，即使用同一种标准方程写出的曲线，当方程中系数有不等时它们不是度量等价. 二次曲面也是如此，有无穷多个度量等价类. 但从仿射角度来看，二次曲线只有 9 个等价类. 如椭圆与圆作为仿射几何的研究对象，它们是同一样的曲线. 二次曲面作为仿射几何的研究对象，也只能分成 17 个等价类.

附录 条件极值

设有 3 个变量 x,y,z 的一个函数

$$w=F(x,y,z), \tag{1}$$

在满足条件

$$G(x,y,z)=0 \tag{2}$$

的情况下，于函数(1)的定义域内，求 $F(x,y,z)$ 的极值(极大值与极小值)问题可以利用拉格朗日待定乘数法归结为求另一个多元函数的无条件极值问题.

拉格朗日待定乘数法 三元函数(1)在条件(2)下的极值可以归结为求四元函数

$$H(x,y,z,\lambda)=F(x,y,z)+\lambda G(x,y,z) \tag{3}$$

的无条件极值. 因此，使函数 H 达到极值的点应满足方程组

$$\begin{cases} \dfrac{\partial H}{\partial x}\equiv\dfrac{\partial F}{\partial x}+\lambda\dfrac{\partial G}{\partial x}=0, \\ \dfrac{\partial H}{\partial y}\equiv\dfrac{\partial F}{\partial y}+\lambda\dfrac{\partial G}{\partial y}=0, \\ \dfrac{\partial H}{\partial z}\equiv\dfrac{\partial F}{\partial z}+\lambda\dfrac{\partial G}{\partial z}=0, \\ \dfrac{\partial H}{\partial \lambda}\equiv G=0. \end{cases} \tag{4}$$

例 1 如果长方体表面积一定，各棱长在什么情况下使长方体体积最大?

解 设长方体三棱长分别为 x,y,z，表面积共为 $2S$，于是要求在

$$G(x,y,z)\equiv xy+yz+zx-S=0 \tag{5}$$

的情况下求体积

$$F(x,y,z)\equiv xyz \tag{6}$$

的极值.

利用待定乘数法，令

$$\begin{aligned} H(x,y,z,\lambda) &\equiv F(x,y,z)+\lambda G(x,y,z) \\ &= xyz+\lambda(xy+yz+zx-S). \end{aligned}$$

写出方程组(4)：

$$\begin{cases} \dfrac{\partial H}{\partial x}\equiv yz+\lambda(y+z)=0, \\ \dfrac{\partial H}{\partial y}\equiv zx+\lambda(z+x)=0, \\ \dfrac{\partial H}{\partial z}\equiv xy+\lambda(x+y)=0, \\ \dfrac{\partial H}{\partial \lambda}\equiv xy+yz+zx-S=0. \end{cases} \tag{7}$$

将(7)中前三式的每两式相减可得

$$(y-x)(z+\lambda)=0,$$
$$(x-z)(y+\lambda)=0,$$
$$(z-y)(x+\lambda)=0,$$

从这组式中可得 $x=y=z(=a)$. 再由(7)中第四式 $3a^2-S=0$，得

$$a=\frac{\sqrt{3}}{3}\sqrt{S}.$$

因此，当长方体的各棱相等时体积最大.

例 2 在椭球面

$$G\equiv\frac{x^2}{a^2}+\frac{y^2}{b^2}+\frac{z^2}{c^2}-1=0 \tag{8}$$

上，求从中心到椭球面上点的距离的极值，也即是求这个距离平方

$$F \equiv x^2 + y^2 + z^2 \tag{9}$$

的极值.

解 令

$$\begin{aligned} H(x,y,z,\lambda) &\equiv F + \lambda G \\ &= x^2 + y^2 + z^2 + \lambda^2\left(\frac{x^2}{a^2} + \frac{y^2}{b^2} + \frac{z^2}{c^2} - 1\right), \end{aligned}$$

方程组(4)为(其中第 4 式即为(8)，不必另写)：

$$\frac{\partial H}{\partial x} = 0:\quad x + \frac{\lambda x}{a^2} = 0,$$

$$\frac{\partial H}{\partial y} = 0:\quad y + \frac{\lambda y}{b^2} = 0,$$

$$\frac{\partial H}{\partial z} = 0:\quad z + \frac{\lambda z}{c^2} = 0.$$

即

$$\begin{cases} x\left(1 + \dfrac{\lambda}{a^2}\right) = 0, \\ y\left(1 + \dfrac{\lambda}{b^2}\right) = 0, \\ z\left(1 + \dfrac{\lambda}{c^2}\right) = 0. \end{cases} \tag{10}$$

从(10)与(8)得到下列解

$$x = y = 0,\quad z = \pm c;$$

$$y = z = 0,\quad x = \pm a;$$

$$z = x = 0,\quad y = \pm b.$$

也即是在椭球面的 6 个顶点使中心到椭球面上点的距离达到极值.

习题答案与提示

习题 1.1

2. A在 x 轴上，B 在 y 轴上，C 在 Oyz 平面上，D 在 Ozx 平面上.

3. 自 B 向 Oxy,Oyz,Ozx 平面所引垂线的垂足分别是$(a,b,0)$，$(0,b,c)$，$(a,0,c)$；自 B 向 x,y,z 轴所引垂线的垂足分别是$(a,0,0)$，$(0,b,0)$，$(0,0,c)$.

4. (1) $(2,-3,1),(a,b,-c)$.　　(2) $(-2,-3,-1),(-a,b,c)$.

(3) $(-2,3,-1),(-a,-b,c)$.　　(4) $(-2,3,1),(-a,-b,-c)$.

5. $(a,a,a),(-a,a,a),(a,-a,a),(-a,-a,a),(a,a,-a),(-a,a,-a),(a,-a,-a),(-a,-a,-a)$，分别在 8 个卦限内.

6. (1) 横坐标为零的点在 Oyz 坐标平面上；

(2) 竖坐标为零的点在 Oxy 坐标平面上；

(3) 横坐标和纵坐标同时为零的点在 z 轴上.

7. 点 A 到坐标原点的距离为 $\sqrt{29}$，到 x 轴的距离为 $\sqrt{13}$，到 y 轴的距离为 $2\sqrt{5}$，到 z 轴的距离为 5.

8. 因为$|AC|=|BC|=\sqrt{6}$，所以$\triangle ABC$ 为等腰三角形.

9. $\left(0,\dfrac{11}{6},0\right)$.

10. 因为$|BC|^2=|BA|^2+|AC|^2(=26)$，所以$\triangle ABC$ 为直角三角形.

11. 分点为$\left(1,\dfrac{5}{3},\dfrac{1}{3}\right)$.

12. 重心坐标为 $x=\dfrac{1}{3}(x_1+x_2+x_3)$，$y=\dfrac{1}{3}(y_1+y_2+y_3)$，$z=\dfrac{1}{3}(z_1+z_2+z_3)$.

13. AB边的中点为$D(2,-1,-1)$，BC 边的中点为$E(-1,-2,2)$，CA

边的中点为 $F(0,1,-2)$，中线长 $|AE|=9$.

14. 设平行四边形 4 个顶点依次为 A,B,C,D，于是线段 AE 按定比 $\lambda=-2$ 分割的分点为 C，同理可定点 D，得 $C(6,1,19),D(9,-5,12)$.

15. 先求出 AC 的中点 E，再按第 14 题的方法求点 D，得 $D(9,-5,6)$.

16. $x=\frac{1}{m_1+m_2}(m_1x_1+m_2x_2)$，$y=\frac{1}{m_1+m_2}(m_1y_1+m_2y_2)$，

$$z=\frac{1}{m_1+m_2}(m_1z_1+m_2z_2).$$

17. $x=\frac{1}{m_1+m_2+m_3+m_4}(m_1x_1+m_2x_2+m_3x_3+m_4x_4)$，

$$y=\frac{1}{m_1+m_2+m_3+m_4}(m_1y_1+m_2y_2+m_3y_3+m_4y_4),$$

$$z=\frac{1}{m_1+m_2+m_3+m_4}(m_1z_1+m_2z_2+m_3z_3+m_4z_4).$$

18. 点 A 的柱面坐标为 $\left(\frac{\sqrt{3}}{2},240°,\frac{1}{2}\right)$，球面坐标为 $(1,60°,240°)$.

21. 飞机初始位置 A_1 的球面坐标为

$$r_1=3\,000,\quad \varphi_1=90°-45°=45°,\quad \theta_1=40°12';$$

5 秒后飞机的位置 A_2 为

$$r_2=4\,000,\quad \varphi_1=90°-60°=30°,\quad \theta_2=10°12'.$$

利用第 20 题所证明的公式，

$$|A_1A_2|=\left[(3\times10^3)^2+(4\times10^3)^2-2\times3\times4\times10^6\cdot\left(\frac{\sqrt{2}}{2}\times\frac{1}{2}\times\frac{\sqrt{3}}{2}+\frac{\sqrt{2}}{2}\times\frac{\sqrt{3}}{2}\right)\right]^{\frac{1}{2}}\approx1.7\times10^3.$$

飞机的速度为 $v=\frac{1.7\times10^3}{5}=0.34\times10^3=340$ (米/秒).

习题 1.2

1. 设此平面上的动点为 $P(x,y,z)$，列出 $|PA|^2=|PB|^2$ 的坐标表达式，化简后即为所求平面的方程 $2x-6y+2z-7=0$.

2. $x-y=0$ 和 $x+y=0$.

3. Oxy,Oyz,Ozx 坐标平面的方程分别为 $z=0,x=0,y=0$；x 轴、y 轴、z 轴的方程分别为 $\begin{cases}y=0,\\z=0,\end{cases}$ $\begin{cases}z=0,\\x=0,\end{cases}$ $\begin{cases}x=0,\\y=0.\end{cases}$

4. $x^2+y^2+z^2+2x-4y-6z-2=0$.

5. 中心在点(1,0,0)，半径为 1.

6. $x^2+y^2+z^2-2x-6y+4z=0$.

7. 先求出两个已知球面的中心分别为 $A(3,-4,5)$,$B(-3,-1,3)$. 由此可确定所求球面的中心 $C(0,-\frac{5}{2},4)$（即 AB 线段的中点）和半径 $R=\frac{1}{2}|AB|=\frac{7}{2}$. 最后得球面方程为 $x^2+y^2+z^2+5y-8z+10=0$.

8. 设球面方程为

$$x^2+y^2+z^2+2fx+2gy+2hz+d=0,$$

写出所给 4 点在球面上的条件：

$$d=0,\quad 4+4f=0,\quad 9+6g=0,\quad 36+12h=0,$$

解得 $d=0$，$f=-1$，$g=-\frac{3}{2}$，$h=-3$. 因此球面方程为

$$x^2+y^2+z^2-2x-3y-6z=0.$$

9. 设轨迹的动点为 $P(x,y,z)$，用坐标表示条件 $|AP|^2+|BP|^2=4a^2$，得

$$x^2+y^2+(z-a)^2+x^2+y^2+(z+a)^2=4a^2,$$

即 $x^2+y^2+z^2=a^2$，可见所求轨迹为一球面.

10. 设轨迹的动点为 $P(x,y,z)$，用坐标写出 $|AP|+|BP|=2b$，即为

$$\sqrt{x^2+y^2+(z-c)^2}+\sqrt{x^2+y^2+(z+c)^2}=2b,$$

也即 $\sqrt{x^2+y^2+(z-c)^2}-2b=-\sqrt{x^2+y^2+(z+c)^2}$. 两边平方，整理后为

$$-b\sqrt{x^2+y^2+(z-c)^2}=cz-b^2.$$

再两边平方，化简后为

$$x^2+y^2+\frac{b^2-c^2}{b^2}z^2=b^2-c^2.$$

记 $a^2=b^2-c^2(>0)$，于是有 $\frac{x^2}{a^2}+\frac{y^2}{a^2}+\frac{z^2}{b^2}=1$. 这是旋转椭球面.

11. (1) 过点 $(0,a,0)$，且平行于 Ozx 平面的平面.

(2) 一个平分 Ozx 平面和平面 Oyz 所成的二面角，且通过第二卦限的平面.

(3) 表示 $x+y=0$ 和 $x-y=0$ 所代表的两个平面，它们是 Ozx 平面和 Oyz 平面所成二面角的角平分面.

(4) 以 z 轴为轴的圆柱面(见 3.1 节).

(5) 表示 Oyz 平面和 Ozx 平面.

(6) 表示 3 个坐标平面：Oxy,Oyz,Ozx.

12. (1) x 轴.

(2) 通过点(2,0,0)且平行于 z 轴的直线.

(3) 通过点(5,0,−2)且平行于 y 轴的直线.

(4) 在 Oxy 平面上以坐标原点为中心、半径等于 3 的圆.

(5) 在平面 $z-2=0$ 上的圆，其半径为 4，中心在点(0,0,2).

13. 交点为(±2,3,−6).

14. 交点为(±1,2,2).

习题 1.3

2. 在菱形 $ABCD$ 中，$\overrightarrow{AB}=\overrightarrow{DC}$为一对相等向量，$\overrightarrow{BC}=-\overrightarrow{DA}$为一对相反向量，$\overrightarrow{AB}$与$\overrightarrow{BC}$不相等也不是相反的向量.

3. $\overrightarrow{AB}=\frac{1}{2}(\boldsymbol{a}-\boldsymbol{b})$，$\overrightarrow{BC}=\frac{1}{2}(\boldsymbol{a}+\boldsymbol{b})$，$\overrightarrow{CD}=\frac{1}{2}(\boldsymbol{b}-\boldsymbol{a})$，$\overrightarrow{DA}=-\frac{1}{2}(\boldsymbol{a}+\boldsymbol{b})$.

4. $\overrightarrow{AB},\overrightarrow{CD}$和$\overrightarrow{FE}$共线，$\overrightarrow{BC}$和$\overrightarrow{DA}$共线，$\overrightarrow{BF}$和$\overrightarrow{EA}$共线；$\overrightarrow{AB},\overrightarrow{BC},\overrightarrow{CD}$和$\overrightarrow{DA}$共面，$\overrightarrow{AB},\overrightarrow{BF}$和$\overrightarrow{EA}$共面，而$\overrightarrow{AB},\overrightarrow{BC}$和$\overrightarrow{BF}$不共面.

5. $\overrightarrow{AG}=\overrightarrow{AB}+\overrightarrow{BF}+\overrightarrow{FG}=\boldsymbol{p}+\boldsymbol{q}+\boldsymbol{r}$,

$\overrightarrow{BH}=\overrightarrow{BC}+\overrightarrow{CD}+\overrightarrow{DH}=-\boldsymbol{p}+\boldsymbol{q}+\boldsymbol{r}$,

$\overrightarrow{EC}=\overrightarrow{EF}+\overrightarrow{FB}+\overrightarrow{BC}=\boldsymbol{p}+\boldsymbol{q}-\boldsymbol{r}$.

6. 因为$\overrightarrow{AC}=\boldsymbol{p}+\boldsymbol{q}$，$\overrightarrow{AF}=\boldsymbol{p}+\boldsymbol{r}$，$\overrightarrow{AH}=\boldsymbol{q}+\boldsymbol{r}$，所以

$$\overrightarrow{AC}+\overrightarrow{AF}+\overrightarrow{AH}=\boldsymbol{p}+\boldsymbol{q}+\boldsymbol{p}+\boldsymbol{r}+\boldsymbol{q}+\boldsymbol{r}=2(\boldsymbol{p}+\boldsymbol{q}+\boldsymbol{r})=2\,\overrightarrow{AG}.$$

7. 利用余弦定理，

$$|\boldsymbol{u}|^2=|\boldsymbol{a}|^2+|\boldsymbol{b}|^2-2|\boldsymbol{a}||\boldsymbol{b}|\cos 120°=4^2+3^2+2\times3\times4\times\frac{1}{2}=37,$$

$|\boldsymbol{u}|=\sqrt{37}$. 同理$|\boldsymbol{v}|^2=|\boldsymbol{a}|^2+|\boldsymbol{b}|^2-2|\boldsymbol{a}||\boldsymbol{b}|\cos 60°=4^2+3^2-2\times3\times4\times\frac{1}{2}=13$，$|\boldsymbol{v}|=\sqrt{13}$.

9. 从图形容易看出

$$\boldsymbol{a}=\overrightarrow{DC}+\frac{1}{2}\overrightarrow{BC},\quad \boldsymbol{b}=\overrightarrow{BC}+\frac{1}{2}\overrightarrow{DC},$$

由以上两式可以求得$\overrightarrow{BC}=\frac{1}{3}(4\boldsymbol{b}-2\boldsymbol{a})$，$\overrightarrow{DC}=\frac{1}{3}(4\boldsymbol{a}-2\boldsymbol{b})$.

10. (1) 向量 $\boldsymbol{a},\boldsymbol{b}$ 互相垂直； (2) 向量 $\boldsymbol{a},\boldsymbol{b}$ 的夹角为锐角；

(3) 向量 $\boldsymbol{a},\boldsymbol{b}$ 的夹角为钝角； (4) 向量 $\boldsymbol{a},\boldsymbol{b}$ 共线.

13. $\overrightarrow{OM}=\frac{1}{3}(\boldsymbol{p}+\boldsymbol{q}+\boldsymbol{r})$.

15. 因为$\overrightarrow{BD}=\frac{m}{m+n}\overrightarrow{BC}=\frac{m}{m+n}(\overrightarrow{AC}-\overrightarrow{AB})$；所以

$$\overrightarrow{AD}=\overrightarrow{AB}+\overrightarrow{BD}=\overrightarrow{AB}+\frac{m}{m+n}(\overrightarrow{AC}-\overrightarrow{AB})=\frac{1}{m+n}(m\overrightarrow{AC}+n\overrightarrow{AB}).$$

16. 必要性　如为点 A,B,C 共线，可知向量$\overrightarrow{AC}$和$\overrightarrow{AB}$共线，由于$\overrightarrow{AB}\neq\mathbf{0}$（因为按假设 AB 决定了一条直线），根据向量共线的定理，存在一个数 μ，使

$$\overrightarrow{AC}=\mu\overrightarrow{AB}\quad 或\quad \overrightarrow{OC}-\overrightarrow{OA}=\mu(\overrightarrow{OB}-\overrightarrow{OA}),$$

即$\overrightarrow{OC}=\lambda\overrightarrow{OA}+\mu\overrightarrow{OB}$，其中 $\lambda=1-\mu$.

充分性　利用 $\lambda+\mu=1$ 将向量等式$\overrightarrow{OC}=\lambda\overrightarrow{OA}+\mu\overrightarrow{OB}$改写为

$$\overrightarrow{OC}=(1-\mu)\overrightarrow{OA}+\mu\overrightarrow{OB},\quad \overrightarrow{OC}-\overrightarrow{OA}=\mu(\overrightarrow{OB}-\overrightarrow{OA}),$$

即$\overrightarrow{AC}=\mu\overrightarrow{AB}$. 因此向量$\overrightarrow{AC}$和$\overrightarrow{AB}$共线，从而点 C 在 A,B 所决定的直线上，即 A,B,C 三点共线.

17. 必要性　如果点 A,B,C,D 共面，可知向量$\overrightarrow{AD}$和$\overrightarrow{AB}$,$\overrightarrow{AC}$共面，由于$\overrightarrow{AB}$与$\overrightarrow{AC}$不共线（因为按假设由 A,B,C 决定了一个平面），根据向量共面的定理，存在两个数 μ,ν，使$\overrightarrow{AD}=\mu\overrightarrow{AB}+\nu\overrightarrow{AC}$，或

$$\overrightarrow{OD}-\overrightarrow{OA}=\mu(\overrightarrow{OB}-\overrightarrow{OA})+\nu(\overrightarrow{OC}-\overrightarrow{OA}),$$

即$\overrightarrow{OD}=\lambda\overrightarrow{OA}+\mu\overrightarrow{OB}+\nu\overrightarrow{OC}$，其中 $\lambda=1-\mu-\nu$.

充分性　利用 $\lambda+\mu+\nu=1$ 将向量等式$\overrightarrow{OD}=\lambda\overrightarrow{OA}+\mu\overrightarrow{OB}+\nu\overrightarrow{OC}$改写为

$$\overrightarrow{OD}=(1-\mu-\nu)\overrightarrow{OA}+\mu\overrightarrow{OB}+\nu\overrightarrow{OC},$$

或$\overrightarrow{OD}-\overrightarrow{OA}=\mu(\overrightarrow{OB}-\overrightarrow{OA})+\nu(\overrightarrow{OC}-\overrightarrow{OA})$，即

$$\overrightarrow{AD}=\mu\overrightarrow{AB}+\nu\overrightarrow{AC}.$$

因此向量$\overrightarrow{AD}$和$\overrightarrow{AB}$,$\overrightarrow{AC}$共面，从而点 D 在由 A,B,C 所决定的平面上，即 A,B,C,D 四点共面.

18. $\frac{\boldsymbol{a}}{|\boldsymbol{a}|}+\frac{\boldsymbol{b}}{|\boldsymbol{b}|}$.

19. 记

$$\boldsymbol{a}=\overrightarrow{BC}=\boldsymbol{r}-\boldsymbol{q},\quad \boldsymbol{b}=\overrightarrow{CA}=\boldsymbol{p}-\boldsymbol{r},\quad \boldsymbol{c}=\overrightarrow{AB}=\boldsymbol{q}-\boldsymbol{p},\tag{1}$$

单位向量

$$\boldsymbol{a}_0=\frac{\boldsymbol{a}}{a},\quad \boldsymbol{b}_0=\frac{\boldsymbol{b}}{b},\quad \boldsymbol{c}_0=\frac{\boldsymbol{c}}{c}.\tag{2}$$

根据上题结果，内心 I 由于在内角平分线上，于是$\overrightarrow{AI}$的方向与 $\boldsymbol{c}_0+(-\boldsymbol{b}_0)=\boldsymbol{c}_0-\boldsymbol{b}_0$ 的方向一致，从而$\overrightarrow{AI}=\lambda(\boldsymbol{c}_0-\boldsymbol{b}_0)$，同理$\overrightarrow{BI}=\mu(\boldsymbol{a}_0-\boldsymbol{c}_0)$，即

$$\overrightarrow{AI}=\lambda(\boldsymbol{c}_0-\boldsymbol{b}_0),\quad \overrightarrow{BI}=\mu(\boldsymbol{a}_0-\boldsymbol{c}_0).\tag{3}$$

由于

$$\overrightarrow{AB}=\overrightarrow{AI}+\overrightarrow{IB}=\overrightarrow{AI}-\overrightarrow{BI},$$

用(1),(2),(3)代入，得 $c\boldsymbol{c}_0=\lambda(\boldsymbol{c}_0-\boldsymbol{b}_0)-\mu(\boldsymbol{a}_0-\boldsymbol{c}_0)$，即

$$(\lambda+\mu-c)\boldsymbol{c}_0=\mu\boldsymbol{a}_0+\lambda\boldsymbol{b}_0,$$

但是由于$\overrightarrow{AB}+\overrightarrow{BC}+\overrightarrow{CA}=\boldsymbol{0}$，即 $a\boldsymbol{a}_0+b\boldsymbol{b}_0+c\boldsymbol{c}_0=\boldsymbol{0}$，也即

$$\boldsymbol{c}_0=-\frac{1}{c}(a\boldsymbol{a}_0+b\boldsymbol{b}_0).$$

代入前式，得 $-\frac{1}{c}(\lambda+\mu-c)(a\boldsymbol{a}_0+b\boldsymbol{b}_0)=\mu\boldsymbol{a}_0+\lambda\boldsymbol{b}_0$，即

$$[c\mu+a(\lambda+\mu-c)]\boldsymbol{a}_0=-[c\lambda+b(\lambda+\mu-c)]\boldsymbol{b}_0.$$

根据 $\boldsymbol{a}_0$ 与 $\boldsymbol{b}_0$ 是不平行的单位向量，要使上式成立，只有等式两边系数为零：

$$\begin{cases}c\mu+a(\lambda+\mu-c)=0,\\ c\lambda+b(\lambda+\mu-c)=0,\end{cases}\quad 即\quad \begin{cases}(b+c)\lambda+b\mu=bc,\\ a\lambda+(a+c)\mu=ac.\end{cases}$$

解这方程组求得 λ,μ，我们只要用 $\lambda=\frac{bc}{a+b+c}$ 就可写出

$$\overrightarrow{OI}=\overrightarrow{OA}+\overrightarrow{AI}=\boldsymbol{p}+\lambda(\boldsymbol{c}_0-\boldsymbol{b}_0)=\boldsymbol{p}+\frac{bc}{a+b+c}\left(\frac{\boldsymbol{c}}{c}-\frac{\boldsymbol{b}}{b}\right)$$

$$=\boldsymbol{p}+\frac{bc}{a+b+c}\left(\frac{\boldsymbol{q}-\boldsymbol{p}}{c}-\frac{\boldsymbol{p}-\boldsymbol{r}}{b}\right)=\frac{1}{a+b+c}(a\boldsymbol{p}+b\boldsymbol{q}+c\boldsymbol{r}).$$

20. 设$\overrightarrow{BC}=\boldsymbol{a}$，$\overrightarrow{CA}=\boldsymbol{b}$，$\overrightarrow{AB}=\boldsymbol{c}$，于是

$$\boldsymbol{a}+\boldsymbol{b}+\boldsymbol{c}=\boldsymbol{0}.\tag{1}$$

而

$$\begin{cases}\overrightarrow{AD}=\overrightarrow{AB}+\overrightarrow{BD}=\boldsymbol{c}+\frac{1}{3}\boldsymbol{a},\\ \overrightarrow{BE}=\overrightarrow{BC}+\overrightarrow{CE}=\boldsymbol{a}+\frac{1}{3}\boldsymbol{b}.\end{cases}\tag{2}$$

设

$$\overrightarrow{GD}=\lambda\overrightarrow{AD},\quad \overrightarrow{GE}=\mu\overrightarrow{BE}. \tag{3}$$

由向量等式$\overrightarrow{GD}+\overrightarrow{DC}+\overrightarrow{CE}+\overrightarrow{EG}=\mathbf{0}$，得

$$\lambda\overrightarrow{AD}+\frac{2}{3}\boldsymbol{a}+\frac{1}{3}\boldsymbol{b}-\mu\overrightarrow{BE}=\mathbf{0}.$$

将(2)式代入，有

$$\lambda\left(\boldsymbol{c}+\frac{1}{3}\boldsymbol{a}\right)-\mu\left(\boldsymbol{a}+\frac{1}{3}\boldsymbol{b}\right)+\frac{2}{3}\boldsymbol{a}+\frac{1}{3}\boldsymbol{b}=\mathbf{0}. \tag{4}$$

再由(1)中解出 $\boldsymbol{c}$ 代入，得

$$(2\lambda+3\mu-2)\boldsymbol{a}+(3\lambda+\mu-1)\boldsymbol{b}=\mathbf{0}.$$

因为 $\boldsymbol{a}$ 与 $\boldsymbol{b}$ 不平行，上式成立只能在

$$\begin{cases}2\lambda+3\mu-2=0,\\ 3\lambda+\mu-1=0\end{cases}$$

的条件下. 从中解出 $\lambda=\frac{1}{7}$，$\mu=\frac{4}{7}$，于是由(3)得$\overrightarrow{GD}=\frac{1}{7}\overrightarrow{AD}$，$\overrightarrow{GE}=\frac{4}{7}\overrightarrow{BE}$.

习题 1.4

1. $\overrightarrow{AB}=(-4,-8,0)$，$|\overrightarrow{AB}|=4\sqrt{5}$.

2. $3\boldsymbol{a}-2\boldsymbol{b}=(11,-7,4)$.

3. 向量 $\boldsymbol{a}$ 的终点为 $B(x_0+x,y_0+y,z_0+z)$.

5. 因为 $\boldsymbol{b}=-3\boldsymbol{a}$，所以 $\boldsymbol{a}\parallel\boldsymbol{b}$，$\boldsymbol{b}$ 的长度是 $\boldsymbol{a}$ 的长度的 3 倍，它们的方向相反.

7. $2\boldsymbol{a}+3\boldsymbol{b}=(12,13,16)$，要求 $\lambda\boldsymbol{a}+\mu\boldsymbol{b}$ 与 z 轴垂直，就是要这向量在 z 轴上的投影为零，即 $\lambda=2\mu$.

8. 加上的力 $\boldsymbol{f}$ 应与 $\boldsymbol{f}_1,\boldsymbol{f}_2$ 一起成立 $\boldsymbol{f}+\boldsymbol{f}_1+\boldsymbol{f}_2=\mathbf{0}$，即

$$\boldsymbol{f}=-\boldsymbol{f}_1-\boldsymbol{f}_2=-3\boldsymbol{e}_1-4\boldsymbol{e}_2-2\boldsymbol{e}_3.$$

9. 三点 A_1,A_2,A_3 共线的条件是向量$\overrightarrow{A_1A_2}$与$\overrightarrow{A_1A_3}$平行，这就是

$$\frac{x_2-x_1}{x_3-x_1}=\frac{y_2-y_1}{y_3-y_1}=\frac{z_2-z_1}{z_3-z_1}.$$

10. 因为$\overrightarrow{AB}=(-2,3,-3)$，$\overrightarrow{DC}=(-4,6,-6)=2\overrightarrow{AB}$，所以$\overrightarrow{AB}\parallel\overrightarrow{DC}$，从而四边形为梯形.

11. 设四面体的 4 个顶点为 $A_i(x_i,y_i,z_i)(i=1,2,3,4)$，通过计算可得三组对棱的中点都是

$$x=\frac{1}{4}(x_1+x_2+x_3+x_4),\quad y=\frac{1}{4}(y_1+y_2+y_3+y_4),$$

$$z=\frac{1}{4}(z_1+z_2+z_3+z_4),$$

于是它们交于一点.

习题 1.5

1. $\boldsymbol{ab}=6\sqrt{3}$，$\boldsymbol{a}^2=9$，$\boldsymbol{b}^2=16$，$(\boldsymbol{a}+2\boldsymbol{b})(\boldsymbol{a}-\boldsymbol{b})=-23+6\sqrt{3}$.

2. $\mathrm{Prj}_{\boldsymbol{e}}\boldsymbol{a}=\boldsymbol{ae}=4\cos\frac{2\pi}{3}=-2$.

3. 因为 $\boldsymbol{a}[(\boldsymbol{ab})\boldsymbol{c}-(\boldsymbol{ac})\boldsymbol{b}]=(\boldsymbol{ab})(\boldsymbol{ac})-(\boldsymbol{ac})(\boldsymbol{ab})=0$，所以向量 $\boldsymbol{a}$ 垂直于向量 $(\boldsymbol{ab})\boldsymbol{c}-(\boldsymbol{ac})\boldsymbol{b}$.

5. 设菱形的两邻边由向量 a,b 构成，于是它的两对角线可分别用 $a+b,a-b$ 表示，根据菱形的两邻边相等 $|a|=|b|$，计算内积

$$(a+b)(a-b)=a^2-b^2=|a|^2-|b|^2=0,$$

因此两对角线互相垂直.

6. (1) 当 $\boldsymbol{F}$ 垂直于 $\overrightarrow{AB}$ 时，$W=\overrightarrow{AB}\cdot\boldsymbol{F}=0$；当 $\boldsymbol{F}$ 与 $\overrightarrow{AB}$ 成钝角时，

$$W=\overrightarrow{AB}\cdot\boldsymbol{F}=|\overrightarrow{AB}|\cdot|\boldsymbol{F}|\cos\langle\widehat{\overrightarrow{AB},\boldsymbol{F}}\rangle<0.$$

(2) 合力 $\boldsymbol{F}=\boldsymbol{F}_1+\boldsymbol{F}_2+\cdots+\boldsymbol{F}_n$ 所做的功

$$\begin{aligned}W&=\overrightarrow{AB}\cdot\boldsymbol{F}=\overrightarrow{AB}\cdot(\boldsymbol{F}_1+\boldsymbol{F}_2+\cdots+\boldsymbol{F}_n)\\&=\overrightarrow{AB}\cdot\boldsymbol{F}_1+\overrightarrow{AB}\cdot\boldsymbol{F}_2+\cdots+\overrightarrow{AB}\cdot\boldsymbol{F}_n\\&=W_1+W_2+\cdots+W_n,\end{aligned}$$

即合力 $\boldsymbol{F}$ 所做的功等于各力所做的功 $W_1,W_2,\cdots,W_n$ 的和.

(3) 沿 $\overrightarrow{AL}$ 运动时力 $\boldsymbol{F}$ 所做的功

$$\begin{aligned}W&=\overrightarrow{AL}\cdot\boldsymbol{F}=(\overrightarrow{AB}+\overrightarrow{BC}+\cdots+\overrightarrow{KL})\cdot\boldsymbol{F}\\&=\overrightarrow{AB}\cdot\boldsymbol{F}+\overrightarrow{BC}\cdot\boldsymbol{F}+\cdots+\overrightarrow{KL}\cdot\boldsymbol{F},\end{aligned}$$

即 W 等于物体沿 $AB,BC,\cdots,KL$ 所做功的和.

7. 因为

$$\overrightarrow{AB}^2=(\overrightarrow{CB}-\overrightarrow{CA})^2=\overrightarrow{CB}^2+\overrightarrow{CA}^2-2\,\overrightarrow{CB}\cdot\overrightarrow{CA},$$

用 a,b,c 和 C 分别表示边和角，即 $c^2=a^2+b^2-2ab\cos C$.

8. 由 $\boldsymbol{a}+\boldsymbol{b}+\boldsymbol{c}=\boldsymbol{0}$，可得

$$(\boldsymbol{a}+\boldsymbol{b}+\boldsymbol{c})^2=\boldsymbol{a}^2+\boldsymbol{b}^2+\boldsymbol{c}^2+2(\boldsymbol{ab}+\boldsymbol{bc}+\boldsymbol{ca})=0,$$

$$ab+bc+ca=-\frac{1}{2}(a^2+b^2+c^2)=-\frac{1}{2}(9+1+16)=-13.$$

9. 解法 1　由于向量 $\boldsymbol{a}$ 与 $\boldsymbol{p}$ 的对称性，可见 $\boldsymbol{a}+\boldsymbol{p}=\lambda\boldsymbol{e}$，而且 $\lambda=2(\mathrm{Prj}_{\boldsymbol{e}}\boldsymbol{a})=2\boldsymbol{ea}$，于是 $\boldsymbol{p}=2(\boldsymbol{ea})\boldsymbol{e}-\boldsymbol{a}$.

解法 2　由于 $\boldsymbol{p}$ 与 $\boldsymbol{a},\boldsymbol{e}$ 共面，而 $\boldsymbol{a}$ 与 $\boldsymbol{e}$ 不共线，根据向量共面的定理，得到

$$\boldsymbol{p}=\lambda\boldsymbol{e}+\mu\boldsymbol{a}. \tag{1}$$

因为向量 $\boldsymbol{p},\boldsymbol{a}$ 关于 $\boldsymbol{e}$ 对称，所以它们在 $\boldsymbol{e}$ 上的投影相等 $\boldsymbol{pe}=\boldsymbol{ae}$. 用(1)式代入，得

$$\lambda=(\boldsymbol{ae})(1-\mu). \tag{2}$$

于是(1)式成为

$$\boldsymbol{p}=(1-\mu)(\boldsymbol{ae})\boldsymbol{e}+\mu\boldsymbol{a}. \tag{1$'$}$$

再从向量 $\boldsymbol{p}$ 与 $\boldsymbol{a}$ 的对称性，有 $\boldsymbol{p}^2=\boldsymbol{a}^2$，用(1)′式代入可得

$$(1-\mu)^2(\boldsymbol{ae})^2+2\mu(1-\mu)(\boldsymbol{ae})^2+\mu^2\boldsymbol{a}^2=\boldsymbol{a}^2$$

或

$$(1-\mu^2)[(\boldsymbol{ae})^2-\boldsymbol{a}^2]=0.$$

根据 $\boldsymbol{a}$ 与 $\boldsymbol{e}$ 不共线，$\boldsymbol{a}$ 在 $\boldsymbol{e}$ 上的 $\mathrm{Prj}_{\boldsymbol{e}}\boldsymbol{a}$ 不等于 $\boldsymbol{a}$ 的长，因此上式括号中不为零，从而 $1-\mu^2=0$，$\mu=\pm1$. 如果取 $\mu=1$，从(1)′式得 $\boldsymbol{p}=\boldsymbol{a}$，这就是说向量 $\boldsymbol{a}$ 和自己对称(称为自对称)，这样的平凡解我们舍去. 当 $\mu=-1$，从(1)′式得所要的解 $\boldsymbol{p}=2(\boldsymbol{ea})\boldsymbol{e}-\boldsymbol{a}$.

10. $\boldsymbol{ab}=22$，$|\boldsymbol{a}|=6$，$|\boldsymbol{b}|=7$，$(2\boldsymbol{a}-3\boldsymbol{b})(\boldsymbol{a}+2\boldsymbol{b})=-200$.

11. $\overrightarrow{AB}=(2,-1,-2)$，$\overrightarrow{AC}=(1,-2,2)$，$\overrightarrow{AB}\cdot\overrightarrow{AC}=0$，因此$\angle A$ 为直角，$\triangle ABC$ 为直角三角形.

12. $W=8$ 千克米.

13. 选取直角坐标系的 3 个轴通过立方体的 3 条棱，设立方体的边长为 a，于是从坐标原点发出的 3 条棱分别用向量 $\boldsymbol{a}=(a,0,0)$，$\boldsymbol{b}=(0,a,0)$，$\boldsymbol{c}=(0,0,a)$来表示. 从一个顶点所引相邻两个面的对角线可以选取

$$\boldsymbol{a}+\boldsymbol{b}=(a,a,0)\quad 和 \quad \boldsymbol{b}+\boldsymbol{c}=(0,a,a).$$

于是它们夹角的余弦 $\cos\varphi=\dfrac{a^2}{\sqrt{2a^2\cdot 2a^2}}=\dfrac{1}{2}$，因此夹角为 60°.

14. (1) 已知 $\boldsymbol{ab}=0$，那么 $\boldsymbol{a}=\boldsymbol{0}$ 或 $\boldsymbol{b}=\boldsymbol{0}$，不正确，因为也可能 $\boldsymbol{a}$ 和 $\boldsymbol{b}$ 是两个互相垂直的非零向量.

(2) $a(bc)=(ab)c$ 一般不正确，因为等式左边是一平行于 a 的向量，等式右边是一平行于 c 的向量．当 a 与 c 不共线时显然不能成立．

(3) $p^2q^2=(pq)^2$ 一般不正确，因为等式右边为 $p^2q^2\cos^2\langle\widehat{p,q}\rangle$，当 p,q 不共线时 $\cos^2(\widehat{p,q})\neq1$，即等式不可能成立．第二式也不正确．

(1),(2),(3)中另外的命题是正确的．证明略．

15. 向量 a 的方向余弦为 $\cos\alpha=\frac{6}{11}$，$\cos\beta=\frac{6}{11}$，$\cos\gamma=\frac{7}{11}$.

向量 b 的方向余弦为 $\cos\alpha=\frac{2}{11}$，$\cos\beta=-\frac{9}{11}$，$\cos\gamma=\frac{6}{11}$.

16. $\mathrm{Prj}_b a=\frac{1}{|b|}(ab)=\frac{3}{2}\sqrt{30}$.

17. $\sqrt{3}$.

18. 记等腰△ABC 的三边向量为$\overrightarrow{AB}=c$，$\overrightarrow{BC}=a$，$\overrightarrow{CA}=b$，有 $BC=CA$，即$|a|=|b|$，底边 AB 上的中线为 CD，于是

$$\overrightarrow{CD}=b+\frac{1}{2}c=-a+\frac{1}{2}c.$$

为计算内积$\overrightarrow{AB}\cdot\overrightarrow{CD}=c(b+\frac{1}{2}c)$，注意到 $c=-(a+b)$，有

$$\overrightarrow{AB}\cdot\overrightarrow{CD}=-(a+b)\left[b-\frac{1}{2}(a+b)\right]=-\frac{1}{2}(a+b)(b-a)$$

$$=-\frac{1}{2}(b^2-a^2)=0.$$

19. 记半径为 R 的圆的直径是 AB，半圆上一动点为 M，利用$\overrightarrow{OA}^2=\overrightarrow{OB}^2=\overrightarrow{OM}^2=R^2$（设点 O 为圆心）及$\overrightarrow{OA}=-\overrightarrow{OB}$，可以证明$\overrightarrow{AM}\perp\overrightarrow{BM}$.

20. 记四面体 $OABC$ 中$\overrightarrow{OA}=a$，$\overrightarrow{OB}=b$，$\overrightarrow{OC}=c$，于是各组对边的向量是 a 与 $b-c$，b 与 $c-a$，c 与 $a-b$. 从 $a(b-c)=0$ 与 $b(c-a)=0$ 立即可得 $c(a-b)=0$.

21. 记三角形三边向量为 a,b,c，则 3 条中线向量分别是

$$l=b+\frac{1}{2}c,\quad m=c+\frac{1}{2}a,\quad n=a+\frac{1}{2}b.$$

利用第 8 题的结果容易证得 $l^2+m^2+n^2=\frac{3}{4}(a^2+b^2+c^2)$.

22. 考虑$\overrightarrow{OQ}^2$（O 为球心），注意到

$$\overrightarrow{OQ}=\overrightarrow{OP}+\overrightarrow{PA}+\overrightarrow{PB}+\overrightarrow{PC},$$

利用$\overrightarrow{PA}\cdot\overrightarrow{PB}=\overrightarrow{PB}\cdot\overrightarrow{PC}=\overrightarrow{PC}\cdot\overrightarrow{PA}=0$，有

$$\overrightarrow{OQ}^2=\overrightarrow{OP}^2+2\overrightarrow{OP}(\overrightarrow{PA}+\overrightarrow{PB}+\overrightarrow{PC})+\overrightarrow{PA}^2+\overrightarrow{PB}^2+\overrightarrow{PC}^2. \quad (1)$$

设已知球体的半径为 r，$|\overrightarrow{OP}|=l$. 利用

$$\overrightarrow{OA}=\overrightarrow{OP}+\overrightarrow{PA},\ \overrightarrow{OB}=\overrightarrow{OP}+\overrightarrow{PB},\ \overrightarrow{OC}=\overrightarrow{OP}+\overrightarrow{PC},$$

得

$$r^2=l^2+2\overrightarrow{OP}\cdot\overrightarrow{PA}+\overrightarrow{PA}^2,$$
$$r^2=l^2+2\overrightarrow{OP}\cdot\overrightarrow{PB}+\overrightarrow{PB}^2,$$
$$r^2=l^2+2\overrightarrow{OP}\cdot\overrightarrow{PC}+\overrightarrow{PC}^2.$$

以上三式相加，得

$$2\overrightarrow{OP}(\overrightarrow{PA}+\overrightarrow{PB}+\overrightarrow{PC})+\overrightarrow{PA}^2+\overrightarrow{PB}^2+\overrightarrow{PC}^2=3(r^2-l^2). \quad (2)$$

用(2)代入(1)，得

$$\overrightarrow{OQ}^2=3r^2-2l^2.$$

这表明动点 Q 到定点 O 的距离是常数 $R=\sqrt{3r^2-2l^2}$，于是所求轨迹是以 R 为半径与所给球面同心的一个球面.

习题 1.6

1. $|\boldsymbol{a}\times\boldsymbol{b}|=15$.
2. $|\boldsymbol{a}\times\boldsymbol{b}|=16$.
3. (1) $-3\boldsymbol{a}\times\boldsymbol{b}$.　(2) $10\boldsymbol{a}\times\boldsymbol{b}$.　(3) $-2(\boldsymbol{a}+\boldsymbol{b})\times\boldsymbol{c}$.
4. $\boldsymbol{a}\times\boldsymbol{b}=\boldsymbol{a}\times(-\boldsymbol{a}-\boldsymbol{c})=-\boldsymbol{a}\times\boldsymbol{c}=\boldsymbol{c}\times\boldsymbol{a}$，等式的另一部分可类此证明.
5. 不能. 只能得出向量 $\boldsymbol{a}-\boldsymbol{b}$ 与向量 $\boldsymbol{c}$ 共线的结论.
6. $\boldsymbol{a}\times\boldsymbol{b}=(-3,-2,5)$.
7. $S_{\triangle ABC}=12\sqrt{2}$.
8. $S_{\square}=3\sqrt{10}$.
9. $\boldsymbol{e}=\pm\left(-\frac{1}{\sqrt{35}},\frac{3}{\sqrt{35}},\frac{5}{\sqrt{35}}\right)$.
10. $\boldsymbol{a}\times(\boldsymbol{b}\times\boldsymbol{c})=(10,13,19)$，$(\boldsymbol{a}\times\boldsymbol{b})\times\boldsymbol{c}=(-7,14,-7)$.
11. 设 $\boldsymbol{a}=(x_1,y_1,z_1)$，$\boldsymbol{b}=(x_2,y_2,z_2)$，$\boldsymbol{c}=(x_3,y_3,z_3)$，于是

$$\boldsymbol{a}\times\boldsymbol{b}=\left(\begin{vmatrix}y_1 & z_1\\ y_2 & z_2\end{vmatrix},\begin{vmatrix}z_1 & x_1\\ z_2 & x_2\end{vmatrix},\begin{vmatrix}x_1 & y_1\\ x_2 & y_2\end{vmatrix}\right),$$

$$(\boldsymbol{a}\times\boldsymbol{b})\times\boldsymbol{c}=\left(\begin{vmatrix} z_1x_2-z_2x_1 & y_2x_1-y_1x_2 \\ y_3 & z_3 \end{vmatrix},\begin{vmatrix} x_1y_2-x_2y_1 & z_2y_1-z_1y_2 \\ z_3 & x_3 \end{vmatrix},\right.$$

$$\left.\begin{vmatrix} y_1z_2-y_2z_1 & x_2z_1-x_1z_2 \\ x_3 & y_3 \end{vmatrix}\right)$$

$$=((y_1y_3+z_1z_3)x_2-(y_2y_3+z_2z_3)x_1,$$

$$(x_1x_3+z_1z_3)y_2-(x_2x_3+z_2z_3)y_1,$$

$$(x_1x_3+y_1y_3)z_2-(x_2x_3+y_2y_3)z_1)$$

$$=((x_1x_3+y_1y_3+z_1z_3)x_2-(x_2x_3+y_2y_3+z_2z_3)x_1,$$

$$(x_1x_3+y_1y_3+z_1z_3)y_2-(x_2x_3+y_2y_3+z_2z_3)y_1,$$

$$(x_1x_3+y_1y_3+z_1z_3)z_2-(x_2x_3+y_2y_3+z_2z_3)z_1)$$

$$=((\boldsymbol{ac})x_2-(\boldsymbol{bc})x_1,(\boldsymbol{ac})y_2-(\boldsymbol{bc})y_1,(\boldsymbol{ac})z_2-(\boldsymbol{bc})z_1)$$

$$=(\boldsymbol{ac})\boldsymbol{b}-(\boldsymbol{bc})\boldsymbol{a}.$$

12. 利用二重外积公式，有

$$\boldsymbol{a}\times(\boldsymbol{b}\times\boldsymbol{c})+\boldsymbol{b}\times(\boldsymbol{c}\times\boldsymbol{a})+\boldsymbol{c}\times(\boldsymbol{a}\times\boldsymbol{b})$$

$$=-(\boldsymbol{b}\times\boldsymbol{c})\times\boldsymbol{a}-(\boldsymbol{c}\times\boldsymbol{a})\times\boldsymbol{b}-(\boldsymbol{a}\times\boldsymbol{b})\times\boldsymbol{c}$$

$$=-(\boldsymbol{ba})\boldsymbol{c}+(\boldsymbol{ca})\boldsymbol{b}-(\boldsymbol{cb})\boldsymbol{a}+(\boldsymbol{ab})\boldsymbol{c}-(\boldsymbol{ac})\boldsymbol{b}+(\boldsymbol{bc})\boldsymbol{a}$$

$$=\boldsymbol{0}.$$

13. 利用二重外积公式，有

$$\boldsymbol{a}\times(\boldsymbol{b}\times\boldsymbol{c})=(\boldsymbol{ac})\boldsymbol{b}-(\boldsymbol{ab})\boldsymbol{c},\quad (\boldsymbol{a}\times\boldsymbol{b})\times\boldsymbol{c}=(\boldsymbol{ac})\boldsymbol{b}-(\boldsymbol{bc})\boldsymbol{a}.$$

依题意所给等式成立，于是有$(\boldsymbol{ac})\boldsymbol{b}-(\boldsymbol{ab})\boldsymbol{c}=(\boldsymbol{ac})\boldsymbol{b}-(\boldsymbol{bc})\boldsymbol{a}$，即

$$(\boldsymbol{ab})\boldsymbol{c}-(\boldsymbol{bc})\boldsymbol{a}=\boldsymbol{0}.$$

分两种情况：1）当 $\boldsymbol{ab}=0$ 时，由上式得 $\boldsymbol{bc}=0$ 或 $\boldsymbol{a}=\boldsymbol{0}$，即得 $\boldsymbol{b}$ 同时垂直于 $\boldsymbol{a},\boldsymbol{c}$，或向量 $\boldsymbol{a}$ 为零向量；2）当 $\boldsymbol{ab}\neq0$ 时，由上式得 $\boldsymbol{c}=\lambda\boldsymbol{a}$，即 $\boldsymbol{c},\boldsymbol{a}$ 共线. 反过来，当 $\boldsymbol{a},\boldsymbol{b},\boldsymbol{c}$ 都不是零向量时，如果 1）$\boldsymbol{b}$ 同时垂直于 $\boldsymbol{a}$ 与 $\boldsymbol{c}$，或 2）$\boldsymbol{a}$ 与 $\boldsymbol{c}$ 共线，则题中所给等式成立.

14. $(\boldsymbol{a},\boldsymbol{b},\boldsymbol{c})=-34$，成左手系.

15. $V=21$.

16. $V=22.5$.

18. 因为 $\boldsymbol{a}\times\boldsymbol{b}+\boldsymbol{b}\times\boldsymbol{c}+\boldsymbol{c}\times\boldsymbol{a}=\boldsymbol{0}$，所以$(\boldsymbol{a}\times\boldsymbol{b}+\boldsymbol{b}\times\boldsymbol{c}+\boldsymbol{c}\times\boldsymbol{a})\boldsymbol{c}=0$，即$(\boldsymbol{a}\times\boldsymbol{b})\cdot\boldsymbol{c}=0$，$(\boldsymbol{a},\boldsymbol{b},\boldsymbol{c})=0$，因此 $\boldsymbol{a},\boldsymbol{b},\boldsymbol{c}$ 共面.

19. 因为 $\boldsymbol{as}=0$，$\boldsymbol{bs}=0$，$\boldsymbol{cs}=0$，所以 $\boldsymbol{a},\boldsymbol{b},\boldsymbol{c}$ 都垂直于向量 $\boldsymbol{s}$，因此它们共面.

20. (1) 利用二重外积公式,

$$(\boldsymbol{a}\times\boldsymbol{b})\times(\boldsymbol{c}\times\boldsymbol{d})=-(\boldsymbol{c}\times\boldsymbol{d})\times(\boldsymbol{a}\times\boldsymbol{b})=-\{[\boldsymbol{c}(\boldsymbol{a}\times\boldsymbol{b})]\boldsymbol{d}-[\boldsymbol{d}(\boldsymbol{a}\times\boldsymbol{b})]\boldsymbol{c}\}$$
$$=(\boldsymbol{a},\boldsymbol{b},\boldsymbol{d})\boldsymbol{c}-(\boldsymbol{a},\boldsymbol{b},\boldsymbol{c})\boldsymbol{d}.$$

(2) 利用(1)中结果,

$$(\boldsymbol{a}\times\boldsymbol{b})\times(\boldsymbol{c}\times\boldsymbol{d})=(\boldsymbol{a},\boldsymbol{b},\boldsymbol{d})\boldsymbol{c}-(\boldsymbol{a},\boldsymbol{b},\boldsymbol{c})\boldsymbol{d}=-(\boldsymbol{c},\boldsymbol{d},\boldsymbol{b})\boldsymbol{a}+(\boldsymbol{c},\boldsymbol{d},\boldsymbol{a})\boldsymbol{b},$$

稍加整理即得所要证的等式.

(3) 利用上述 13 题的公式,

$$\boldsymbol{a}\times\{\boldsymbol{a}\times[\boldsymbol{a}\times(\boldsymbol{a}\times\boldsymbol{b})]\}=\boldsymbol{a}\times\{\boldsymbol{a}\times[(\boldsymbol{ab})\boldsymbol{a}-(\boldsymbol{aa})\boldsymbol{b}]\}=\boldsymbol{a}\times\{-\boldsymbol{a}^2(\boldsymbol{a}\times\boldsymbol{b})\}$$
$$=\boldsymbol{a}^2[(\boldsymbol{aa})\boldsymbol{b}-(\boldsymbol{ab})\boldsymbol{a}]=\boldsymbol{a}^4\boldsymbol{b}-\boldsymbol{a}^2(\boldsymbol{ab})\boldsymbol{a}.$$

21. $\boldsymbol{p}'=\boldsymbol{p}\cos\theta+\boldsymbol{e}\times\boldsymbol{p}\sin\theta.$

22. 为利用上题结果,必须先将向量$\overrightarrow{OP}$分解为一个与$\overrightarrow{OA}$垂直的向量及一个与$\overrightarrow{OA}$平行的向量之和. 这只要从点 P 向轴 OA 引垂线,垂足为 B,则有

$$\overrightarrow{OP}=\overrightarrow{OB}+\overrightarrow{BP},\tag{1}$$

其中$\overrightarrow{OB}\parallel\overrightarrow{OA}$,$\overrightarrow{BP}\perp\overrightarrow{OA}$. 由于

$$\overrightarrow{OP'}=\overrightarrow{OB}+\overrightarrow{BP'},\tag{2}$$

且显然$\overrightarrow{BP'}$可以看做从$\overrightarrow{BP}$按题中的旋转所得. 再利用上题结果,有

$$\overrightarrow{BP'}=\overrightarrow{BP}\cos\theta+\boldsymbol{e}\times\overrightarrow{BP}\sin\theta,\tag{3}$$

其中单位向量

$$\boldsymbol{e}=\frac{\overrightarrow{OA}}{|\overrightarrow{OA}|}.\tag{4}$$

将(1)代入(3),并注意到 $\boldsymbol{e}$ 与$\overrightarrow{OB}$平行,从而 $\boldsymbol{e}\times\overrightarrow{OB}=\boldsymbol{0}$,有

$$\overrightarrow{BP'}=(\overrightarrow{OP}-\overrightarrow{OB})\cos\theta+\boldsymbol{e}\times(\overrightarrow{OP}-\overrightarrow{OB})\sin\theta$$
$$=(\overrightarrow{OP}-\overrightarrow{OB})\cos\theta+\boldsymbol{e}\times\overrightarrow{OP}\sin\theta.\tag{5}$$

将(5)代入(2)式,得

$$\overrightarrow{OP'}=(1-\cos\theta)\overrightarrow{OB}+\overrightarrow{OP}\cos\theta+\boldsymbol{e}\times\overrightarrow{OP}\sin\theta.\tag{6}$$

又根据射影与内积的关系可以求得向量

$$\overrightarrow{OB}=(\boldsymbol{e}\cdot\overrightarrow{OP})\boldsymbol{e}=\frac{\overrightarrow{OA}\cdot\overrightarrow{OP}}{\overrightarrow{OA}^2}\overrightarrow{OA}.\tag{7}$$

将(4)与(7)代入(6)得

$$\overrightarrow{OP'}=(1-\cos\theta)\frac{\overrightarrow{OA}\cdot\overrightarrow{OP}}{\overrightarrow{OA}^2}\overrightarrow{OA}+\overrightarrow{OP}\cos\theta+\frac{\overrightarrow{OA}\times\overrightarrow{OP}}{|\overrightarrow{OA}|}\sin\theta,$$

这就是所求的表达式.

习题 2.1

1. (1) $2x+9y-6z-121=0$. (2) $2x-2y+z-8=0$.

(3) 平面 $y+z=0$ 和平面 $y-z=0$. (4) $z=-7$.

2. (1) 参数方程：$\begin{cases} x=2+2u+3v, \\ y=3-u, \\ z=1+3u-v; \end{cases}$ 一般方程：$x+11y+3z-38=0$.

(2) 参数方程：$\begin{cases} x=2+3u, \\ y=-u, \\ z=v; \end{cases}$ 一般方程：$x+3y-2=0$.

3. (1) $3x+y-z-8=0$. (2) $2x-3y-z-4=0$.

4. (1) $\begin{cases} x=u, \\ y=v, \\ z=-7+2u+5v. \end{cases}$ (2) $\begin{cases} x=2u, \\ y=-1+3u, \\ z=v. \end{cases}$

5. $x+2y-z-2=0$.

6. $y+2z=0$.

7. $9y-z-2=0$.

8. 解法 1 取平行于所求平面的两个向量

$$\boldsymbol{v}_1=\overrightarrow{AB}=(0,-1,1),$$

$$\boldsymbol{v}_2=(1,2,-1) \quad \text{(已知平面的法向量)}.$$

于是所求平面的法向量

$$\boldsymbol{n}=\boldsymbol{v}_1\times\boldsymbol{v}_2=(-1,1,1).$$

利用点法式写出方程$-(x-1)+(y-1)+(z-1)=0$，即 $x-y-z+1=0$.

解法 2 设所求平面的方程为 $Ax+By+Cz+D=0$. 写出这平面过 A, B 两点且垂直于已知平面(两个平面的法向量互相垂直)的条件

$$\begin{cases} A+B+C+D=0, \\ A+2C+D=0, \\ A+2B-C=0. \end{cases}$$

可得解 $A=-B=-C=D$，于是所求平面方程为 $x-y-z+1=0$.

9. $\dfrac{x}{-4}+\dfrac{y}{-2}+\dfrac{z}{4}=1$.

10. (1) $\dfrac{x}{-1}+\dfrac{y}{1}+\dfrac{z}{\frac{1}{2}}=1$. (2) $\dfrac{x}{-1}+\dfrac{y}{-\frac{1}{2}}+\dfrac{z}{-\frac{2}{3}}=1$.

11. 设所求平面的截距式方程为$\frac{x}{a}+\frac{y}{b}+\frac{z}{c}=1$，写出点 A 过此平面的条件$\frac{x_0}{a}+\frac{y_0}{b}+\frac{z_0}{c}=1$，从中解出 $c=\frac{abz_0}{ab-bx_0-ay_0}$. 代入原方程，得所求平面方程$(bx+ay-ab)z_0-(bx_0+ay_0-ab)z=0$.

12. $x+y+z-9=0$.

13. $3x+5y+7z-100=0$.

14. $2x+3y+z=0$.

15. $x-y+2z+3=0$.

16. $2x-3y+z-6=0$.

习题 2.2

1. (1) 是，(2) 不是，(3) 不是，(4) 不是，(5) 不是，(6) 是 .

2. (1) $\frac{2}{3}x-\frac{2}{3}y+\frac{1}{3}z-6=0$.　　(2) $-\frac{3}{7}x+\frac{6}{7}y-\frac{2}{7}z-3=0$.

(3) $\frac{3}{5}x-\frac{4}{5}y-\frac{1}{5}=0$.　　(4) $z-3=0$.

(5) $y-\frac{1}{2}=0$.

3. (1) $\alpha=60°$，$\beta=45°$，$\gamma=60°$，$p=5$.

(2) $\alpha=90°$，$\beta=135°$，$\gamma=45°$，$p=\sqrt{2}$.

(3) $\alpha=150°$，$\beta=120°$，$\gamma=90°$，$p=5$.

4. (1) 3.　　(2) 2.　　(3) 3.

5. (1) 同侧.　　(2) 同侧.　　(3) 异侧 .

6. 因为点 A 与 B 在所给平面的两侧，所以平面与线段 AB 相交.

7. (1) 在平面 π_1：$x-2y-z-12=0$ 上任选取一点，例如：点 $A(12,0,0)$，求出点 A 和平面 π_2：$x-2y-2z-6=0$ 的距离

$$d=\frac{1}{\sqrt{1^2+2^2+2^2}}|12-2\times0-2\times0-6|=2,$$

这就是两平行平面 π_1 和 π_2 之间的距离.

(2) 1.

9. 设所求 z 轴上的点为$(0,0,z)$，根据所给条件列出方程

$$\sqrt{1^2+2^2+z^2}=\frac{1}{\sqrt{3^2+2^2+6^2}}|6z-9|,$$

两边平方，得 $13z^2+108z+164=0$，即

$$(z+2)(13z+82)=0,$$

因此 $z=-2$ 或 $-6\frac{4}{13}$. 所求点为 $(0,0,-2)$ 或 $\left(0,0,-6\frac{4}{13}\right)$.

10. $2x-2y-z-18=0$ 或 $2x-2y-z+12=0$.

11. $3x+2y-z+1=0$.

12. 设对称点为 $B(x_0,y_0,z_0)$，写出 AB 的中点在所给平面上的条件

$$3\times\frac{x_0+1}{2}+\frac{y_0+3}{2}-2\times\frac{z_0-4}{2}=0;$$

再写出向量 $\overrightarrow{AB}$ 平行于所给平面法向量的条件

$$\frac{x_0-1}{3}=\frac{y_0-3}{1}=\frac{z_0+4}{-2}.$$

联立解以上方程，得 $x_0=-5, y_0=1, z_0=0$，因此所求的对称点为 $(-5,1,0)$.

13. 设 A 的对称点为 $B(x_0,y_0,z_0)$，写出 AB 的中点在所给平面上的条件

$$\frac{a+x_0}{2}\cos\alpha+\frac{b+y_0}{2}\cos\beta+\frac{c+z_0}{2}\cos\gamma-p=0, \tag{1}$$

再列出向量 $\overrightarrow{AB}$ 平行于所给平面的法向量的条件

$$\frac{x_0-a}{\cos\alpha}=\frac{y_0-b}{\cos\beta}=\frac{z_0-c}{\cos\gamma}=k. \tag{2}$$

由(2)得

$$\begin{cases}x_0=a+k\cos\alpha,\\ y_0=b+k\cos\beta,\\ z_0=c+k\cos\gamma.\end{cases} \tag{3}$$

以(3)代入(1)，得

$$\frac{k}{2}(\cos^2\alpha+\cos^2\beta+\cos^2\gamma)+\delta=0, \tag{4}$$

其中 $\delta=a\cos\alpha+b\cos\beta+c\cos\gamma-p$，因此

$$k=-2\delta. \tag{5}$$

由(3)—(5)式，得 $x_0=a-2\delta\cos\alpha$，$y_0=b-2\delta\cos\beta$，$z_0=c-2\delta\cos\gamma$.

习题 2.3

1. (1) $\begin{cases}x=2+2t,\\ y=-3t,\\ z=-3+5t.\end{cases}$ (2) $\begin{cases}x=2+5t,\\ y=3t,\\ z=-3-t.\end{cases}$

(3) $\begin{cases} x=2+t, \\ y=0, \\ z=-3. \end{cases}$　　(4) $\begin{cases} x=2, \\ y=0, \\ z=-3+t. \end{cases}$

2. (1) $\dfrac{x-1}{2}=\dfrac{y+2}{3}=\dfrac{z-1}{-2}$.　　(2) $\dfrac{x}{3}=\dfrac{y+2}{0}=\dfrac{z-3}{-2}$.

3. (1) $\dfrac{x-2}{2}=\dfrac{y+1}{7}=\dfrac{z}{4}$.　　(2) $\dfrac{x-3}{1}=\dfrac{y-2}{2}=\dfrac{z}{1}$.

4. $\dfrac{x-2}{2}=\dfrac{y-3}{-4}=\dfrac{z+5}{-5}$.

5. (1) 第二条直线的方向向量 $\boldsymbol{v}_2=(3,1,-5)\times(2,3,-8)=(7,14,7)$；而第一条直线的方向向量 $\boldsymbol{v}_1=(1,-2,3)$. 因为 $\boldsymbol{v}_1\boldsymbol{v}_2=7-2\times 14+3\times 7=0$，所以两直线垂直.

(2) 第一条直线的方向向量 $\boldsymbol{v}_1=(2,3,-6)$，第二条直线的方向向量

$$\boldsymbol{v}_2=(2,1,-4)\times(4,-1,-5)=(-9,-6,-6).$$

因为 $\boldsymbol{v}_1\boldsymbol{v}_2=-2\times 9-3\times 6+6\times 6=0$，所以两直线垂直.

6. 设两直线有交点，其交点在第一条直线上由参数 $t=t_1$ 所确定，在第二条直线上由参数 $t=t_2$ 所确定，于是有方程组

$$\begin{cases} 2t_1-3=t_2+5, \\ 3t_1-2=-4t_2-1, \\ -4t_1+6=t_2-4. \end{cases}$$

解之得 $t_1=3$，$t_2=-2$. 交点为$(3,7,-6)$.

7. 参数 t 的绝对值是直线上由 t 所确定的点(x,y,z)到直线上已知点(x_0,y_0,z_0)的距离.

8. $D=3$.　　**9.** $B=-6$，$D=-27$.

10. (1) 以坐标原点$(0,0,0)$代入方程组，得 $D_1=D_2=0$.

(2) 由 x 轴的方向向量$(1,0,0)$垂直于向量(A_1,B_1,C_1)和(A_2,B_2,C_2)的条件，得 $A_1=A_2=0$.

(3) 所给直线过 y 轴某点$(0,y_0,0)$ ($y_0\neq 0$，否则为情况(1))，因此

$$B_1y_0+D_1=0,\quad B_2y_0+D_2=0,$$

由于 $y_0\neq 0$，得 $B_1D_2=B_2D_1$.

(4) z 轴上任意一点$(0,0,z)$使方程组适合，于是有

$$C_1=C_2=D_1=D_2=0.$$

11. 设 $\boldsymbol{v}=(l,m,n)$为所求直线的方向向量，由题意 $\boldsymbol{v}$ 垂直于已知直线

的方向向量$(3,-2,1)$和 Ozx 平面的法向量$(0,1,0)$，从而可以取

$$\boldsymbol{v}=(3,-2,1)\times(0,1,0)=(-1,0,3),$$

因此所求直线方程为$\dfrac{x}{-1}=\dfrac{y}{0}=\dfrac{z}{3}$或$\begin{cases}3x+z=0,\\ y=0.\end{cases}$

12. (1) 交点为$(2,-3,6)$.　　(2) 直线在平面上.

13. 第一条已知直线的方向向量 $\boldsymbol{v}_1=(6,2,-3)$，第二条已知直线的方向向量 $\boldsymbol{v}_2=(1,2,-1)\times(2,0,-1)=(-2,-1,-4)$，于是所求平面的法向量可以取 $\boldsymbol{n}=\boldsymbol{v}_1\times\boldsymbol{v}_2=(6,2,-3)\times(-2,-1,-4)=(-11,30,-2)$. 所求平面方程为

$$-11(x-4)+30(y+3)-2(z-1)=0,$$

即 $11x-30y+2z-136=0$.

习题 2.4

1. (1) $\dfrac{\pi}{4}$和$\dfrac{3}{4}\pi$.　　(2) $\dfrac{\pi}{3}$和$\dfrac{2}{3}\pi$.

2. $\cos(\pi_1,\pi_2)=\pm(\cos\alpha_1\cos\alpha_2+\cos\beta_1\cos\beta_2+\cos\gamma_1\cos\gamma_2)$.

3. (1) 相交而不垂直.　　(2) 相交而不垂直.　　(3) 垂直.
(4) 平行.　　(5) 重合.

4. 和所给平面平行的平面方程可以写为

$$x-3y+z+\lambda=0,$$

其中 λ 为待定常数. 要求平面过点 $A(1,-2,3)$，于是

$$1-3\times(-2)+3+\lambda=0,$$

即 $\lambda=-10$. 得所求平面方程 $x-3y+z-10=0$.

5. $(-1,1,2)$.

6. 过 z 轴的平面方程为 $Ax+By=0$，写出它与所给平面夹角为$\dfrac{\pi}{3}$的条件

$$\frac{2A+B}{\sqrt{2^2+1^2+(\sqrt{5})^2}\cdot\sqrt{A^2+B^2}}=\pm\frac{1}{2}\left(=\pm\cos\frac{\pi}{3}\right),$$

即 $3A^2+8AB-3B^2=0$，或

$$(3A-B)(A+3B)=0.$$

可以取 $A_1=1$，$B_1=3$ 或 $A_2=3$，$B_2=-1$，得到所求平面为

$$x+3y=0\quad 或\quad 3x-y=0.$$

7. 所求平面的法向量既垂直于$\overrightarrow{A_1A_2}=(x_2-x_1,y_2-y_1,z_2-z_1)$，又垂直于 Oxy 平面的法向量$(0,0,1)$，于是可以选取法向量

$$\begin{aligned}\boldsymbol{n}&=(x_2-x_1,y_2-y_1,z_2-z_1)\times(0,0,1)\\&=(y_2-y_1,-x_2+x_1,0).\end{aligned}$$

所求平面方程为$(y_2-y_1)(x-x_1)+(-x_2+x_1)(y-y_1)=0$，即

$$\begin{vmatrix}x & y & 1\\ x_1 & y_1 & 1\\ x_2 & y_2 & 1\end{vmatrix}=0.$$

8. 所求平面的法向量可以取

$$\begin{aligned}\boldsymbol{n}&=(A_1,B_1,C_1)\times(A_2,B_2,C_2)\\&=\left(\begin{vmatrix}B_1 & C_1\\ B_2 & C_2\end{vmatrix},\begin{vmatrix}C_1 & A_1\\ C_2 & A_2\end{vmatrix},\begin{vmatrix}A_1 & B_1\\ A_2 & B_2\end{vmatrix}\right),\end{aligned}$$

于是平面方程为 $x(B_1C_2-B_2C_1)+y(C_1A_2-C_2A_1)+z(A_1B_2-A_2B_1)=0$，即

$$\begin{vmatrix}x & y & z\\ A_1 & B_1 & C_1\\ A_2 & B_2 & C_2\end{vmatrix}=0.$$

9. (1) 两直线不共面.

(2) 两直线相交，它们所在的平面为 $3x+4y+5z-11=0$.

(3) 两直线平行，它们所在的平面为 $4x+3y=0$.

10. (1) 直线与平面有一交点$(0,0,-2)$.

(2) 直线在平面上.

(3) 直线与平面平行.

(4) 直线在平面上.

11. 通过已知直线的平面族的方程是

$$\lambda(x+2y-z+4)+\mu(3x-y+2z-1)=0,$$

其中 λ,μ 的一对不同时为零的值决定族中一个平面. 现在列出平面过已知点 $A(-3,1,0)$的条件

$$\lambda(-3+2+4)+\mu(-9-1-1)=0,$$

可以取 $\lambda=11$，$\mu=3$，得到所求平面方程 $20x+19y-5z+41=0$.

12. 通过两个已知平面的交线的平面族为

$$\lambda(6x-y+z)+\mu(5x+3z-10)=0.$$

按题意，这方程中 x 项的系数应为 0，即 $6\lambda+5\mu=0$，可以取 $\lambda=5$，$\mu=-6$，得所求平面的方程为 $5y+13z-60=0$.

13. $3x+5y-4z+25=0$.

14. $3x+4y-z+1=0$ 和 $x-2y-5z+3=0$.

15. 通过 3 个已知平面的交点的平面方程可写为

$$\lambda(x-y)+\mu(x+y-2z+1)+\nu(2x+z-4)=0, \qquad (*)$$

其中每一组不同时为零的 λ,μ,ν 值确定一个平面.

(1) 要求平面通过 y 轴，即是要求平面方程具有 $Ax+Cz=0$ 的形式，因此在($*$)式中令

$$-\lambda+\mu=0, \quad \mu-4\nu=0,$$

可以取 $\lambda=4$，$\mu=4$，$\nu=1$，得所求平面方程为 $10x-7z=0$.

(2) 平行于 Ozx 平面的平面方程具有 $By+D=0$ 的形式，于是在($*$)式中令

$$\lambda+\mu+2\nu=0, \quad -2\mu+\nu=0,$$

可以取 $\lambda=-5$，$\mu=1$，$\nu=2$，得所求平面方程为 $6y-7=0$.

(3) 列出($*$)所代表的平面过坐标原点和点 $A(2,1,7)$的条件

$$\mu-4\nu=0, \quad \lambda-10\mu+7\nu=0,$$

可以取 $\lambda=33$，$\mu=4$，$\nu=1$，得所求平面方程 $39x-29y-7z=0$.

16. $x+2y+3z=0$.

17. 先求出通过已知点 $A(2,-1,3)$且垂直于已知直线的平面

$$3(x-2)+5(y+1)+2(z-3)=0,$$

即 $3x+5y+2z-7=0$，再求已知直线与此平面的交点 $A'(3,-2,4)$，即为所求的投影点.

18. 解法 1　用上一题的方法先求出已知点 $A(2,2,12)$在已知直线上的投影点 $A'(3,-1,4)$，再按定比$\frac{AB}{BA'}=-2$，求出对称点 $B(4,-4,-4)$.

解法 2　设所求对称点为 $B(x,y,z)$，AB 的中点 $A'\left(\frac{2+x}{2},\frac{2+y}{2},\frac{12+z}{2}\right)$ 在已知直线上，于是

$$\frac{2+x}{2}-\frac{2+y}{2}-4\times\frac{12+z}{2}+12=0,$$

$$2\times\frac{2+x}{2}+\frac{2+y}{2}-2\times\frac{12+z}{2}+3=0.$$

再写出向量$\overrightarrow{AB}=(x-2,y-2,z-12)$垂直于已知直线的方向向量

$$\boldsymbol{v}=(1,-1,-4)\times(2,1,-2)=(6,-6,3)=3(2,-2,1)$$

的条件

$$2(x-2)-2(y-2)+z-12=0,$$

联立解以上 3 个方程，得 $x=4,y=-4,z=-4$，即对称点为 $B(4,-4,-4)$.

19. (1) 所求的夹角为 $\arccos(\pm\frac{72}{77})$. (2) 所求的夹角为 $\arccos(\pm\frac{98}{195})$.

20. 所求的夹角为 $\arcsin\frac{33}{2\sqrt{31\times23}}$.

21. $\frac{x-x_0}{A}=\frac{y-y_0}{B}=\frac{z-z_0}{C}$.

22. 设直线与 3 个坐标平面 Oyz,Ozx,Oxy 的交角分别为α,β,γ，而与 3 个坐标轴 x,y,z 轴的夹角分别为$\alpha_1,\beta_1,\gamma_1$，那么有

$$\alpha_1=\frac{\pi}{2}\pm\alpha,\quad \beta_1=\frac{\pi}{2}\pm\beta,\quad \gamma_1=\frac{\pi}{2}\pm\gamma,$$

根据 $\cos^2\alpha_1+\cos^2\beta_1+\cos^2\gamma_1=1$，立即可得 $\cos^2\alpha+\cos^2\beta+\cos^2\gamma=2$.

23. $(1,1,1)$.

24. $\frac{1}{2}\sqrt{6}$.

25. $\frac{2}{13}\sqrt{26}$.

26. 公垂线的方向向量 $\boldsymbol{v}$ 同时垂直于两已知直线的方向向量 $\boldsymbol{v}_1=(2,3,4)$和 $\boldsymbol{v}_2=(3,4,5)$，于是可以取

$$\boldsymbol{v}=\boldsymbol{v}_1\times\boldsymbol{v}_2=(2,3,4)\times(3,4,5)=(-1,2,-1).$$

公垂线可以看做下列两个平面的交线，其中一个是过第一条已知直线且平行于向量 $\boldsymbol{v}$ 的平面，另一个是过第二条已知直线且平行向量 $\boldsymbol{v}$ 的平面. 因此公垂线方程为

$$\begin{cases}\begin{vmatrix}x-1 & y-2 & z-3\\ 2 & 3 & 4\\ -1 & 2 & -1\end{vmatrix}=0,\\ \begin{vmatrix}x-2 & y-4 & z-5\\ 3 & 4 & 5\\ -1 & 2 & -1\end{vmatrix}=0,\end{cases}$$

即$\begin{cases}11x+2y-7z+6=0,\\7x+y-5z+7=0.\end{cases}$

27. 将 z 轴和已知直线的方程改写为

$$L_1: \boldsymbol{r}=\boldsymbol{r}_1+t\boldsymbol{v}_1, \ \boldsymbol{r}_1=\boldsymbol{0}, \ \boldsymbol{v}_1=(0,0,1);$$

$$L_2: \boldsymbol{r}=\boldsymbol{r}_2+t\boldsymbol{v}_2, \ \boldsymbol{r}_2=(x_0,y_0,z_0), \ \boldsymbol{v}_2=(l,m,n),$$

其中 x_0, y_0, z_0 满足

$$\begin{cases}A_1x_0+B_1y_0+C_1z_0+D_1=0,\\A_2x_0+B_2y_0+C_2z_0+D_2=0,\end{cases}$$

而

$$l=B_1C_2-B_2C_1, \quad m=C_1A_2-C_2A_1, \quad n=A_1B_2-A_2B_1.$$

算出 $\boldsymbol{v}_1\times\boldsymbol{v}_2=(-m,l,0)$，则

$$\begin{aligned}(\boldsymbol{v}_1\times\boldsymbol{v}_2)(\boldsymbol{r}_2-\boldsymbol{r}_1)&=ly_0-mx_0\\&=y_0(B_1C_2-B_2C_1)-x_0(C_1A_2-C_2A_1)\\&=C_2(A_1x_0+B_1y_0)-C_1(A_2x_0+B_2y_0)\\&=C_2(-D_1-C_1z_0)-C_1(-D_2-C_2z_0)\\&=D_2C_1-D_1C_2,\end{aligned}$$

$$(\boldsymbol{v}_1\times\boldsymbol{v}_2)^2=m^2+l^2=(A_1C_2-A_2C_1)^2+(B_1C_2-B_2C_1)^2.$$

于是所求的距离

$$d=\frac{|(\boldsymbol{v}_1\times\boldsymbol{v}_2,\boldsymbol{r}_2-\boldsymbol{r}_1)|}{|\boldsymbol{v}_1\times\boldsymbol{v}_2|}=\frac{\pm\begin{vmatrix}C_1 & C_2\\D_1 & D_2\end{vmatrix}}{\sqrt{\begin{vmatrix}A_1 & A_2\\C_1 & C_2\end{vmatrix}^2+\begin{vmatrix}B_1 & B_2\\C_1 & C_2\end{vmatrix}^2}},$$

这里符号的选取要使等式右边为正.

28. $\begin{vmatrix}x-x_0 & y-y_0 & z-z_0\\l_1 & m_1 & n_1\\l_2 & m_2 & n_2\end{vmatrix}=0.$

29. $\begin{vmatrix}x-x_0 & y-y_0 & z-z_0\\x_1-x_0 & y_1-y_0 & z_1-z_0\\l & m & n\end{vmatrix}=0.$

30. 一方面，所求直线在过点 A 且垂直于已知直线的平面

$$l(x-x_0)+m(y-y_0)+n(z-z_0)=0$$

上；另一方面，它又在过点 A 和已知直线的平面上. 根据前一题的结果，这

个平面方程为

$$\begin{vmatrix} x-x_0 & y-y_0 & z-z_0 \\ x_1-x_0 & y_1-y_0 & z_1-z_0 \\ l & m & n \end{vmatrix}=0.$$

因此所求直线的方程就是以上两方程联立的方程组.

习题 3.1

1. (1) $\begin{cases} x=\dfrac{t^2}{2p}, \\ y=t, \\ z=\dfrac{kt^2}{2p} \end{cases}$ $(-\infty<t<+\infty)$.

(2) $\begin{cases} x=\pm\dfrac{1}{\sqrt{\cos t}}, \\ y=\pm\sqrt{\cos t}, \\ z=\tan t \end{cases}$ $\left(-\dfrac{\pi}{2}<t<\dfrac{\pi}{2}\right.$，同取“+”或“−”$\left.\right)$.

(3) $\begin{cases} x=a\cos t, \\ y=b\sin t, \\ z=c \end{cases}$ $(0\leqslant t<2\pi)$.

(4) $\begin{cases} x=a\sec t, \\ y=b\tan t, \\ z=c \end{cases}$ $\left(0\leqslant t<2\pi,\ t\neq\dfrac{\pi}{2},\dfrac{3}{2}\pi\right)$.

2. $\begin{cases} x=bt\cos\omega t, \\ y=bt\sin\omega t, \\ z=at \end{cases}$ $(0\leqslant t<+\infty)$.

3. (1) $\begin{cases} x=a\sec u, \\ y=b\tan u, \\ z=v. \end{cases}$ (2) $\begin{cases} x=av\cos u, \\ y=bv\sin u, \\ z=\dfrac{v^2}{2}. \end{cases}$

4. (1) $\dfrac{x^2}{a^2}+\dfrac{y^2}{b^2}+\dfrac{z^2}{c^2}=1$. (2) $\dfrac{x^2}{a^2}-\dfrac{y^2}{b^2}=4z$.

习题 3.2

1. (1) 椭圆柱面. (2) 双曲柱面.

(3) 抛物柱面. (4) 两个相交平面：$3x\pm2z=0$.

(5) 两个平行面 $y=\pm 2$.　(6) 圆柱面.

2. $\begin{cases} x=8, \\ z=1 \end{cases}$ 和 $\begin{cases} x=-8, \\ z=1. \end{cases}$

3. (1) 将方程组改写为 $\begin{cases} y^2+z^2=a^2, \\ x^2+y^2=4a^2. \end{cases}$

(2) 将方程组改写为 $\begin{cases} x^2+z^2=\dfrac{7}{4}, \\ y=\dfrac{3}{2}. \end{cases}$

4. 已知柱面是一母线平行于 z 轴的柱面，故交线在 Oxy 平面上的投影曲线是圆

$$\begin{cases} x^2+y^2-2ax=0, \\ z=0 \end{cases} \text{或} \begin{cases} (x-a)^2+y^2=a^2, \\ z=0 \end{cases} \quad (0\leqslant x\leqslant 2a,\ -a\leqslant y\leqslant a).$$

从所给球面和柱面方程中消去 y，得到 $z^2+2ax=4a^2$，因此交线在 Ozx 平面上的投影曲线是抛物线

$$\begin{cases} z^2+2a(x-2a)=0, \\ y=0 \end{cases} \quad (x\geqslant 0).$$

从所给球面和柱面方程中消去 x，为此将以上方程组中第一式改写为 $x=2a-\dfrac{z^2}{2a}$，代入球面方程就得到 $z^4+4a^2(y^2-z^2)=0$. 因此交线在 Ozy 平面上的投影曲线是

$$\begin{cases} z^4+4a^2(y^2-z^2)=0, \\ x=0. \end{cases}$$

5. $x^2+2xy+y^2+6x+15y+20=0$.

6. $x^2+y^2=1$.

7. 已知曲线在 Oxy 平面上的投影曲线是

$$\begin{cases} x^2+y^2+\left(\dfrac{x^2+y^2}{2a}\right)^2=4a^2, \\ z=0. \end{cases}$$

上式第一个方程改写为 $\left(\dfrac{x^2+y^2}{2a}+a\right)^2=5a^2$. 由于括弧内为一正数，于是又可写为 $\dfrac{x^2+y^2}{2a}+a=\sqrt{5}a$，因此在 Oxy 平面上的投影曲线是圆.

$$\begin{cases} x^2+y^2=R^2 \quad \left(R=\sqrt{2(\sqrt{5}-1)a}\right), \\ z=0. \end{cases}$$

曲线在 Ozx 平面上的投影曲线是

$$\begin{cases} (z+a)^2=5a^2, \\ y=0, \end{cases} \quad 或 \quad \begin{cases} z=(\sqrt{5}-1)a, \\ y=0, \end{cases}$$

(根据所给曲线的第二个方程 $z\geqslant 0$，上式已经去掉了 z 为负值的另一结果 $z=-(\sqrt{5}-1)a$)，这实际上是 Ozx 平面上的一段直线，从原方程组的第二式可以看出这线段的 x 取值范围是 $|x|\leqslant R$.

8. $\begin{cases} \dfrac{x^2}{9}-\dfrac{y^2}{4}=1, \\ z=0. \end{cases}$

9. 改写曲线方程为 $\begin{cases} y^2+(z-2)^2=4, \\ y^2+4x=0. \end{cases}$

11. $\dfrac{x^2}{a^2}+\dfrac{y^2}{b^2}-\dfrac{z^2}{c^2}=0.$

12. $Ax^2+2Bxy+Cy^2+2\dfrac{D}{h}xz+2\dfrac{E}{h}yz+\dfrac{F}{h^2}z^2=0.$

习题 3.3

1. (1) $\dfrac{x^2}{9}+\dfrac{y^2}{9}-\dfrac{z^2}{4}=-1.$ (2) $x^2+y^2+z^2-2ax=0.$

(3) $x^2+y^2=6z.$

3. 将所给直线写成参数方程

$$L: \begin{cases} x=\alpha t, \\ y=\beta, \\ z=t. \end{cases}$$

设所求曲面上的动点为 $M(x,y,z)$，如果点 M 是由直线 L 上的点 $N(X,Y,Z)$旋转所得到的，于是点 N 的坐标为

$$X=\alpha z, \quad Y=\beta, \quad Z=z.$$

且点 M 到 z 轴的距离等于点 N 到 z 轴的距离，于是

$$\sqrt{x^2+y^2}=\sqrt{(\alpha z)^2+\beta^2}, \quad 或 \quad x^2+y^2-\alpha^2z^2=\beta^2.$$

这就是所求曲面的方程. 当 $\alpha=0$，$\beta\neq 0$ 时为圆柱面；当 $\beta=0$，$\alpha\neq 0$ 时为圆

锥面；当α,β都不为零时是单叶旋转双曲面.

4. 设两定点为$(0,0,\pm c)$，由设

$$\sqrt{x^2+y^2+(z-c)^2}=k\sqrt{x^2+y^2+(z+c)^2},$$

当$k=1$时，为平面$z=0$；当$k\neq 1$时，是一个以$(0,0,\frac{1+k^2}{1-k^2}c)$为中心、$\frac{2ck}{1-k^2}$为半径的球面.

5. 先将柱面表示为参数方程

$$x=5\cos\varphi+5t,\quad y=5\sin\varphi+3t,\quad z=2+2t,$$

从第3式得$t=\frac{1}{2}(z-2)$，代入前两式，得

$$5\cos\varphi=x-\frac{5}{2}(z-2),\quad 5\sin\varphi=y-\frac{3}{2}(z-2),$$

从以上两式平方取和，消去参数φ，得所求柱面方程

$$(2x-5z+10)^2+(2y-3z+6)^2=100,$$

即$4(x^2+y^2)+34z^2-4z(5x+3y)+8(5x+3y)+36=0$.

6. 设(x_0,y_0,z_0)为准线上的一点，通过这点的直母线为

$$\begin{cases}x=x_0+t,\\ y=y_0+t\quad(-\infty<t<+\infty).\\ z=z_0+t.\end{cases}\tag{1}$$

因为(x_0,y_0,z_0)在准线上，所以有

$$\begin{cases}x_0+y_0+z_0=0,\\ {x_0}^2+{y_0}^2+{z_0}^2=1.\end{cases}\tag{2}$$

由(1)和(2)消去x_0,y_0,z_0,t即得所求柱面方程为

$$2(x^2+y^2+z^2)-2(xy+yz+zx)=3.$$

7. 设(x_0,y_0,z_0)为准线上的一点，因母线的方向向量为$(1,0,-2)$，所以通过这点的直母线为

$$\begin{cases}x=x_0+t,\\ y=y_0,\\ z=z_0-2t.\end{cases}\tag{1}$$

由于(x_0,y_0,z_0)在准线上，所以有

$$\begin{cases}x={y_0}^2+{z_0}^2,\\ x_0=2z_0.\end{cases}\tag{2}$$

由(1)和(2)消去 x_0, y_0, z_0, t，即得所求柱面的方程为

$$4x^2+25y^2+z^2+4zx-20x-10z=0.$$

8. 设(x_0, y_0, z_0)为截口上的一点，那么有

$$\begin{cases} x_0{}^2+y_0{}^2=8, \\ z_0=4. \end{cases} \tag{1}$$

通过点(x_0, y_0, z_0)的直母线为

$$\begin{cases} x=x_0 t, \\ y=y_0 t, \\ z=z_0 t. \end{cases} \tag{2}$$

由(1)和(2)消去 x_0, y_0, z_0, t 即得所求的锥面方程为

$$2x^2+2y^2-z^2=0.$$

9. 设(x_0, y_0, z_0)为准线上的一点，那么有

$$\begin{cases} \dfrac{y_0{}^2}{25}+\dfrac{z_0{}^2}{9}=1, \\ x_0=0. \end{cases} \tag{1}$$

通过点(x_0, y_0, z_0)的直母线是

$$\frac{x-4}{x_0-4}=\frac{y}{y_0}=\frac{z+3}{z_0+3}. \tag{2}$$

由(1)和(2)消去 x_0, y_0, z_0 即得所求锥面的方程为

$$18y^2+50z^2+75zx+225x-450=0.$$

10. 设(x_0, y_0, z_0)为准线上一点，那么有

$$\begin{cases} 3x_0{}^2+6y_0{}^2-z_0=0, \\ x_0+y_0+z_0=1. \end{cases} \tag{1}$$

通过点(x_0, y_0, z_0)的直母线是

$$\frac{x+3}{x_0+3}=\frac{y}{y_0}=\frac{z}{z_0}. \tag{2}$$

由(1)和(2)消去 x_0, y_0, z_0 即得所求的锥面的方程为

$$3[(x-3y-3z+3)^2+32y^2]=4z(x+y+z+3).$$

11. $\begin{cases} x=a\cos\theta, \\ y=(b+a\sin\theta)\cos\psi, \\ z=(b+a\sin\theta)\sin\psi \end{cases}$ $(0\leqslant\theta<2\pi,\ 0\leqslant\psi<2\pi)$.

习题 3.4

7. $\frac{x^2}{9}+\frac{y^2}{16}+\frac{z^2}{4}=1$.

8. 设滑动椭圆平行于 x 轴的半轴与平行于 z 轴的半轴之比是 k，那么轨迹方程为$\frac{x^2}{(kc)^2}+\frac{y^2}{b^2}+\frac{z^2}{c^2}=1$，是一椭球面.

9. $\frac{x^2}{p}-\frac{y^2}{q}=2z$.

习题 3.5

1. 改写单叶双曲面方程为$\frac{x^2}{4}-z^2=1-\frac{y^2}{9}$，即

$$\left(\frac{x}{2}+z\right)\left(\frac{x}{2}-z\right)=\left(1-\frac{y}{3}\right)\left(1+\frac{y}{3}\right).$$

它的两族直母线是

$$\begin{cases} u\left(\frac{x}{2}+z\right)=v\left(1-\frac{y}{3}\right), \\ v\left(\frac{x}{2}-z\right)=u\left(1+\frac{y}{3}\right) \end{cases} \quad 和 \quad \begin{cases} u\left(\frac{x}{2}+z\right)=v\left(1+\frac{y}{3}\right), \\ v\left(\frac{x}{2}-z\right)=u\left(1-\frac{y}{3}\right). \end{cases}$$

由此可以求出过点(2,−3,1)的两条直母线. 它们是

$$\begin{cases} x-2=0, \\ y+3z=0 \end{cases} \quad 和 \quad \begin{cases} x-2z=0, \\ y+3=0. \end{cases}$$

2. $\begin{cases} 4x-y-1=0, \\ y+2z-1=0 \end{cases}$ 和 $\begin{cases} 12x-y-9=0, \\ 2x-z-3=0. \end{cases}$

3. 已知单叶双曲面上一族直母线为

$$\begin{cases} u\left(\frac{x}{2}+\frac{z}{4}\right)=v\left(1-\frac{y}{3}\right), \\ v\left(\frac{x}{2}-\frac{z}{4}\right)=u\left(1+\frac{y}{3}\right), \end{cases}$$

即

$$\begin{cases} 6ux+4vy+3uz-12v=0, \\ 6vx-4uy-3vz-12u=0. \end{cases}$$

直母线平行已知平面的条件为

$$\begin{vmatrix} 6u & 4v & 3u \\ 6v & -4u & -3v \\ 6 & 4 & 3 \end{vmatrix}=0.$$

即得 $v=0$ 和 $u-v=0$,从而得到两条直母线

$$\begin{cases}2x+z=0,\\ y+3=0\end{cases}\quad 和 \quad \begin{cases}x-2=0,\\ 4y+3z=0.\end{cases}$$

在已知单叶双曲面上还有另一族直母线

$$\begin{cases}u\left(\dfrac{x}{2}+\dfrac{z}{4}\right)=v\left(1+\dfrac{y}{3}\right),\\ v\left(\dfrac{x}{2}-\dfrac{z}{4}\right)=u\left(1-\dfrac{y}{3}\right).\end{cases}$$

类似地可求得平行于已知平面的另外两条直母线

$$\begin{cases}2x+z=0,\\ y-3=0\end{cases}\quad 和 \quad \begin{cases}x+2=0,\\ 4y+3z=0.\end{cases}$$

4. $x+y=z^2$.

5. $9y^2-12yz+4z^2-9x+3z=0$.

6. 先写出通过直线 L_1 和 L_2 的两个平面束的方程：

$$\pi_\lambda:\quad y-z+\lambda(x-1)=0, \tag{1}$$

$$\pi_\mu:\quad y+z+\mu(x+1)=0, \tag{2}$$

而直线 L_3 上的动点坐标为

$$x=2-3t,\quad y=-1+4t,\quad z=-2+5t. \tag{3}$$

分别将(3)代入(1)得 $\lambda=\dfrac{1-t}{3t-1}$，代入(2)得 $\mu=\dfrac{3t-1}{t-1}$，于是得线束

$$L_\lambda:\quad \begin{cases}y-z+\dfrac{1-t}{3t-1}(x-1)=0,\\ y+z+\dfrac{3t-1}{t-1}(x+1)=0.\end{cases}$$

从以上方程组中消去 t，得 $x^2+y^2-z^2=1$，这正是所求的单叶双曲面方程.

习题 4.1

1. $(4,-5)$.

2. (1) M 在坐标系中的坐标是$\left(\dfrac{\sqrt{3}}{2}+1,\sqrt{3}-\dfrac{1}{2}\right)$.

(2) N 在旧坐标系中的坐标是$\left(\dfrac{3\sqrt{3}}{2}+1,\dfrac{3}{2}-\sqrt{3}\right)$.

3. 由焦点坐标可知长轴在直线 $x=2$ 上. 平移坐标轴将原点移到线段

F_1F_2 的中点 $O'(2,2)$. 于是椭圆的中心在新坐标系的原点处而焦点 F_1F_2 在新纵轴 y'轴上. 因 $2c=|F_1F_2|=6$, $2a=10$, 所以 $b=\sqrt{5^2-3^2}=4$. 在新坐标系中椭圆的标准方程是

$$\frac{x'^2}{4^2}+\frac{y'^2}{5^2}=1.$$

现在将新坐标系中的方程化为旧坐标所表示的方程. 因平移变换公式为

$$\begin{cases}x=x'+2,\\ y=y'+2,\end{cases}$$

所以得 $\frac{(x-2)^2}{4^2}+\frac{(y-2)^2}{5^2}=1$, 这就是所求的椭圆方程.

4. 类似前一题的解法可求出双曲线的方程为 $\frac{(x+2)^2}{4^2}-\frac{(y+2)^2}{3^2}=-1$.

5. 类似第三题的解法可求出抛物线的方程为 $(x-2)^2=-7(y-1)$.

6. $\frac{x-1}{3}\pm\frac{y+1}{4}=0$, 即 $4x+3y-1=0$ 和 $4x-3y-7=0$.

习题 4.2

1. 作旋转. 应用(4.11)式有 $\cot 2\theta=0$, 由此得 $\theta=\frac{\pi}{4}$. 因此应作旋转

$$x=\frac{1}{\sqrt{2}}(x'-y'),\quad y=\frac{1}{\sqrt{2}}(x'+y').$$

代入所给方程, 得

$$x'^2-y'^2=-2.$$

这是双曲线的标准方程. 可见所给方程的图形是双曲线. 它的渐近线在新坐标系 $Ox'y'$ 中的方程是 $x'-y'=0$ 和 $x'+y'=0$. 由变换公式可以看出, 这两条渐近线在旧坐标系的方程显然分别是 $x=0$ 和 $y=0$.

2. 分别按 x,y 配方, 原方程可写为 $(x-2)^2+4(y+1)^2=12$, 即

$$\frac{(x-2)^2}{12}+\frac{(y+1)^2}{3}=1.$$

这显然是一个椭圆, 中心在点 $(2,-1)$. 它的顶点由图容易看出是 $A_1(2-2\sqrt{3},0)$, $A_2(2+2\sqrt{3},0)$, $B_1(0,-1-\sqrt{3})$, $B_2(0,-1+\sqrt{3})$.

3. 先作旋转, 应用(4.11)式可确定应作的旋转为

$$x=\frac{1}{\sqrt{5}}(x'-2y'),\quad y=\frac{1}{\sqrt{5}}(2x'+y').$$

以这两式代入原方程并化简得

$$x'^2+2\sqrt{5}y'-10=0.$$

再作平移 $x''=x'$，$y''=y'-\sqrt{5}$，方程最后化为

$$x''^2+2\sqrt{5}y''=0.$$

这是一条抛物线，以 y''轴为对称轴，开口向着 y''轴的负向.

5. $x''^2-\dfrac{y''^2}{9}=1$，为双曲线，图略.

6. 利用习题 5 的结论，先将所给二次曲线方程化为标准方程. 由于

$$I_2=\begin{vmatrix} A & B \\ B & C \end{vmatrix}=I_2'=\begin{vmatrix} \dfrac{1}{a^2} & 0 \\ 0 & \dfrac{1}{b^2} \end{vmatrix},$$

所以椭圆面积为 $S=\dfrac{\pi}{\sqrt{AC-B^2}}$.

习题 4.3

1. $x'^2+y'^2+2z'^2=1$，图略.

2. $x'^2+y'^2-z'^2=1$，图略.

3. $\dfrac{x'^2}{4}-\dfrac{y'^2}{2}-\dfrac{z'^2}{4}=1$，图略.

4. $\dfrac{x'^2}{4}+\dfrac{y'^2}{2}=z'$，图略.

5. $-\dfrac{x'^2}{2}+\dfrac{3}{2}y'^2=z'$，图略.

6. $-\dfrac{x'^2}{3}+\dfrac{2}{3}z'^2=y'$，图略.

8. (1) $\begin{cases} x=x', \\ y=\dfrac{1}{\sqrt{2}}(y'+z'), \\ z=\dfrac{1}{\sqrt{2}}(y'-z'). \end{cases}$

(2) $\begin{cases} x=\dfrac{1}{15}(11x'+2y'-10z'), \\ y=\dfrac{1}{15}(2x'+14y'+5z'), \\ z=\dfrac{1}{15}(10x'-5y'+10z'). \end{cases}$

(3) $\begin{cases} x=\dfrac{1}{3}(x'+2y'-2z'), \\ y=\dfrac{1}{3}(2x'+y'+2z'), \\ z=\dfrac{1}{3}(2x'-2y'-z'). \end{cases}$

9. $\begin{cases} x=x'\cos\varphi+z'\sin\varphi, \\ y=y', \\ z=-x'\sin\varphi+z'\cos\varphi. \end{cases}$

10. $\begin{cases} x=x''\cos\varphi\cos\psi-y''\sin\varphi+z''\cos\varphi\sin\psi, \\ y=x''\sin\varphi\cos\psi+y''\cos\varphi+z''\sin\varphi\sin\psi, \\ z=-x''\sin\psi+z''\cos\psi. \end{cases}$

习题 4.4

1. $2x'^2+3y'^2+6z'^2-15=0$，椭球面

2. $2x'^2-y'^2-z'^2-2a^2=0$，单叶双曲面

3. 通过旋转，方程化为

$$4x'^2-2y'^2-\frac{40}{\sqrt{3}}x'-\frac{4}{\sqrt{6}}y'-\frac{4}{\sqrt{2}}z'+35=0,$$

再平移，化为 $2x''^2-y''^2=\sqrt{2}z''$.

4. (1) $z'=-x'^2+y'^2$ 为双曲抛物面.

(2) $x'^2-y'^2-2z'^2=0$ 为二次锥面.

5. 这里所给的平面不垂直于 Oxy 平面，截口在 Oxy 平面上投影所得的二次曲线应和截口类型相同，截口在 Oxy 平面上的投影曲线是

$$x^2(1-\tan^2\alpha\tan^2\theta)+y^2-2bx\tan\alpha\tan^2\theta-b^2\tan^2\theta=0,$$

它的判别式

$$\Delta^2=1-\tan^2\alpha\tan^2\theta.$$

由此可以得出，当 $\alpha<\frac{\pi}{2}-\theta$ 时，截口为椭圆；当 $\alpha=\frac{\pi}{2}-\theta$ 时，截口为抛物线；当 $\alpha>\frac{\pi}{2}-\theta$ 时，截口为双曲线.

6. $c^2-a^2m^2-b^2n^2\begin{cases} >0, & \text{为椭圆}, \\ =0, & \text{为抛物线}, \\ <0, & \text{为双曲线}. \end{cases}$

7. 考查截口在 Oyz 平面上的投影曲线可得

$$|m|\begin{cases} >1, & \text{为椭圆}, \\ =1, & \text{为抛物线}, \\ <1, & \text{为双曲线}. \end{cases}$$

8. 从椭球面的中心，按照所给定的方向引出的射线和椭球面的交点为 $(p\cos\alpha, p\cos\beta, p\cos\gamma)$，以这坐标代入椭球面方程，即得

$$\frac{1}{p^2}=\frac{\cos^3\alpha}{a^2}+\frac{\cos^2\beta}{b^2}+\frac{\cos^2\gamma}{c^2}.$$

习题 4.5

1. (1) $I_1=27$，$I_2=180$，$I_3=324$，$I_4=-12I_3$；$\lambda_1=3$，$\lambda_2=6$，$\lambda_3=18$；

$$\frac{X^2}{4}+\frac{Y^2}{2}+\frac{Z^2}{3}=1.$$

(2) $I_1=0$，$I_2=-\frac{3}{4}$，$I_3=\frac{1}{4}$；$\lambda_1=\lambda_2=-\frac{1}{2}$，$\lambda_3=1$；

$$X^2+Y^2-2Z^2=2a^2.$$

(3) $I_1=17$，$I_2=0$，$I_3=0$，$I_4=0$；$J_3=-\frac{883}{4}$；$\lambda_1=17$，$\lambda_2=\lambda_3=0$；

$$X^2=\frac{7}{17}Y.$$

(4) $I_1=2$，$I_2=-4$，$I_3=-8$，$I_4=0$；$\lambda_1=\lambda_2=2$，$\lambda_3=-2$；

$$X^2+Y^2-Z^2=0.$$

3. $I_1\neq 0$，$3I_2=I_1{}^2$，$27I_3=I_1{}^3$，$I_4<0$.

4. $I_1I_3\leqslant 0$ 或 $I_2\leqslant 0$，且 $\lambda_1,\lambda_2,\lambda_3$ 中有两个相同，$I_4=0$.

5. $A=\pm 1$，$B=\pm\sqrt{2}$.

6. $4A^2-4AB+B^2-2A-4B+4=0$.

习题 5.1

1. 设 $\begin{cases} x'=x+x_1, \\ y'=y+y_1, \end{cases}$ $\begin{cases} x'=x+x_2, \\ y'=y+y_2, \end{cases}$ 有 $\begin{cases} x'=x+(x_1+x_2), \\ y'=y+(y_1+y_2). \end{cases}$

2. 设 $\begin{cases} x'=x\cos\theta_1-y\sin\theta_1, \\ y'=x\sin\theta_1+y\cos\theta_1, \end{cases}$ $\begin{cases} x'=x\cos\theta_2-y\sin\theta_2, \\ y'=x\sin\theta_2+y\cos\theta_2, \end{cases}$ 有

$$\begin{cases} x'=x\cos(\theta_1+\theta_2)-y\sin(\theta_1+\theta_2), \\ y'=x\sin(\theta_1+\theta_2)+y\cos(\theta_1+\theta_2). \end{cases}$$

3. (1) $\begin{cases} x'=x, \\ y'=-y. \end{cases}$ (2) $\begin{cases} x'=-x, \\ y'=y. \end{cases}$

(3) $\begin{cases} x'=y, \\ y'=x. \end{cases}$ (4) $\begin{cases} x'=-y, \\ y'=-x. \end{cases}$

(5) $\begin{cases} x'=-x\cos 2\theta-y\sin 2\theta+2p\cos\theta, \\ y'=-x\sin 2\theta+y\cos 2\theta+2p\sin\theta. \end{cases}$

4. $\begin{cases} x'=-2+\dfrac{1}{5}(4x-3y), \\ y'=3+\dfrac{1}{5}(3x+4y). \end{cases}$

5. $x'\cos\theta+y'\sin\theta-p=0.$

6. $\psi\varphi$: $\begin{cases} x'=x\cos\theta-y\sin\theta+(a\cos\theta-b\sin\theta), \\ y'=x\sin\theta+y\cos\theta+(a\sin\theta+b\cos\theta); \end{cases}$

$\varphi\psi$: $\begin{cases} x'=x\cos\theta-y\sin\theta+a, \\ y'=x\sin\theta+y\cos\theta+b. \end{cases}$

可见 $\psi\varphi$ 与 $\varphi\psi$ 是不同的变换.

习题 5.2

4. 利用两直线平行的充要条件是它们没有公共交点以及正交变换是可逆变换这两个事实.

5. $11x+2y-3=0.$

6. $x+y-2-\sqrt{2}=0, x-y+4-3\sqrt{2}=0.$

7. $x'\cos\theta+y'\sin\theta-a\cos\theta-b\sin\theta-p+a=0.$

习题 5.3

1. $\begin{cases} x'=2x+y-2, \\ y'=-x+2y+1. \end{cases}$

2. $\dfrac{(x'-3)^2}{2^2}+\dfrac{(y'+2)^2}{3^2}=1$，像图形是一个椭圆，图略.

4. $(4,3).$

5. $\begin{cases} x=\dfrac{1}{25}(3x'+4y'+12), \\ y=\dfrac{1}{25}(4x'-3y'+66). \end{cases}$

习题 5.4

1. 不是群.

2. 不是群.

5. 度量性质：(1),(5),(6),(7).　仿射性质：(2),(3),(4).

习题 5.5

1. $\begin{cases} x'=x+z, \\ y'=y+z \\ z'=z. \end{cases}$

2. $O'(2,-2,0)$, $A'(3,0,0)$, $B'(2,1,-1)$.

4. 参考习题 2.2 第 13 题，有

$$\begin{cases} x'=x-2\delta\cos\alpha, \\ y'=y-2\delta\cos\beta, \\ z'=z-2\delta\cos\gamma, \end{cases}$$

其中，$\delta=x\cos\alpha+y\cos\beta+z\cos\gamma-p$.